U0270705

国家出版基金项目
NATIONAL PUBLICATION FOUNDATION

ARJ21新支线飞机技术系列

主编 郭博智 陈 勇

支线飞机自动飞行与飞行管理设计与验证

Design and Verification of Autoflight and Flight Management System

陈 勇 赵春玲 张克志 等 著

上海交通大学出版社
SHANGHAI JIAO TONG UNIVERSITY PRESS

大飞机读者俱乐部

内容提要

本书以 ARJ21 飞机航电系统设计工作为基础,全面地介绍了民用飞机航空电子系统的发展历程、关键技术和发展趋势,对综合模块化航空电子系统、飞行管理系统、飞行控制系统、导航系统、通信系统、显示控制系统、飞机环境监视系统、飞机健康管理系统、新航行系统、总线/网络、软件/硬件、适航技术与管理进行了介绍和探讨。本书将以航电系统中最具集成代表性并且关联度最高的三个分系统:飞行安全保护系统、自动飞行系统和飞行管理系统为例,基于 ARP 4754 的设计思想进行描述。本书不同于传统的理论教材和纯粹的型号经验总结,它是关于航电系统研制的一次实践总结和提炼。从适航规章条款的解读、系统架构设计考虑、系统功能和性能、系统试验验证等方面对整个系统研制进行了全面介绍,增加了对适航认证工作的理解,对民机机载系统的设计具有重要参考价值。另外,本书还专门增加了"关键系统集成技术"这一章节,通过这些典型集成问题的讨论,加强了对系统集成的理解。这本书不仅包含了 ARJ21 型号的设计实例和型号研制经验的总结,特别是其他机型的总结。

图书在版编目(CIP)数据

支线飞机自动飞行与飞行管理设计与验证/陈勇等著.—上海:
上海交通大学出版社,2018
(大飞机出版工程)
ISBN 978 - 7 - 313 - 18556 - 3

Ⅰ.①支… Ⅱ.①陈… Ⅲ.①飞机—自动飞行控制—飞行管理
Ⅳ.①V249.122

中国版本图书馆 CIP 数据核字(2017)第 307906 号

支线飞机自动飞行与飞行管理设计与验证

著　　者:陈　勇　赵春玲　张克志 等
出版发行:上海交通大学出版社　　　　　　　　　地　　址:上海市番禺路 951 号
邮政编码:200030　　　　　　　　　　　　　　　电　　话:021 - 64071208
出 版 人:谈　毅
印　　制:上海万卷印刷股份有限公司　　　　　　经　　销:全国新华书店
开　　本:710mm×1000mm　1/16　　　　　　　印　　张:19.25
字　　数:369 千字
版　　次:2018 年 12 月第 1 版　　　　　　　　　印　　次:2018 年 12 月第 1 次印刷
书　　号:ISBN 978 - 7 - 313 - 18556 - 3/V
定　　价:168.00 元

大飞机出版工程

丛书编委会

总主编
顾诵芬（中国航空工业集团公司科技委原副主任、中国科学院和中国工程院院士）

副总主编
贺东风（中国商用飞机有限责任公司董事长）
林忠钦（上海交通大学校长、中国工程院院士）

编委会（按姓氏笔画排序）
王礼恒（中国航天科技集团公司科技委主任、中国工程院院士）
王宗光（上海交通大学原党委书记、教授）
刘　洪（上海交通大学航空航天学院副院长、教授）
任　和（中国商飞上海飞机客户服务公司副总工程师、教授）
李　明（中国航空工业集团沈阳飞机设计研究所科技委委员、中国工程院院士）
吴光辉（中国商用飞机有限责任公司副总经理、总设计师、中国工程院院士）
汪　海（上海市航空材料与结构检测中心主任、研究员）
张卫红（西北工业大学副校长、教授）
张新国（中国航空工业集团副总经理、研究员）
陈　勇（中国商用飞机有限责任公司工程总师、ARJ21飞机总设计师、研究员）
陈迎春（中国商用飞机有限责任公司CR929飞机总设计师、研究员）
陈宗基（北京航空航天大学自动化科学与电气工程学院教授）
陈懋章（北京航空航天大学能源与动力工程学院教授、中国工程院院士）
金德琨（中国航空工业集团公司原科技委委员、研究员）
赵越让（中国商用飞机有限责任公司总经理、研究员）
姜丽萍（中国商用飞机有限责任公司制造总师、研究员）
曹春晓（中国航空工业集团北京航空材料研究院研究员、中国工程院院士）
敬忠良（上海交通大学航空航天学院常务副院长、教授）
傅　山（上海交通大学电子信息与电气工程学院研究员）

总　序

　　国务院在 2007 年 2 月底批准了大型飞机研制重大科技专项正式立项,得到全国上下各方面的关注。"大型飞机"工程项目作为创新型国家的标志工程重新燃起我们国家和人民共同承载着"航空报国梦"的巨大热情。对于所有从事航空事业的工作者,这是历史赋予的使命和挑战。

　　1903 年 12 月 17 日,美国莱特兄弟制作的世界第一架有动力、可操纵、比重大于空气的载人飞行器试飞成功,标志着人类飞行的梦想变成了现实。飞机作为 20 世纪最重大的科技成果之一,是人类科技创新能力与工业化生产形式相结合的产物,也是现代科学技术的集大成者。军事和民生的需求促进了飞机迅速而不间断的发展和应用,体现了当代科学技术的最新成果;而航空领域的持续探索和不断创新,也为诸多学科的发展和相关技术的突破提供了强劲动力。航空工业已经成为知识密集、技术密集、高附加值、低消耗的产业。

　　从大型飞机工程项目开始论证到确定为《国家中长期科学和技术发展规划纲要》的十六个重大专项之一,直至立项通过,不仅使全国上下重视我国自主航空事业,而且使我们的人民、政府理解了我国航空事业半个多世纪发展的艰辛和成绩。大型飞机重大专项正式立项和启动标志着我国的民用航空进入新纪元。经过 50 多年的风雨历程,当今中国的航空工业已经步入了科学、理性的发展轨道。大型客机项目产业链长、辐射面宽、对国家综合实力带动性强,在国民经济发展和科学技术进步中发挥着重要作用,我国的航空工业迎来了新的发展机遇。

　　大型飞机的研制承载着中国几代航空人的梦想,在 2016 年造出与波音公司

B737 和空客公司 A320 改进型一样先进的"国产大飞机"已经成为每个航空人心中奋斗的目标。然而,大型飞机覆盖了机械、电子、材料、冶金、仪器仪表、化工等几乎所有工业门类,集成数学、空气动力学、材料学、人机工程学、自动控制学等多种学科,是一个复杂的科技创新系统。为了迎接新形势下理论、技术和工程等方面的严峻挑战,迫切需要引入、借鉴国外的优秀出版物和数据资料,总结、巩固我们的经验和成果,编著一套以"大飞机"为主题的丛书,借以推动服务"大飞机"作为推动服务整个航空科学的切入点,同时对于促进我国航空事业的发展和加快航空紧缺人才的培养,具有十分重要的现实意义和深远的历史意义。

2008 年 5 月,中国商用飞机有限公司成立之初,上海交通大学出版社就开始酝酿"大飞机出版工程",这是一项非常适合"大飞机"研制工作时宜的事业。新中国第一位飞机设计宗师——徐舜寿同志在领导我们研制中国第一架喷气式歼击教练机——歼教 1 时,亲自撰写了《飞机性能及算法》,及时编译了第一部《英汉航空工程名词字典》,翻译出版了《飞机构造学》《飞机强度学》,从理论上保证了我们的飞机研制工作。我本人作为航空事业发展 50 多年的见证人,欣然接受上海交通大学出版社的邀请担任该丛书的主编,希望为我国的"大飞机"研制发展出一份力。出版社同时也邀请了王礼恒院士、金德琨研究员、吴光辉总设计师、陈迎春副总设计师等航空领域专家撰写专著、精选书目,承担翻译、审校等工作,以确保这套"大飞机"丛书具有高品质和重大的社会价值,为我国的大飞机研制以及学科发展提供参考和智力支持。

编著这套丛书,一是总结整理 50 多年来航空科学技术的重要成果及宝贵经验;二是优化航空专业技术教材体系,为飞机设计技术人员的培养提供一套系统、全面的教科书,满足人才培养对教材的迫切需求;三是为大飞机研制提供有力的技术保障;四是将许多专家、教授、学者广博的学识见解和丰富的实践经验总结继承下来,旨在从系统性、完整性和实用性角度出发,把丰富的实践经验进一步理论化、科学化,形成具有我国特色的"大飞机"理论与实践相结合的知识体系。

"大飞机出版工程"丛书主要涵盖了总体气动、航空发动机、结构强度、航电、制造等专业方向,知识领域覆盖我国国产大飞机的关键技术。图书类别分为译著、专著、教材、工具书等几个模块;其内容既包括领域内专家们最先进的理论方法和技术成果,也包括来自飞机设计第一线的理论和实践成果。如:2009 年出版的荷兰原福克飞机公司总师撰写的 *Aerodynamic Design of Transport Aircraft*(《运输类飞机的空气动力设计》);由美国堪萨斯大学 2008 年出版的 *Aircraft Propulsion*(《飞机推进》)等国外最新科技的结晶;国内《民用飞机总体设计》等总体阐述之作和《涡量动力学》《民用飞机气动设计》等专业细分的著作;也有《民机设计 1000 问》《英汉航空缩略语词典》等工具类图书。

　　该套图书得到国家出版基金资助,体现了国家对"大型飞机"项目以及"大飞机出版工程"这套丛书的高度重视。这套丛书承担着记载与弘扬科技成就、积累和传播科技知识的使命,凝结了国内外航空领域专业人士的智慧和成果,具有较强的系统性、完整性、实用性和技术前瞻性,既可作为实际工作指导用书,亦可作为相关专业人员的学习参考用书。期望这套丛书能够有益于航空领域里人才的培养,有益于航空工业的发展,有益于大飞机的成功研制。同时,希望能为大飞机工程吸引更多的读者来关心航空、支持航空和热爱航空,并投身于中国航空事业做出一点贡献。

2009 年 12 月 15 日

序

民用飞机产业是大国的战略性产业。民用客机作为一款高附加值的商品,是拉动国家经济发展的重要力量,是体现大国经济和科技实力的重要名片,在产业和科技上具有强大的带动作用。

自新中国成立以来,中国民机产业先后成功地研制了 Y-7 系列涡桨支线客机和 Y-12 系列涡桨小型客机等民用飞机。在民用喷气客机领域,曾经在 20 世纪 70 年代自行研制了运-10 飞机,国际合作论证了 MPC-75、AE-100 等民用客机,合作生产了 MD-80 和 MD-90 飞机。民机制造业转包生产国外民机部件,但始终没有成功研制一款投入商业运营的民用喷气客机。

支线航空发展迫在眉睫。2002 年 2 月,国务院决定专攻支线飞机,按照市场机制发展民机,并于 11 月 17 日启动 ARJ21 新支线飞机项目,意为"面向 21 世纪的先进涡扇支线飞机(Advanced Regional Jet for the 21st Century)"。从此,中国民机产业走上了市场机制下的自主创新之路。

ARJ21 作为我国民机历史上第一款按照国际通用适航标准全新研制的民用客机,承担着中国民机产业先行者和探路人的角色。跨越十五年的研制、取证和交付运营过程,经历的每一个研制阶段,解决的每一个设计、试验和试飞技术问题,都是一次全新的探索。经过十五年的摸索实践,ARJ21 按照民用飞机的市场定位打通了全新研制、适航取证、批量生产和客户服务的全业务流程,突破并积累了喷气客机全寿命的研发技术、适航技术和客户服务技术,建立了中国民机产业技术体系和产业链,为后续大型客机的研制打下了坚实的基础。

习近平总书记考察中国商飞公司时要求改变"造不如买、买不如租"的逻辑,坚持民机制造事业"不以难易论进退",在 ARJ21 取证后要求"继续弘扬航空报国精神,总结经验、迎难而上"。马凯副总理 2014 年 12 月 30 日考察 ARJ21 飞机时,指出,"要把 ARJ21 新支线飞机项目研制和审定经验作为一笔宝贵财富认真总结推广"。工信部副部长苏波指出:"要认真总结经验教训,做好积累,形成规范和手册,指导 C919 和后续大型民用飞机的发展。"

编著这套书,一是经验总结,总结整理 2002 年以来 ARJ21 飞机研制历程中设计、取证和交付各阶段开创性的重要成果及宝贵经验;二是技术传承,将民机研发技术专家、教授、学者广博的学识见解和丰富的实践经验总结继承下来,把丰富的实践经验进一步理论化、科学化,形成具有我国特色的民机理论与实践相结合的知识体系,为飞机设计技术人员提供参考和学习的材料;三是指导保障,为大飞机研制提供有力的技术保障。

丛书主要包括了项目研制历程、研制技术体系、研制关键技术、市场研究技术、适航技术、运行支持系统、关键系统研制和取证技术、试飞取证技术等分册的内容。本丛书结合了 ARJ21 的研制和发展,探讨了支线飞机市场技术要求、政府监管和适航条例、飞机总体、结构和系统关键技术、客户服务体系、研发工具和流程等方面的内容。由于民用飞机适航和运营要求是统一的标准,在技术上具有高度的相似性和相关性,因此 ARJ21 在飞机研发技术、适航验证和运营符合性等方面取得的经验,可以直接应用于后续的民用飞机研制。

ARJ21 新支线飞机的研制过程是对中国民机产业发展道路成功的探索,不仅开发出一个型号,而且成功地锤炼了研制队伍。参与本套丛书撰写的专家均是 ARJ21 研制团队的核心人员,在 ARJ21 新支线飞机的研制过程中积累了丰富且宝贵的实践经验和科研成果。丛书的撰写是对研制成果和实践经验的一次阶段性的梳理和提炼。

ARJ21 交付运营后,在飞机的持续适航、可靠性、使用维护和经济性等方面,继续经受着市场和客户的双重考验,并且与国际主流民用飞机开始同台竞技,因此需要针对运营中间发现的问题进行持续改进,最终把 ARJ21 飞机打造成为一款航空公司愿意用、飞行员愿意飞、旅客愿意坐的精品。

　　ARJ21 是"中国大飞机事业万里长征的第一步",通过 ARJ21 的探索和积累,中国的民机产业会进入一条快车道,在不远的将来,中国民机将成为彰显中国实力的新名片。ARJ21 将继续肩负着的三大历史使命前行,一是作为中国民机产业的探路者,为中国民机产业探索全寿命、全业务和全产业的经验;二是建立和完善民机适航体系,包括初始适航、批产及证后管理、持续适航和运营支持体系等,通过中美适航当局审查,建立中美在 FAR/CCAR-25 部大型客机的适航双边,最终取得 FAA 适航证;三是打造一款具有国际竞争力的喷气支线客机,填补国内空白、实现技术成功、市场成功、商业成功。

　　这套丛书获得 2017 年度国家出版基金的支持,表明了国家对"ARJ21 新支线飞机"的高度重视。这套书作为上海交通大学出版社"大飞机出版工程"的一部分,希望该套图书的出版能够达到预期的编著目标。在此,我代表编委会衷心感谢直接或间接参与本系列图书撰写和审校工作的专家和学者,衷心感谢为此套丛书默默耕耘三年之久的上海交通大学出版社"大飞机出版工程"项目组,希望本系列图书能为我国在研型号和后续型号的研制提供智力支持和文献参考!

ARJ21 总设计师

2017 年 9 月

本书编委会

主 编

陈 勇 赵春玲 张克志

编写组

张克志 张 策 岳 峰

张兆亮 余 亮 王 青

孟繁栋 邵 慧 韩亚龙

前　言

　　航电系统是机载系统中最重要、最核心的系统,是系统集成的中枢,代表了系统集成的发展方向。根据 ARJ21－700 飞机总体顶层定义和功能分解,航电系统由主机和供应商联合设计。但在 ARJ21 早期设计过程,由于缺少系统集成经验,系统的核心集成工作主动性掌握在供应商手中。他们在系统集成过程中,经常要求主机提供飞机关键特征信息,如失速保护设计需要提供飞机的失速特性参数和相关保护逻辑;自动飞行系统设计需要提供飞机的气动参数和动力学方程;飞行管理系统则需要提供飞机整个飞行包线的性能参数等。尽管面临这样的研制现状,主机并没有放弃系统集成这一高附加值的工作,而是采取以退为进的策略,通过后续研发试验及适航验证工作,抓住每次试验中暴露的问题,以问题为导向和牵引,与供应商进行交流,一方面解决实际的问题,另一方面了解其集成设计的理念。通过以点带面的研究方法,逐步了解系统集成设计内在本质,并指导了后续优化过程中的系统集成工作,如 2015 年飞机交付后的航电系统二阶段优化更改。特别立足于适航取证,我们在试验、试飞方面有很多的技术收获,对适航条款有了更深入的认识。在 ARJ21－700 飞机取得合格证并投入航线正式运营之际,总结梳理、提炼研制过程中的实践经验,特别是结合其他机型的设计特点,进行综合性描述,这将对后续型号研制具有重要意义。

　　本书将以航电系统中最具集成代表性并且关联度最高的三个分系统:飞行安全保护系统、自动飞行系统和飞行管理系统为例,基于 ARP 4754 的设计思想进行描述。

　　本书不同于传统的理论教材和纯粹的型号经验总结,它是关于航电系统研制的一次实践总结和提炼。从适航规章条款的解读、系统架构设计考虑、系统功能和性能、系统试验验证等方面对整个系统研制进行了全面介绍,增加了对适航认证工作的理解,对民机机载系统的设计具有重要参考价值。另外,本书还专门增加了"关键系统集成技术"这一章节,通过这些典型集成问题的讨论,加强了对系统集成的理解。这本书不仅包含了 ARJ21 型号的设计实例和型号研制经验的总结，特别是其他机型的总结。

本书主要编著人员包括陈勇、赵春玲、张克志、张策、岳峰、张兆亮、余亮、王青、孟繁栋等，其中：陈勇和赵春玲对本书基本思路进行了把关，并提出了相关修改意见；张克志具体负责本书的实施和进度管理，对本书各章节编制进行了细节规划，承担了书稿最后统稿和校对工作，负责本书前言、绪论、第 2 章和第 3 章中的包线保护系统部分、第 6 章包线保护系统、第 9 章总结和展望等编制工作；张策负责第 3 章的顶层考虑和自动飞行相关部分、第 4 章、第 7 章和第 8 章部分内容的编制工作；岳峰负责第 4 章中的自动飞行系统功能设计、第 7 章中的自动飞行系统内容、第 8 章中的自动飞行系统验证部分等编制工作；张兆亮负责全书汇总、编排及与出版社的沟通工作，负责第 6 章中的失速保护系统设计部分、第 7 章中的低速度保护带功能设计、第 8 章中的失速保护系统验证等编制工作；余亮负责第 5 章飞行管理系统设计、第 7 章中的飞行管理系统内容、第 8 章中的飞行管理系统验证部分等编制工作；王青负责第 7 章中的 RNP 相关内容、第 8 章中的 RNP 相关验证部分等编制工作。本书创作人员全部来自于型号一线，既有型号总师、主任设计师、副主任设计师，也有研究员、高级工程师等。他们全程参与或大部分时间投入到 ARJ21 型号工作中，具有丰富的经验，在本书编著中发挥了关键作用。

在本书编撰出版过程中得到各级领导的支持：中国商飞公司领导对本书高度重视，协调各方资源支持了编制工作；上海飞机设计研究院（上飞院）项目部也给予了大力支持，使得编书计划按时推进。同时，本书的具体实施部门上飞院航电部安排了具有丰富型号经验的人员参与本书编制。虽然大家平时型号任务较重，但能够在百忙之中抽出时间参与其中，并为此付出了辛勤的劳动。

本书是一次型号研制成果和系统理论知识的综合，涉及内容丰富、专业较多。该书很多跨专业内容得到了院内相关兄弟专业的支持和解答。另外，本书的出版单位——上海交通大学出版社也安排了经验丰富的编辑队伍支持本书编制，他们的敬业精神让人感动。

在这里，对所有参与和帮助本书编制出版的人员表示感谢，正是有了你们的鼎力支持，才促使了本书的出版！

编著者
2017 年 9 月

目　　录

1 绪 论

1.1 民用飞机研究的背景和意义

当今世界,航空工业已经成为国力强弱的标志之一,它集中体现了一个国家的科技水平、工业水平、国防实力和综合国力。而民用飞机(简称民机)产业,又被誉为"现代工业之花",整个设计、制造、装配过程包含了几百万个零部件(见图1.1),涉及化工、电子、冶金等诸多部门,其设计、生产过程更是涉及空气动力学、控制科学、材料学、可靠性学、航空电子学、供应链管理等多个学科,在国民经济中具有举足轻重的作用。发展民机产业,可以带动一大批相关产业的共同发展。据报道民用飞机技术扩散率高达60%以上,能拉动众多高新技术产业发展。一个航空项目发展10年后给当地带来的效益产出比为1∶80,就业带动比为1∶12。

图1.1 波音公司飞机总装生产线

从飞机研制价值产业链的角度来看,该链条由研发设计到售后服务的一系列企业组成。这里借用施振荣的"微笑曲线"(见图1.2)来诠释大飞机产业价值链的价值分布特征:位于前端的研发设计、发动机制造、关键零部件制造属于资金和技术密集型产业,具有较高的附加值;位于后端的营销、售后服务属于管理和信息密集型产业,附加值也较高;中间的一般零部件制造、整机组装环节属于劳动密集型产业,其附加值很低。

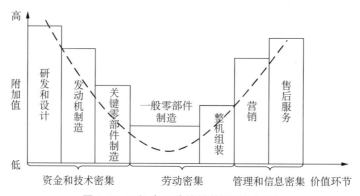

图 1.2　飞机产业价值链的"微笑曲线"

世界民用飞机市场长期被波音公司和空中客车公司"双寡头垄断"。除了发动机制造和关键零部件制造两个环节由通用电气、普惠、罗克韦尔、川崎重工等欧美日公司占据以外,波音公司和空中客车公司几乎囊括了研发设计、营销、售后服务等所有较高附加值的环节,并且承担大部分的整机组装工作。空客公司在飞机总装生产线承担全机大部件、各系统之间的集成工作,且集成力度比较大,因此,其拥有高度自动化的总装生产线,如图1.3所示。而以西安飞机工业(集团)有限责任公司(简

图 1.3　空客公司飞机总装生产线

称西飞）、哈尔滨飞机工业集团有限责任公司（简称哈飞）等为代表的中国企业只能参与附加值最低的一般零部件制造。通过计算净资产收益率的方式来分析航空制造业的利润分配，可以看出整机制造商和发动机制造商净资产收益率高达 40% 以上，而一般零部件生产商净资产收益率不到 8%，所以在国内开展民机整体研制对在知识积累和技术进步的基础上占领价值链的核心环节，争夺链条治理权，具有重大战略意义。

尽管民用航空产业战略意义重大，然而民机产业在我国却走过了艰难而曲折的发展道路。20 世纪 70 年代自主研制的运-10 飞机（见图 1.4）在首飞成功、7 次进藏之后，项目因为种种原因而夭折。20 世纪 80 年代与美国麦道公司合作生产组装 MD82 飞机在交付 35 架飞机之后终止了。中德合作发展 MPC75 支线项目在干支之争中不了了之。为了发展干线飞机，经过反复的争论，20 世纪 90 年代原中航工业总公司提出发展中国民机产业三步走的设想，决定与麦道合作，执行 MD90 干线项目提高飞机制造能力，与空客公司合作发展 AE100 项目，提高设计研发能力，规划自主开发型号逐步走上自主经营，后由于波音公司兼并麦道公司，关闭 MD90 生产线，迫使我方在交付两架飞机后停止 MD90 干线项目。空客公司也立即停止与我方合作的 AE100 项目，三步走的设想刚刚起步就走不下去了。纵观这些已开展的民用飞机研制国际合作可以看出，搞民机仅靠简单的国际合作是难以成功的，必须具有顶层设计和战略考虑。这不仅仅与我们国家民机发展战略密切相关，也与我们民机工业发展水平、国家经济实力等密切相关。但在当时环境下，民机发展的外在因素或条件并没有完全具备，这导致民机产业没有形成一种可持续发展的战略布局，缺少质的飞跃，更不用说对民机市场的满足和相关产业链的带动效应。

然而，中华民族从来没有停止对飞天梦想的追逐，从来没有停止向万里蓝天的

图 1.4　国产运-10 飞机

进发。2014 年 5 月 23 日,习近平总书记在视察中国商飞公司时指出,过去的逻辑是造不如买,买不如租,每年成百上千亿花在买飞机上。现在要倒过来,我们首先是花更多的钱来研发、制造自己的飞机,形成我们独立自主的研制能力、生产能力。

　　从民用航空市场的角度,民航强国具备四个重要的特点:广泛的乘客基础、通达的支线网络、强劲的国际竞争力以及富有活力和开放的民航市场。因此,为适应国家经济社会发展的需要和建设民航强国的要求,民航局提出了建立新一代民用航空运输系统的构想。作为民用航空运输的组成部分,发展支线航空运输是构建和谐民航的重要任务之一。从国际国内市场情况分析看,大型飞机市场已经被实力强大的波音公司和空客公司垄断,但支线飞机市场需求量正在快速增长。根据中国航空工业第一集团公司 2017 年 9 月公布的预测数据显示,未来 20 年里中国航空市场对支线飞机的需求大约在 898 架左右,约占民航总需求量的 30%,这将会给支线飞机提供较大的发展空间。目前世界支线飞机制造领域基本由加拿大庞巴迪公司和巴西航空工业公司控制,两家公司所占份额超过了 80%,图 1.5 和图 1.6 分别为这两家公司的典型支线飞机。而波音公司、空客公司两家航空巨头近年来也分别推出百座级的波音 B717 和空客 A318 客机,进一步加剧了支线客机市场的竞争。据预测,到 2025 年,全球对支线飞机的需求将达到 7 950 架,销售总额将达到 1 800 亿美元,其中,中国的需求量排名全球第 3,仅次于北美和欧洲。目前中国拥有的 896 条国内航线,其中 2/3 属中低客流航线,适宜 120 座级以下的支线客机运营,采用波音公司、空客公司的干线飞机运营客座率较低,存在资源浪费,因此,全国有 482 条航线不能保证每天一个航班,造成大批二三线城市航空出行不便。而这些中低客流的航线,如果用支线客机飞行,则会使成本大大降低,航班密度也能提高。通常,支线飞机是指座位数在 50～110 座左右,飞行距离在 600～1 200 km 的小型客机。目前,我国使用的支线飞机有:运-8、多尼尔、肖特-360、萨伯、冲-8、新舟-60(见图 1.7)等。国际生产制造厂商的产业垄断现象不像干线飞机明显,但竞争也已十分激烈。随着我国经济的发展和西部大开发的需要,支线飞机的国内市场需求量正逐步上升。据初步预测,2006—2025 年,国内约需 660 架支线飞机,为我国自主发展支线飞机产业提供了市场基础和发展空间。

图 1.5　CRJ200 支线飞机

图 1.6　ERJ190 支线飞机

图 1.7　国产新舟- 60 飞机

　　考虑到发展民机产业的战略意义及潜在的市场需求,我国开展民机研制的呼声愈加高涨。事实上,我国航空工业已经经过 50 余年的发展,基本形成了一套具有自主知识产权的飞机研制、生产制造和维护保障体系。在军机设计方面,中航工业先后自主完成了多个型号歼击机、运输机的研制工作,并广泛装备部队并投入使用。这些军机研制过程无论是飞机总体设计技术、系统集成技术还是飞机设计中的关键技术研究,都是我们完全独立自主进行攻关的,在飞机设计、设备研发、制造、组装、基础工艺、材料和试验试飞方面都积累了丰富的航空知识和经验。在民用飞机方面,我国先后自主研制了运- 12 系列、新舟系列、ARJ21 飞机等多个型号,另外,还包括在研的 C919 和宽体客机。其中运- 12 飞机是中航工业哈尔滨飞机制造公司在运- 11 基础上进行深入改进研制的轻型双发多用途运输机,1980 年初开始设计,经过两年时间、1 100 多 fh①试飞定型,1985 年,运- 12 飞机取得了中国民航局颁发的第一个民用飞机型号合格证,1986 年又取得该局颁发的第一个生产许可证。1987年运- 12 飞机开始申请英国民用航空总局(CAA)适航证,1995 年获得美国联邦航空局(FAA)颁发的适航证。新舟飞机是西飞公司在运- 7 短中程运输机基础上改制而成的 50~60 座飞机,是第一款按照 CCAR - 25 部展开适航审定的涡桨飞机。先后经历了新舟 60、新舟 600、新舟 700 等 3 个型号的研制。其中新舟 60、新舟 600 飞机已经交付给了国内外多个客户投入运营,新舟 700 飞机正处于设计阶段。ARJ21飞机是新中国航空工业历史上第一款自主设计、自主研发,拥有完全知识产权的 70~90 座喷气式支线飞机,也是第一款严格按照 CCAR - 25 部完成适航取证的喷气式

---

① flight hour,飞行小时。

支线客机。该客机在局方严格监管下历时 34 个月,在 5 架试验机上累计进行了 761 架次,共计 1 141 fh 的审定试飞。审定试飞科目中包括失速速度、大侧风、自然结冰、模拟冰型、振动以及抖振边界、最大刹车能量等多个国际公认的高风险试飞科目,试飞航线更是遍布全国,远至海外。他们在试飞中完成了中国民航史上多个"第一次",填补了多项国内适航审定试飞上的空白,为中国商用飞机产业的发展与空中飞行安全奠定了坚实基础。另外,中国商飞公司目前还在进行 C919 干线客机的研制,目前客机正在进行试飞工作。通过航空工业界在民用飞机领域的不断努力,我国逐步建立了适合中国民机发展的民机工业产业体系,成为世界上少数几个能为民用航空运输提供产品和服务的国家。通过这些型号的锻炼,我们不但在总体技术、气动布局、系统集成、试验试飞等方面攻克解决了一大批关键技术,而且,更重要的是在民用飞机适航审定方面也取得了重大进步。特别在规章、条款的理解、试飞方法的制定等方面摸索出一套方法,可以很好地用于后续其他型号民机的适航审定。另外,在民机研制过程,采用主制造商-供应商模式,选择了一批技术上有实力、参与过多种民机设计的国际供应商,无论在技术合作还是商务谈判方面都创造出了新的中国民机管理模式,并与各供应商之间建立良好的国际合作。

1.2　国内外民用航电系统研制现状

1.1 节介绍了民用飞机发展现状,特别是我国民用支线飞机的发展情况。应该说,无论飞机如何演变,技术如何发展,按照物理划分,通常都包含了飞机总体设计、气动布局、结构强度、机载系统(含发动机)等几大板块。从集成维度看:一种是飞机总体集成能力,即在纵向上,飞机总体向全机各系统、部件分配需求及确认需求的集成过程;另一种是系统集成能力,即在横向上,各系统之间需求相互传递、互为输入输出的集成过程。当一个国家航空产业链和技术能力不强的情况下,主机厂商(Original Equipment Manufacturer, OEM),通常会在这两类集成方面采取外包的形式,特别是系统集成方面,会包给业界比较强的系统供应商,供应商进行整系统架构设计、安全性分析、系统之间的接口定义及次级设备供应商选择等。当然这种外包的方式并非一点都没有主机集成工作的体现。一些主机厂商会提出一些比较顶层的需求给供应商,使其满足飞机总体设计需要,通常这些需求的颗粒度都比较粗,不能体现主机更深入的集成工作。这种主制造商-供应商管理模式,在一定程度有自己的优势,比如可以减少技术风险,特别是系统集成方面的风险。但同样也存在一些问题,如:OEM 不清楚系统之间的接口定义,如果发生故障或系统之间存问题,很大程度要依赖供应商;供应商有时并不了解飞机的运营场景(OEM 也没有经验提供完整的、基于运营场景的需求),在这种情况下供应商基于其他型号经验定义的内部功能或参数可能不满足实际运营环境,在飞机交付后会出现较多运营问题。还有,这种模式在管理上也会带来问题,如次级供应商的管控、研发成本的提高(很多要依赖供应商）。可以看出，飞机总体集成能力和系统集成能力是主机生存发展的立足点，是掌握核心技术的具体体现，是实现价值长远增值的利器，因此必须牢牢掌握。

通过近几十年飞机产业发展，在飞机总体集成能力方面有一定提升，但在系统集成方面应该说距离西方发达国家的波音、空客主制造商还有相当大的差距。特别是本书编著过程中，所提到的民用支线飞机，在系统集成能力还是很薄弱的，没有经过完整的研制、试验试飞、适航取证及交付运营完整的过程。无论是运-12、新舟系列还是 ARJ21 飞机，主要机载系统的集成几乎都是由国外几家有经验的供应商承包的。在这些机载系统中，航电系统是最为典型的，上述飞机上的航电系统主要由国外的霍尼韦尔（Honeywell）和罗克韦尔（Rochwell）两家供应商承担。这主要是因为，航电系统最复杂、交联最多、价值最高、最具有集成特点，是国外供应商必争抢的一个业务板块。虽然，我国民机航电系统集成能力尚处于起步阶段，但国内在一些关键学科，如计算机硬件、网络、软件开发、通信、控制等方面已经形成了较好的专业技术基础，培养一批关键人才；中航工业也在一些关键设备上试制成功，并进行了量产，在飞机上投入使用。更为重要的是，近几年国家对民机产业极为重视，在资金和政策方面都下大力气进行投入，支持民机发展，而且进行了长远规划。在这样的大好形势下，主机 OEM，必须将系统集成牢牢抓住，而航电系统是最好的抓手和切入点。虽然航电系统集成设计的技术难度、管理难度都非常大，但从长远来看，抓航电系统集成技术非常有利于主机培养系统集成能力，掌握关键技术，能够准确将系统需求贯彻到系统或设备中，降低型号研制风险，在飞机研制中掌握主动，快速推动型号研制。

民用飞机航电系统，通常包含了核心处理、显示告警、飞行管理、机载健康管理、自动飞行、信息娱乐、传统无线电通信（高频、甚高频）、包线保护、无线电导航、综合监视（雷达/应答机/地形告警）、大气/惯性测量、基于卫星的通信导航、数据采集记录（飞行数据和语音数据）等。这些子系统或功能，既给全机各系统提供关键参数，同时也收集全机各系统传递过来的参数，按照总体分配的需求，在航电系统内进行集成。航电系统的集成技术和适航验证技术是民机研制路上必须逾越的难关，我们必须基于已有型号研制经验的总结，形成自己的系统集成能力。本书立足于机载系统中最重要、最核心的系统——航电系统，从中选取三个最具有集成代表性并且关联度最高的子系统：飞行安全保护系统、自动飞行系统和飞行管理系统，按照 ARP4754 的设计思想进行描述，以适航规章、条款为基础，考虑运营需求，综合多个机型在三个子系统上设计经验，特别是基于 ARJ21 的研制和适航取证经验，从系统架构、功能、性能等方面进行了详细介绍和系统梳理，特别增加了与三个系统相关的系统集成特点描述，以此增加对系统集成的认识。

2 系统概述

本章节对自动飞行、飞行管理、飞行保护等三个系统的发展过程进行了介绍。通过了解其发展过程,能够掌握系统应用背景和需求演变的脉络,指导我们的系统研制工作朝正确方向开展。

2.1 自动飞行系统

现代商用飞机的飞行很大程度上依赖于自动飞行系统,特别是对于长航时的越洋飞机自动飞行系统尤为重要,可以大大减少飞行员的工作负荷并提高飞行控制的效率。

飞机上有自动控制的应用最早可以溯源到 1903 年莱特兄弟发明的飞行稳定器。1930 年,商用飞机引入了速度和航向角控制模式对飞行速度和航向进行自动控制辅助飞行员飞行;随后,工业界持续不断地对升降舵、副翼、方向舵和油门控制进行自动化发展,到 20 世纪 60 年代,最终形成了全自动化的飞行控制系统,此时的自动飞行系统以飞行导引及其飞行模式对不同的飞行参数进行控制,并与飞行任务进行结合,可以根据飞行员的飞行需求直接进入相关的模式实现对飞行的自动控制;直到 20 世纪 80 年代飞行管理(飞管)系统的应用,飞行管理系统直接根据航线运行的要求,提供飞行计划管理功能、燃油经济性计算功能以及导航数据库,这极大地减少了飞行员航路规划的任务,在起飞前就可以规划好飞行航路并可以根据飞行管理的需要随时更改飞行计划,同时最重要的是将飞行管理系统作为自动飞行与外界运行环境的接口将飞行计划转换成飞行导引指令,而飞行导引系统作为自动飞行系统与飞机内部控制系统交联的系统执行指令控制飞机按预定航迹飞行。

当代自动飞行系统的发展主要集中在飞行管理系统和飞行导引系统的集成最优化和人机界面接口的最优化方面,以及在包线范围内的控制,所以当代客机自动飞行的发展更加基于空域运行的自动飞行集成,集成化程度越来越高,自动化程度越来越高。

从最早商用飞机自动飞行系统的形成到当代自动飞行系统发展基于自动飞行系统的综合集成度和自动化程度,自动飞行系统的发展可以分为三个时代:20 世

60 年代的自动飞行系统,80 年代的自动飞行系统和当代自动飞行系统。

2.1.1　20 世纪 60 年代自动飞行系统

20 世纪 60 年代自动驾驶仪功能扩展,发展成为自动飞行系统(automatic flight system,AFS),典型产品如美国的 PB-20D。20 世纪 60 年代到 20 世纪 70 年代初,飞行器设计思想发生了根本变化,即在总体设计时就需要考虑自动控制,将气动布局、飞机结构设计、发动机设计以及自动控制进行协调配合,设计出性能优异的飞行器。自动控制系统的可靠与否直接关系到飞机的存亡,为解决这个难题,随着控制理论的发展,引进了余度技术和容错控制,这种用于随控布局飞行器的控制技术称为主动控制技术。主动控制技术的发展是以飞机电传控制系统为基础的,要想使用电传控制系统,可靠性是关键。为了达到可靠性要求,电传控制系统采用多余度方案,常用的是四余度比较监控方案和三余度自监控方案。同时,自动飞行的控制通过飞行导引模式与飞行员和飞行任务对接,所以飞行导引模式的发展某种程度上可以代表客机自动飞行系统的发展。

这一时代喷气式运输机的自动飞行典型代表为波音 B727,它只有有限的一些模式来控制它的横向和垂直通道的飞行路径,并没有自动油门功能。

表 2.1 中显示了飞机的垂直模式。

表 2.1　B727 的垂直模式

增稳功能	姿态控制	状态控制	航迹控制	包线保护
	俯仰/坡度调节	高度保持 下滑道预位	下滑道追踪	

从表 2.1 可以看出,B727 的垂直模式没有与速度模式进行耦合。转弯/俯仰旋钮用来控制飞机的高度。高度保持模式为飞机的状态控制模式;在飞机进近阶段,可以使用下滑道跟踪模式来控制飞机的飞行轨迹。下滑道预位可以保持飞机的当前高度直到下滑道被捕获,当飞机捕获到下滑道信号,则系统转换到下滑道跟踪模式。

表 2.2 给出飞机的横向模式。

表 2.2　B727 的横向模式

增稳功能	姿态控制	状态控制	航迹控制	包线保护
偏航阻尼器	俯仰/坡度调节	航向选择 航向保持 VOR[①] 追踪	航向道追踪	

---

① very high frequency(VHF) omnibearing Range,甚高频全向信标。

从表 2.2 可以看出,波音 B727 包括一个自动偏航阻尼器,它属于增稳系统部分,用来抑制荷兰滚、转弯和俯仰旋钮用来控制飞机的滚转。状态控制允许飞行员进行航向选择、航向保持和甚高频全向信标(VOR)跟踪,航迹控制用来在进近阶段跟踪仪表着陆系统的航向信标和下滑道信标。

2.1.2　20 世纪 80—90 年代自动飞行系统

20 世纪 80 年代自动飞行系统开始从模拟式向数字式过渡,自动驾驶仪/飞行导引计算机集成为飞行控制计算机。数字化的自动飞行系统已和电子飞行仪表系统(electronic flight instrument system,EFIS)结合起来,把飞行方式的显示安排到电子飞行仪表系统上,并且置于显著位置出现,以方便驾驶员更好地觉察到。数字化的自动飞行系统开始和飞行管理计算机系统(flight management computer system,FMCS)结合起来,由飞行管理计算机系统对某些外回路发出指令。数字化自动飞行控制系统在信号处理和综合方面提供了方便,随着余度技术、容错和重构等新技术的相继采用,使自动飞行系统越来越成熟,再加上与速度控制的结合,已成为能够实施多维度导航的飞行自动化系统了。

20 世纪 90 年代的自动飞行系统,采用电传(fly-by-wire,FBW)操纵技术,即通过电信号取代机械操纵机构,实现对飞机操作面的控制,通过飞行管理制导包络计算机(flight management guidance envelope computer,FMGEC)实现自动驾驶、飞机引导、偏航阻尼、配平功能及失速、超速等飞行安全极限监控。数字式发动机全权电子控制(full authority digital engine control,FADEC)利用计算机实现对发动机油门等的完全的自动控制。

波音 B747 - 100/200 可以作为此时期自动飞行系统发展的典范。

表 2.3 为 B747 的垂直模式。波音 B747 产生了新的模式,其中一些模式包含了自动油门的功能。其中增加的湍流模式用来在飞机遇到湍流气象的时候保持飞机的高度,此功能类似于高度保持模式。指示空速(indicated airspeed,IAS)模式用来在飞机做俯仰机动的时候保持飞机的指定速度。垂直速度模式可以让飞机以一定

表 2.3　B747 的垂直模式

增稳功能	姿态控制	状态控制	航迹控制	包线保护
	俯仰/坡度调节	高度保持 高度捕获/选择	下滑道追踪	
		下滑道预位 垂直速度 速度控制 湍流模式	性能管理系统	

的速率进行下降。速度模式可以通过与自动油门功能形成的闭环控制飞机的速度，这一模式一般与高度保持和垂直速度一起使用。高度捕获或者高度选择用在使飞机在爬山或者下降后平滑的捕获预设高度。

表 2.4 为 B747 的横向模式，在 B747 中增加了一个很重要的模式——性能管理系统(performance management system，PMS)，此模式用来在飞机巡航阶段进行飞行轨迹控制。PMS 是区域导航(area navigation，RNAV)的早期版本，它把基于地面的辅助导航信息与机载惯性导航系统进行融合，以便于更加精确地知道飞机在任何航路点当前所处的横向和纵向位置。RNAV 增加了一些功能，可以让飞机在预先定义的横向和垂直航路点上自动飞行。

表 2.4　B747 的横向模式

增稳功能	姿态控制	状态控制	航迹控制	包线保护
偏航阻尼器	俯仰/坡度调节	航向选择 航向保持 VOR 追踪	航向道追踪 性能管理系统	

现代飞机自动飞行系统模式做了一些跟以前飞机完全不同的改变。为了让宽体客机实现由两名飞行员组成的飞机机组，并且减少飞行员的工作负担，很多系统都实现自动化，并且利用图画式的显示器代替模拟式的仪表而使飞行员更快地获得飞行信息。起飞和复飞模式用来使飞机在制定的飞行阶段控制油门达到预先设定的油门位置。拉平模式(flare)在着陆阶段使用，而性能管理系统模式被功能更强的垂直导航模式代替，垂直导航模式由路径角、速度和高度等子模式组成。这一代自动飞行系统出现了自动包线保护，而失速保护会在飞机接近失速时自动地增加发动机的推力；过速保护会让飞机自动地把油门减小到慢车位置并把飞机的空速控制到最大安全空速。

在横向控制方面，新增的控制模式在飞机的起飞和进近阶段用来辅助飞机的机动。滑行模式(rollout)在飞机着陆机动后进行辅助。横向导航(lateral navigation，LNAV)模式有了更加广泛的使用，它通过使用动态的地图显示，基于导航的辅助向飞行员以图画的形式显示飞机当前的位置。

这一时期空客公司推出基于电传控制的重要商用飞机 A320，A320 的自动飞行系统基于电传飞控设计了不同于波音公司的飞行导引系统，相对波音飞机自动飞行，空客飞机自动飞行与飞行管理系统结合更加紧密，模式的切换也相对更加自动化，飞行控制面板提供的人机交互接口相对较少，只提供必要的接通和重要参数调整接口。

同时，也设计了很多独特的飞行导引模式，比如下降(descent，DES)，速度参考系统(speed reference system，SRS)，更加强调包线保护的概念，同时操纵方式也采用了全新的侧杆操纵，空客将飞行导引系统和飞行管理系统结合驻留软件在两套单独的飞行管理导引计算机，在采用电传的概念后自动飞行的冗余度提升了安全级别，拓展了传统自动飞行的概念。

从这一时期开始基于电传飞行控制的自动飞行系统从空客 A320 开始，并在波音 B777 上继续发展。

表 2.5 中为 B777 的垂直模式，从表中看出，增加了一些新的模式。有些模式继承了上一代的，而有些模式在这一代的飞行模式中被取消了。电传系统增加了稳定性，并且飞行员可以输入任何手动控制指令。飞行路径角模式(flight path angle，FPA)用来进行基于地面基准的下降机动，这个区别基于空中基准下降的垂直速度模式。

表 2.5　B777 的垂直模式

增稳功能	姿态控制	状态控制	航迹控制	包线保护
电传操纵系统	俯仰/坡度调节	高度保持 高度捕获/选择 下滑道预位 垂直速度 速度控制 推力保持/EPR 飞行高度层改变 起飞模式/复飞模式 拉平模式 飞行航迹角	下滑道追踪 性能管理系统	

横向模式的数量同样由于电传系统的引入而增加。例如保持接通模式，只要自动驾驶仪接通该模式，就会立即让飞机保持一个滚转角。轨迹选择与轨迹保持(track select/track hold)模式的功能和航向选择与航向保持功能一样。

这些飞机采用电传(FBW)操控飞机，而不像以前的飞机通过机械方式操控。控制系统通过电脉冲传输，而不是通过机械或者液压机构。其中最根本的改变在于从飞行员输入指令到舵面作动之间的过程全部由计算机处理。电传系统的实现得益于更高带宽的数据处理总线和更强大的机载计算机。

2.1.3　当代自动飞行系统

当代商用飞机自动飞行系统主要基于电传飞控和集成飞行管理系统的发展，更加综合更加集成的系统能力，具有代表性的飞机有波音 B787 飞机和空客 A380 飞机，以及一些公务机，比如法国达索的猎鹰系列公务机。

A380 自动飞行系统是由三个主要的飞行控制/导引计算机、三个飞行管理计算机构成。飞行控制/导引计算机用以操纵自动驾驶仪,飞行指引系统和自动油门系统;飞行管理计算机用以控制飞行管理系统。飞行导引系统的功能是基于飞行员选择的或飞行管理系统管理的飞行参数,提供短期的垂直、水平导引。飞行管理系统的功能是为飞行导引系统提供目标以实现长期的导引。飞行员与自动飞行系统的交互通过飞行控制板、两个多功能显示器、两个主飞行显示器、两个导航显示器、两个自动驾驶仪切换按钮、四个油门杆和两个自动油门切换按钮得以实现,其中自动飞行控制板是飞行导引系统的主要界面。A380 的飞行导引模式与 A320 的没有很大的差别,只是系统软件驻留发生了变化。

当代支线飞机机型还包括巴西航空工业公司的 ERJ170/190 飞机和加拿大庞巴迪飞机公司的 CRJ 系列飞机。ERJ 系列飞机自动飞行系统和飞行管理系统驻留在 3 个航电处理机柜中,ERJ 系列飞机提供常用的飞行导引模式、起飞模式、飞行航迹角模式、高度保持模式、垂直速度模式、超速保持模式和下滑道模式;横向模式有单独的航向信标(localizer,LOC)模式和背航道模式,其他传统的横向模式就包括横向导航、航向选择和滚转保持;自动飞行的控制不完全采用电传控制,但自动飞行和飞行管理也高度集成。图 2.1 为 ERJ170 支线飞机的自动飞行系统架构图。

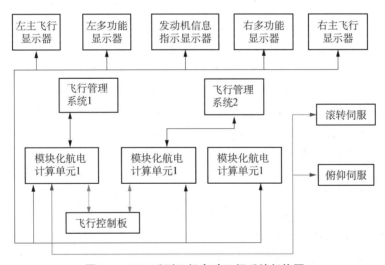

图 2.1　ERJ 系列飞机自动飞行系统架构图

CRJ 系列飞机是相对较早的支线飞机,CRJ 系列飞机的自动飞行系统提供基本的横向和纵向模式控制,而且自动油门功能是选装的,自动飞行系统通过电控方式与飞控系统交联,同时也与飞行管理交联,执行飞行管理外环的导引指令,自动飞行系统和飞行管理系统软件都驻留在综合航电处理机柜的处理板卡中。

现代主流商用客机将飞行管理系统和自动飞行系统紧密结合以完成对飞机长

周期和短周期的导引任务,并尽可能地发挥自动化的功能,结合显示和告警系统极大地减小了飞行员的工作负荷,几乎可以全航程实现自动飞行,未来随着航空电子和控制技术的飞速发展,商用飞机的自动飞行水平还将不断地提高并最终实现智能飞行。

2.2　飞行管理系统

飞行管理系统(flight management system,FMS)是现代大型客机航电系统的核心,当前飞行管理系统已经发展成为集航迹预测、性能优化、导航与制导等功能一体的综合系统,负责在飞行过程中提供参考轨迹、计算最优性能参数、按照参考航迹与导航数据引导飞机飞行,通过组织、协调和综合飞机上多个航电系统的功能与作用,并在整个飞行进程中全程保证该飞行计划的实施,协助飞行员完成从起飞到着陆的各项任务,管理、监视和操纵飞机实现全航程的自动飞行。

飞行管理系统是基于 20 世纪 60 年代后期和 70 年代前期的区域导航和性能计算机发展起来的,并由飞机制造公司与一些电子设备制造公司合作,以及一些航空公司参与一起研制成功的。日趋成熟的区域导航系统利用了机载数字计算机、专用的控制显示装置(control display unit,CDU),给驾驶员和自动驾驶仪提供了用于水平和垂直导航的导引信息,使飞机能飞更平直的航线和提供更有效的操作。

20 世纪 70 年代中期,为了对付石油短缺和价格飞涨,美国飞机公司开始设计和研制以节能为目标的性能管理,并推出了商用的性能数据计算机系统,性能数据计算机开始在飞机上使用。该系统仅计算一些可以在飞行手册上查得到的性能数据,虽然也提供开环最优功率、巡航高度和在当时飞行条件下的建议空速,但未与自动驾驶仪耦合,也不提供导航功能。随着性能数据计算机的发展,飞行管理系统与飞机自动驾驶仪和自动油门耦合起来,根据存储的数据计算爬高、巡航和下降剖面,并且知道飞机按照这些剖面飞行。但飞行员仍要负责导航工作,并要负责起飞爬升和下降操纵。

性能管理系统是在性能数据计算机系统的基础上发展而成的一种新系统,它实质上是一台与自动驾驶仪和自动油门系统耦合的性能数据计算机,能按照存储的飞机性能数据,计算飞机的爬高、巡航和下降剖面,通过与之耦合的自动驾驶仪和自动油门系统,控制飞机按预定的垂直剖面飞行。它与性能数据计算机系统的区别在于:垂直剖面是通过计算而不是通过查表获得的;它与自动驾驶仪和自动油门系统相耦合。

20 世纪 80 年代起,性能管理系统与日益成熟的区域导航系统的合并,即发展成今天的 FMS。随着波音 B757、B767 和空客 A310 的使用,飞行管理系统成为所有民用运输机的标准配置设备。通过几十年的发展,空客 A380 和波音 B787 上的飞行管理系统可以说是新一代飞行管理系统的典型代表,它把自动飞行控制、发动机推力控制、先进电子仪表和显示系统结合一起,提供了考虑更周全的性能优化功能和精度更高的导航引导功能,可提供自起飞到目的地的水平和垂直轨迹导引,更加丰富了计划管理、导航性能监视和数据链功能,满足通信导航监视(communication, Navigation, surrveillance, CNS)/空中交通管理(air traffic management, ATM)各实施阶段对飞行管理系统的要求。这种能对飞机进行管理的飞行管理系统,可实现飞机的自动飞行与最佳性能管理,大大地减轻了驾驶员的操作负担,并可获得很好的经济效益。

装备了飞行管理系统的大型飞机不再需要负责飞行计划和导航的领航员、负责通信和航路管理信息的报务员,以及负责发动机和机载系统控制的飞行工程师,使原来五人制的飞行机组人员减少到只有正副驾驶员的两人制机组,极大地提高了运输生产力,降低了空勤人员的培养、培训和使用成本;飞行管理系统所提供的自动化能力提高了日常航班的飞行品质,降低了产生飞行偏差的风险,提高了飞行安全水平。

随着航空事业的不断发展,天空中的飞机越来越多,空中交通管制(air traffic control, ATC)快速发展。为了提高机场的吞吐量,保证飞机的飞行安全,适应当今空中交通的迅速发展,空中交通管制由原来调整各飞机的距离间隔,改变为调整各飞机间的时间间隔,即对飞机提供时间控制的要求,ATC 的发展又影响了飞行管理系统的发展。

20 世纪 90 年代以来,为了适应 ATC 的时间控制要求,新一代即 4 维飞行管理系统的研制开始了。4 维飞行管理系统是在 3 维的基础上,通过对软件的修改,引入了 4 维的导引算法而发展成新一代的飞行管理系统。它能提供 4 维的导引能力,可以很好地控制到达时间,可以节省大量的燃油消耗,可以按 ATC 的时间精确地到达指定地点。这样不仅可有效地缓和机场空域的拥挤,提高机场的吞吐能力,而且可以大大减少机场上驾驶员和 ATC 控制员的工作负担。

1994 年 7 月 ARINC 650 模块化综合航电封装与接口规范和 1999 年 3 月 ARINC 651-1 模块化综合航电设计指南先后发布,意味着民用航空电子系统将采用符合 ARINC 650 规范的外场可更换模块(local replaceable module, LRM)。原来以 FMS 为核心的航电系统将不再是由各种外场可更换器件(local replaceable unit, LRU)组成的联合式系统,而是一个基于 LRM 的集装机柜式的模块化综合航空电子系统。这无疑将大大促进系统资源的共享,并易于实现系统级的容错和余度管理,提高系统工作可靠性,同时将改变维修体制。各种型号的 FMS 的多功能控制显示单元(mutiple-control display unit, MCDU)在最大程度上保持互用性,界面布局基本一致;A320 系列飞机的 FMS 硬件平台与 A330/A340 的相同,采用了部分远程飞机的功能以减少不同型号飞机培训的差异。

随着卫星导航系统的应用,国际民航组织(International Civil Aviation

Organization，ICAO）于 20 世纪 90 年代初提出了所需导航性能（required navigation performance，RNP）的概念。RNP 的定义为"飞机在一个指定的航路、空域或区域内运行时，所需的导航性能精度"。RNP 的类型根据航空器至少 95％的时间能够达到预计导航性能精度的数值来决定。RNP 的核心是使用导航性能精度衡量飞机的导航能力，当飞机在指定空域内满足所需的导航性能要求即被允许在该空域内飞行。

RNP 概念提出的目的是改革以往对机载导航设备的管理方式，以 FMS 为载体，对航路空域内运行的飞机做出规定，要求其导航性能与相应空域能力相一致，使空域得到有效利用；同时不再限制机载设备的最佳装备和使用，并据此作为确定飞行安全间隔标准的基本参考，如图 2.2 所示。RNP 突破了向背台飞行的限制，在指定空域实现了实时、高精度的灵活飞行，能为航空公司取得巨大的效益。

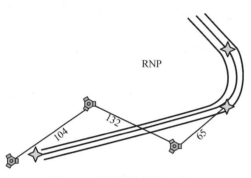

RNP

图 2.2　所需导航性能示意图

从 20 世纪 90 年代到目前，国际主流的新一代 FMS 主要具有以下特点：

（1）全面的基于性能的导航（RNP）能力。FMS 将飞机机载设备与卫星导航及其他先进技术结合起来，为从航路、终端区到进近着陆的所有飞行阶段，提供了更加精确、安全的飞行方法和更加高效的空中交通管理模式，逐步完成了从基于传统导航到基于性能导航的转变。FMS 的导航计算能力，应保证飞机在空域、航路或程序范围内至少 95％的飞行时间里，可以达到所规定的侧向导航精度。

（2）具有更全面的导引能力。可在规定的时刻把飞机引导到三维空间的某一个点上，它将使飞机按空中交通管制系统的要求准时进场着陆，既保证飞行安全，又降低油耗和噪声。把惯导/卫星导航/无线电导航系统提供的数据加以处理，用于远程途中导航和提高精确着陆导引能力，与飞行控制系统、推力控制系统和飞行仪表系统等配合，实现飞行全过程的自动导航，有效地提高飞行安全性，改善经济性和大大降低飞行员的工作负担。

（3）具有更全面的性能计算功能，如更加完备的燃油管理能力，包括燃油总量的预测、燃油流量预测、飞行过程中各个航路点的燃油剩余量的预测、燃油泄漏检测等。同时具备更加完备的时间管理能力，包括所需到达时间（required time of arrival，RTA），其控制飞行到达时间误差仅为±6 s，通过通信系统的不断发展，实现基于时间的运行（time-based operation）能力。

（4）数据库存储量增长迅速，存储内容也更加丰富。随着存储设备的不断发展,未来的 FMS 将具备更大容量的存储能力。将可以存储并读取导航数据库 (navigation data base,NDB)、性能数据库(performance data base,PDB)、速度数据库(Vspeed data base,VDB)和机场数据库(airport data base,ADB)等。

(5) 图形式人机接口。多功能控制显示单元采用彩色液晶显示器(liquid crystal display,LCD),具有图形显示功能,可显示气象雷达输出的气象图和 TAWS/EGPWS 产生的彩色地形图,重量更轻、功耗更小、可靠性更高。多功能控制显示单元也可以用光标控制装置和多功能键盘来代替。

(6) 能支持通信、导航、监视/空中交通管理(CNS/ATM)的技术应用。CNS/ATM 应用新技术和程序处理不断增加的空中交通流量,提高飞行安全性。新一代 FMS 增加的新功能使飞行员能利用日益兴起的 CNS/ATM 提供的优化环境飞行直接航线,并基于效率和飞行速度选择最佳高度,使飞机更有效地飞行。

飞行管理系统的国外技术水平和发展趋势如表 2.6 所示。

表 2.6　飞行管理系统发展阶段

阶段	产　品	功　　　能	年　代
1	区域导航系统	水平、垂直导航信息	20 世纪 60 年代
2	性能管理系统	计算确定最佳飞行轨迹、飞行速度、飞行高度和发动机推力,以使爬升、巡航和下降与自动驾驶仪和自动油门耦合,节省油耗、降低直接运营成本	20 世纪 70 年代
3	飞行管理系统	自动导航、自动导引以及综合显示、大用量导航数据库、区域导航＋性能优化、全程三维自动飞行、飞行性能优化	20 世纪 80 年代
4	四维飞行管理系统	阶梯爬升、分段巡航速度管理、RTA、ADS - B[①]、准时进场着陆、提高机场使用率	20 世纪 90 年代
5	新一代飞行管理系统	数据链、RNP、降噪离场、连续下降、支持垂直剖面信息显示和合成视景格式、满足新航行系统运行需求	21 世纪

目前,美国是世界上飞行管理系统产品的主要供应方,核心技术主要掌握在美国霍尼韦尔公司等少数公司手中。为保障欧洲电子核心产品逐渐进入民用飞机的装备领域,从 20 世纪 80 年代起,在航空电子系统承包时,欧洲空中客车公司就十分强调以欧洲公司为主,扶植研发欧洲自己的飞行管理系统,凭借飞机平台的发展机会,为欧洲航空电子厂家创造掌握核心知识产权的机会和条件。同时,对飞机的市场销售采取了灵活的应对方式,即由飞机买主决定装备欧洲还是美国的飞行管理系统产品。这样既打破了美国供应商一家独大的局面,降低了机载设备的装备成本,

---

① automatic dependent surveillance-broadcast,广播式自动相关监视。

增强了市场竞争力,又在后继型号发展中不断深入消化、逐步吸纳霍尼韦尔的先进技术,提高欧洲的自主研发能力,保障其飞机及航空电子系统的核心技术和知识产权效益不断增长。

从当前世界上飞行管理系统的应用情况来看,目前生产飞行管理系统产品的公司主要有美国的霍尼韦尔有限公司、罗克韦尔·柯林斯公司和通用航空电子系统集团、英国的史密斯航空航天公司、法国的泰莱斯航空电子公司和加拿大的马可尼电子组件有限公司。

不同用途、不同航程的飞机所采用的飞行管理系统也各不相同,例如罗克韦尔柯林斯公司的 FMS 系列中,FMS-3000 是用于短程公务机的 FMS,FMS-5000 是用于中程公务机的 FMS,FMS-6000 是用于远程公务喷气机的 FMS,FMS-4200 是用于支线客机的 FMS。目前国外不仅大型民用客机均采用了新一代 FMS,而且公务机、军用运输机以及无人机也采用了 FMS。各航空公司可根据自己的需要选装某一公司的 FMS 产品。同一型号的飞机不同国家、不同公司甚至同一公司不同批次的飞机都可能选装不同公司的 FMS 系统。

2.3　包线保护系统

针对现代民用飞机设计而言,设计一款安全、舒适、环保、经济型的飞机不仅是主制造商的目标,也是民用航空市场竞争日趋激烈条件下客户的需求。为了实现此目标,一方面要严格按照民机研制流程进行开发设计,另一方面需要从技术细节上完善飞机功能和性能。其中,包线保护功能是飞机设计过程中必须考虑完整的功能,因为该功能不但能为飞机安全飞行提供保障,而且能为飞机在一定包线范围内提供最佳的飞行操纵性能和良好的经济收益。

飞机包线保护工作区如图 2.3 所示,最内核区域表示飞机正常飞行时的范围,通常在该区域内飞行管理系统满足正常工作条件,可以控制飞机按预定飞行计划飞行。整个飞行过程,飞机姿态、加速度、迎角、速度、高度等不会超出飞行管理系统设定的工作范围,该区域的边界称作正常运营飞行包线。次内层区域表示基于自动飞行的安全保护区域。在该区域内自动飞行系统的各个控制模式能够正常工作,控制飞机在规定的姿态、加速度、高度、速度范围内飞行,与最内核区域类似,该区域边界也属于正常运营飞行包线。次外层区域表示基于飞机本体安全的包线保护区域,通常是指飞机遇到一些典型的飞行条件,如气象条件不佳或飞行员误操作,飞行员需要采取相应的机动动作,此时飞机姿态、加速度、高度、速度等会超出正常的运营包线,进入机动包线范围。虽然在机动包线范围内,但飞机仍有一定的安全余量,该区域的边界称作机动飞行包线。最外层区表示飞机进入临界或危险区域,通常的表现为:显示器上的速度指示已进入红色区域,失速告警装置已发出告警声,飞机随时可能进入真正气动失速状态;飞机结构承受的载荷已经接近极限,对飞行员的操纵负荷已经超出常规。上述这些状态对飞机来说都是非常危险的状态。因此,该区域的边界也称作飞机本体的极限包线。一旦超出该包线范围,飞机将进入不可操控状态,甚至坠毁。

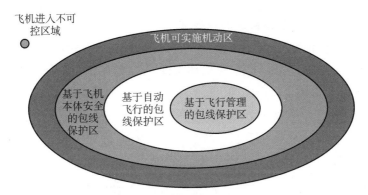

图 2.3　飞机包线保护工作区的概念

在民机设计领域,空客飞机和波音飞机是两款不同设计理念的典型代表。他们的包线保护系统在理念和设计架构上都存在差异。其中空客飞机提供了一套功能逻辑复杂、高度集成的包线保护功能,包含正常运营包线和机动飞行包线内自动化系统工作和人工操纵飞行的两种运行情况。正常工作情况下,自动化系统具有更高的权限,可避免飞机因为人为差错因素超出包线飞行,能够确保飞行安全,减轻飞行员工作负担。波音飞机的包线保护功能在设计上采用了分体式的设计架构,不同机载系统根据飞机包线特征和系统特点设计了不同的包线保护功能,每个系统可以根据当前飞行状态提供相应的保护功能。与空客飞机的设计理念不同,波音飞机的设计给飞行员较大的自主权,让飞行员根据飞行态势和系统提供的包线保护功能进行决策,可以超控系统,进入机动包线内飞行,发挥飞机最大性能,以改出不利飞行环境。在这里,以波音飞机设计理念为例,在系统架构设计方面,飞机上的大多数系统都具有包线保护功能,如襟缝翼、扰流板、方向舵等,其偏转的角度和速率都有速度限制,发动机正常工作也要在一定迎角范围内。另外,在设计理念方面,以迎角保护为例,波音飞机允许飞行员拉杆接近失速边缘,但需要使用两倍于正常操作杆力才能进入。

从本质上讲,所有机载系统包线保护功能都是结合飞行安全和实际运营情况,只是在实现方式上存在差异。考虑到系统集成性和重要性,本书提到的包线保护功能主要是基于机载系统中的航电系统实现,而航电系统还包含其他重要子系统,这些重要子系统在整个飞行过程中也存在交联关系,如自动飞行、飞行管理、失速保护等功能。这些功能几乎在飞行所有阶段都在使用,对飞机本体或飞行轨迹直接进行控制,更为重要的是,与飞行员之间存在频繁的人机交互。因此,需要给系统设定工作包线,保护整个飞行安全。

结合条款要求、飞机本体、系统自身工作情况及飞行环境,本书将从三个层面介绍包线保护功能,即:基于飞机本体安全的包线保护、基于自动飞行的包线保护、基于飞行管理的包线保护。这三层包线保护功能在实现形式上与失速保护、自动飞行、飞行管理等子系统相关。

2.3.1　基于飞机本体安全的包线保护

从气动和结构角度讲,飞机必须在一定范围内飞行才能保证安全,通常飞机飞行的范围以飞行速度、高度、过载(见机动飞行)等参数的极限值作为界线,形成一个封闭的几何图形,表示飞行范围和飞行限制条件。这些范围或限制条件构成了飞机的飞行包线,如图 2.4 所示。

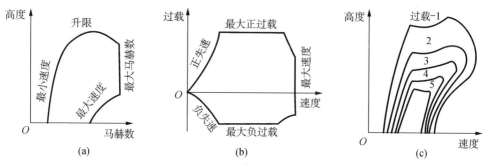

图 2.4　飞机飞行包线定义示意图

图 2.4 中(a)为定常水平直线飞行包线,左边表示受最小速度限制,右边受最大速度和最大马赫数限制。图 2.4 中(b)为一定高度下的机动飞行包线,表示机动飞行时所受的过载限制,小速度时则受失速的限制。图 2.4 中(c)为定常盘旋飞行包线,盘旋过载越大飞行范围越小(图中的数字表示过载)。可以看出,飞机包线直接展示了飞机可使用的性能或安全极限值,这些指标通常与发动机推力、飞机的气动布局、机体结构、飞行构型(起落架收放、襟缝翼收放等)、飞行速度和高度有关。对于飞机最大速度和升限来说,其最大限制值受发动机最大推力和气动布局影响,即飞机飞到一定高度或速度后,由于空气变得稀薄,发动机输出的最大推力是一定的,因而飞机速度和高度也达到最大值;飞行最大过载,主要与机体结构、飞行构型及飞行速度和高度有关。通常,在低空大速度飞行时,结构承载极限是一个严格考验,一旦超过最大过载限制值,会损坏飞机受力部件,如襟缝翼、升降舵或方向舵等。最小速度则与飞机构型相关。随着飞行迎角值增加,飞机愈加接近失速状态。当迎角增加超过限制值,机翼上的气流会产生分离,飞机机翼所产生的气动力特性发生急剧变化,飞机会出现机头下俯、机翼抖震现象。对于 T 型尾翼飞机,由于平尾位置处于机翼失速乱流影响,会出现机头上仰情况,使飞机进入深失速。另外,从保护飞机结构考虑,对于活动部位,如襟缝翼、升降舵、方向舵、平尾、起落架等,其工作过程受活动面本身的结构和强度特性影响,飞机速度不能超过设定限制值。另外,与气象条

件相关的情况,如结冰气象条件下,飞机气动包线也会存在巨大差异。

可以看出,上述包线反映了飞机本体在安全限制下的飞行特点。在此情况下,只有采取正确操作或自动保护等措施,如机动动作、改变飞行高度或改变速度,才可以脱离不安全状态,在某些情况下这些动作可能会接近飞机本体设计极限值。为了使气动力或承力结构不受破坏,飞机必须提供包线保护功能,确保安全飞行。基于飞机本体安全的包线保护需要提供的功能,是飞机包线保护的最底层、最基本功能,也称作核心保护功能。通常,基于飞机本体安全的包线保护包括迎角保护、过载保护、最大速度保护、最低速度保护等功能。虽然这些包线保护功能不同,但从系统架构设计考虑都是相似的。本书将选择迎角保护功能进行研究。

如前面所述,飞行中迎角超过某个设定值后,飞机将会产生气动失速,危害较大。因此,必须设定迎角包线保护功能。由于飞机升力不但与迎角相关,而且与飞机构型相关,不同构型,对应失速迎角也不同。另外,飞机失速不仅会发生在低空,也会发生在高空。因此,迎角保护还与飞行速度有关。另外,由于迎角保护功能的重要性,除了功能本身要考虑全面之外,系统实现层面也要考虑系统失效或信号输入出现异常时的包线保护功能。

2.3.2 基于自动飞行的包线保护

随着硬件和软件的技术提升,现代民机设计开始大规模使用计算机控制系统来提升飞机的自动化水平。如自动飞行控制已经成为现代民机的基本配置,它能够为飞机提供从起飞到降落的全过程飞行导引。在自动驾驶仪和自动油门接通情况下,自动飞行控制系统可实现姿态控制、各种飞行模式及与飞行管理的交联功能。即便自动驾驶仪或自动油门没有接通,自动飞行系统也可以为飞行员提供飞行指引,飞行员进行人工驾驶。可以看出,无论哪一种方式,自动控制系统都可以减轻飞行员负担。然而,当飞机遭遇扰动、系统故障或人工操纵失误等情况,导致飞机进入非正常状态,如对于具有配平功能的飞机,在自动驾驶仪接通情况下,当人工将飞机操控到一种失配平状态,如副翼失配平,在系统到达配平极限后,自动驾驶仪将自动断开,飞机可能出现突然的滚转,如果滚转角速率或坡度较大,对飞行安全产生不利影响。另外,当人为差错诱发不正常的工作模式时,控制系统可能会进一步加剧危险情况。针对此类问题,现代系统设计过程中,一般参照 ARP 4754 和 ARP 4761,捕获系统安全性需求并对系统进行安全性分析,设计系统具有足够的保护机制或保护裕度,确保飞机安全。为此,本书提出基于自动飞行的系统包线保护功能。在该包线范围内,飞机处于自动飞行阶段,飞机姿态、加速度、高度、速度等都在系统设定的范围内,飞机能够实现安全自动飞行。

基于自动飞行的包线保护功能,不同于基于飞行本体安全的包线保护功能,它是指在系统故障或人为因素导致非正常状况时,自动飞行系统能够自动调整监控坡

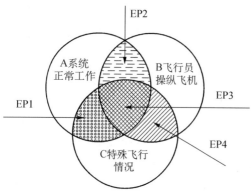

图 2.5　影响自动飞行包线保护功能的工作场景

度角、俯仰角、角速率、法向加速度、纵向加速度、迎角、垂直速度、高度、速度等飞行参数进行安全保护,即飞行参数一旦超过内部设定的包线阈值,系统将提供相应的保护动作,避免飞机操纵性能进一步下降。同时,系统监控阈值不能设置过大,否则系统包线保护范围过小,影响正常运营情况下的飞行操纵性能。该保护功能与自动飞行系统工作状况、飞行员介入的时机、特定的飞行场景相关,因此在包线保护功能设计时,要仔细分析这些耦合状态(见图 2.5),设置正确的包线保护功能和相关的阈值。

如图 2.5 所示,A 表示系统包线对应于系统正常工作时需要考虑的情况。第一种是针对无任何故障情况,如半坡度模式与高度有关,马赫配平功能只能在特定的马赫数工作范围;第二种是系统部分失效引起的飞机状态变化的情况。系统故障引起飞机状态变化,自动配平功能失效导致失配平。B 表示飞行员监控到异常情况(隐蔽故障导致),如姿态异常等,主动操控飞机,如主动断开自动驾驶仪,操控驾驶杆盘。C 表示遇到特殊情况,如特殊气象条件、系统故障等,导致飞机姿态或加速度超过设定阈值,系统功能降级或丧失,如导致自动驾驶仪(autopilot,AP)自动断开。图 2.5 中 EP1/EP2/EP3/EP4 分别表示 A/B/C 三种状态耦合时产生的特定工作状态。如 EP3 表示在遭遇颠簸气象条件时,系统仍在正常工作,但人工发现异常后,采取操纵飞机动作,比如主动断开 AP,此时飞行员的工作负荷会比较大。考虑到这种情况,对飞行员可能关注的状态参数,如姿态、速度、高度、垂直速度、航迹偏差等,包线保护功能设计中要充分考虑,并设计合适的阈值。避免出现飞行员基于经验认为是异常的情况,而包线保护系统并没有产生相应的保护动作。

2.3.3　基于飞行管理的包线保护

现代民用飞机主要特点之一是具有较好的经济性,同时能够严格遵照航路运营管理要求,在规定的空域内飞行。通过节省燃油消耗、时间及距离等获取飞行安全和经济效益的平衡。为了实现这一目标,现代民机通常装备了飞行管理系统。该系统除了具有传统的飞行计划管理、导航定位功能外,还能为飞机提供横侧向和垂直方向的航迹计算功能。通过航迹计算得到飞行剖面(水平剖面和垂直剖面)。在此基础上,通过人机接口计算机为飞行剖面选择所需的导引模式。这些导引模式不是具体的控制律,仅代表从自动飞行系统选取相关的控制律。如通过人机接口计算机设置水平剖面的航向保持模式,一旦飞机达到该剖面,飞行管理系统将会选择航向模式,该模式被选定后,将会从自动飞行系统中调用航向保持模式控制律,随后自动飞行系统给出相关的航向导引模式。当自动驾驶仪接通时,飞行管理系统将控制飞机在横侧向飞行。虽然自动飞行系统的模式中增加了相关包线或门限值,让该模式提供的导引指令在设定范围内,飞机可以安全飞行。但如果把飞机放到航线飞行中来看的话,仅靠自动飞行的包线还无法满足航线运营要求,必须考虑航路管制相关要求,从更高层面提供相关的包线保护限制。这些限制包括了横侧向限制和纵向限制。横侧向主要是指航道不能超过预设的偏差,通常与航向改变能力有关,而航向改变主要与坡度角度有关,因此针对不同的横侧向模式,选择相应的转弯角度进行限制。纵向限制,主要是面向日趋紧张的航空空域和特定机场运营环境要求,特别是部分机场和空域要求飞机具备运营 RNP 进近程序、最小垂直间隔(reduced vertical separation minimum, RVSM)的功能,如巡航阶段,在 RVSM 空域,飞机必须在规定的高度范围内飞行,如果超过高度 1 000 ft[①],将会产生相关告警,因此在飞行管理中必须增加高度限制值,如图 2.6 所示。另外,为了满足 RTA,需要设定飞行速度范围,这样可以保证飞机在规定时间内到达下一个航路点。因此,必须增加速度保护限制。

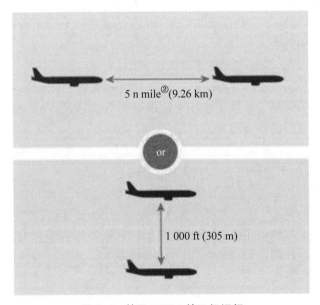

图 2.6　基于 RVSM 的飞机运行

---

① 1 ft=0.304 8 m=30.48 cm。

② 1 n mile=1.852 km。

3 设计流程、条款和需求

3.1 基本研制方法和流程

与一般工业产品相比较,民用飞机产品复杂、技术难度高。民用飞机研制过程涉及多门学科和专业领域、参加研制人员众多,而且一个新型号飞机的研制往往也要应用所能获得的最新技术成就(或者为适应飞机技术指标要求而研制的新产品、新技术)。特别像综合航电系统这样的飞机产品,软件与硬件相结合,系统规模大,接口关系多,系统结构和控制逻辑比较复杂,因此必须以系统工程的方法规划航电系统的研制方法和流程。

关于系统工程,比较有代表性的定义如下:

(1) Ramo 定义:系统工程是一门专注于整体(系统)设计和应用的学科,区别于零部件的设计和应用。系统工程用全面的视角看待问题,考虑所有方面和变量,并综合考虑技术方面的社会因素。

(2) Eisner 定义:系统工程是一个对现实世界进行自上而下综合、开发和实施的迭代过程,以近似于最佳的方式来满足所有的系统需求。

(3) INCOSE 定义:系统工程是一种建立成功系统的跨学科的方法和手段。

(4) 系统工程学是以研究大规模复杂系统为对象的一门交叉学科。

上述对系统工程的描述都有一个共同的特征,系统工程是针对复杂系统研制和集成而产生的工程管理技术,能够实现项目总体最优,因此运用系统工程方法是航电系统研制的内在需要。

航电系统是商用飞机中最复杂的一个系统,从研制的复杂度看,其特点主要体现在以下几个方面:

一是系统研制规模庞大,管理协调难度大。航电系统的研制从全寿命周期的视野出发,从概念设计、详细设计、试制、取证,并同时考虑运营和维护的需求,系统功能复杂、参与人员众多、研制周期长,这是飞机其他系统无法相提并论的。

二是系统内部功能复杂,众多分系统并存,同时几乎与飞机所有其他系统都有交联,协调关系复杂。商用飞机具有安全性、舒适性、环保性和经济性的特点,要求航电系统并与其他系统进行复杂而且冗余的系统协调、平稳的交叉工作,并具有足够的安全性和可靠性,同时保证与机体结构、管路线路、部件设备完整、准确、合理地安装,以实现良好的人机互动和系统(分系统)间的匹配,但其实现难度是巨大的。

三是系统设计标准要求复杂。航电系统必须强制性满足适航当局制订的适航规章和技术标准,这些规章和标准的满足需要通过大量的符合性验证文件和过程来证明,包括设计文件、仿真计算、安全性分析、空中和地面验证等大量工作,其中有些工作是飞机全寿命的,在飞机投入使用后仍要继续进行。

四是客户化程度高,需求管理复杂。作为客户的航空公司是强势甲方,其需求复杂而多变,航电系统承担了大部分的人机接口和界面。如何确定客户需求,在系统研制中进行确认、实现和验证,对系统研制是巨大的挑战。

以系统工程的方法规划航电系统的研制,首先要对研制生命周期进行阶段规划,分为若干个阶段,以便后期对各阶段进行工程规划和协调。

图 3.1 所示为航电系统研制生命周期简图。

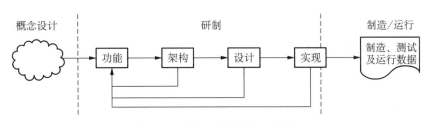

图 3.1 航电系统研制生命周期

在确定研制生命周期的阶段规划后,如何采用系统工程的方法实施研制航电系统,这项工作也是航电系统研制的工程管理核心。

根据在概念设计阶段确定的飞机总体性能和构型,航电系统的设计方法应遵循自上而下的顺序,当然典型的系统研制同时还要采用自下而上并以迭代与并行的方式来进行,但我们重点强调自上而下的正向设计。航电系统研制过程模型如图 3.2 所示。

航电系统功能分配应以飞机功能的实现为切入点,对于一个新研飞机,航电系统研制过程从顶层功能的定义开始,进行功能需求的分配。

系统架构确立系统的结构及边界,在该结构及边界内实施具体的项目设计以满足已建立的需求。通过功能和性能分析、初步系统安全性评估(primary system safety assessment,PSSA)和共因分析(common cause analysis,CCA)等过程对系统架构进行迭代式的评估,以确定在满足分配到系统的功能和顶层安全性需求方面

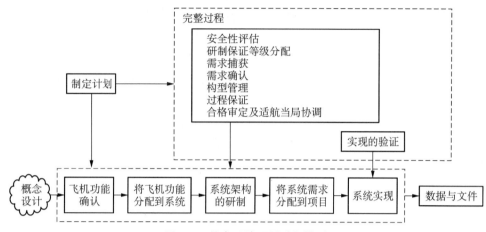

图 3.2 航电系统研制过程模型

的可行性。

飞机的功能是建立系统架构基础上的,系统架构的选择确立了实施架构所需的补充需求。在系统需求的确定和分配过程的每一个阶段,现有需求的详细补充及新的衍生需求也都得以确定。系统需求类型包括:安全性需求、功能需求、补充的合格审定需求、衍生需求、现有已取证系统和项目的再使用。需求的确认过程是确保所提出的需求足够正确和完整,并且产品能够满足客户、用户、供应商、维护人员、审查方以及飞机、系统和项目研制人员的需求。

综合航电系统具有高度综合和复杂的特点,局方极其关注由于研制错误而导致系统失效状态的可能性。因此需要建立一个系统研制保证过程来表明系统研制置信度,将可能导致已确认失效状态的研制差错以适当的严格程度降至最低。DO-178B 和 DO-254 提出的指导性材料被业界和各国适航当局公认为可用以建立特定软件和电子硬件分别达到其预期设计需求的置信度。总的来说,研制保证是一个基于过程的方法。这种方法可以为系统研制建立置信度,确保系统的研制以一个十分规范的方式来完成,并且可限制那些影响飞机安全性的研制错误的可能性。

系统架构形成与需求的分配是密不可分的、迭代的过程。随着每一次迭代的循环,对需求的确认和理解不断增加,对分配到硬件和软件的系统级需求更加清晰。因此分配工作的输出就是分配到硬件和软件的需求包括安全性目标、研制保证等级和功能/性能的需求。当系统最终架构满足了所有的需求时,系统需求的分配工作也即完成。

系统的实现应保证系统独立和正确地协调工作。系统的实现有四个要点:系统过程至软硬件过程的信息流,以及软硬件过程至系统过程的信息流、软硬件设计和制造、软硬件的集成、系统综合。

验证的目的是用来表明系统的实现满足了在预定运行环境下的需求。验证工作主要包括以下四种基本方法：检查或评审、分析、试验与演示、使用/服役经验。

上述航电系统研制过程就是基于集成方法的系统工程过程，这个过程通常也被描述为 V 过程。V 过程主要包括三个核心内容：需求定义、系统设计和系统实现。三个过程依次进行，不断迭代，形成推进航电系统研制的驱动力。

V 过程是基于系统集成方法的系统工程引擎，在这个引擎中，需求的确认、设计方案的实现和需求的验证反复循环、不断迭代、递归，确保所有需求都没有遗漏，都得到满足，使系统达到最优。对于主制造商的航电系统集成者，设计方案阶段一部分发生在主制造商内部，但更详细的一部分则由系统供应商完成，因此，设计方案过程也可以是包含主制造商提出需求、供应商进行方案设计、主制造商和系统供应商在不同层面上再进行验证需求的过程。航电系统集成方法的 V 过程如图 3.3 所示。

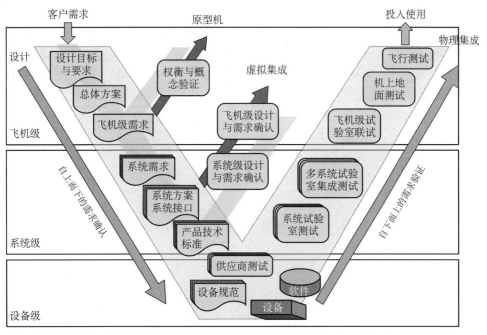

图 3.3 V 过程在航电系统研制中的应用

构型管理，既是一种系统研制工作，也是一项合格审定工作。在研制过程中，当要开始对需求的符合性时，构型基线就要建立起来。最终所提出的构型相对于构型基线的追溯性是表明研制保证的必要因素。

系统研制过程中的过程保证是用来确保研制保证工作得以保持和跟踪。过程保证体系与研制过程之间应具有一定的独立性。

合格审定过程的目标是证明系统已经满足了适用的需求，一般是通过符合系统合格审定计划来完成的。所谓合格审定计划就是将整个研制过程中规章方面的内容分解为便于管理的任务,使这些任务可以合理、有序地得以完成。合格审定计划包括合格审定的项目、确定审定基础(适用的规章和可能适用的任何特定状态),概述申请人用于表明符合性的方法,提供工程项目的时间进度表。

在系统研制过程中,系统安全性评估与验证始终贯穿其中。系统安全性过程用于表明对合格审定要求的符合性,同时也用于满足公司内部安全性标准的要求。系统安全性与系统研制过程的相互关系如图 3.4 所示。

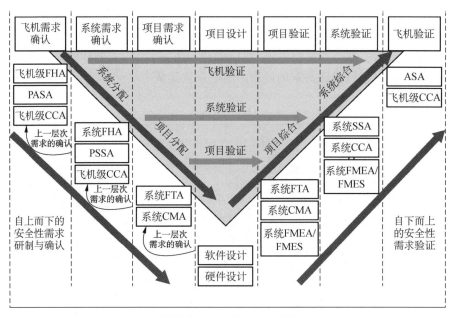

图 3.4 系统安全性与系统研制过程的相互关系

3.2 适航规章和条款的考虑

民用飞机设计必须符合相应的适航规章,适航部门依据适航规章对民用航空产品进行设计批准的过程称之为型号合格审定。目前国际上主要存在三种适航规章:美国联邦航空管理局(Federal Aviation Administration, FAA)的联邦航空条例(Federal Aviation Regulation, FAR)、中国民用航空管理局(civil Aviation Administration of China, CAAC)的中国民用航空规章(China civil aviation regulations, CCAR)和欧洲航空安全局(European Aviation Safety Agency, EASA)的审定规范(Certification Specifications, CS)。对于中国的航空器运营人以及在中国领空运营的外国运营人,必须遵守(符合)CCAR 的规章要求,因此在国内设计生产的民用飞机必须符合中国民用航空规章。当前的 CCAR 与 FAR 基本同步,由于 FAA 对 FAR 的修订需要一定的时间才能传递到 CCAR,因此,CCAR 的适航要求相对 FAR 有一定的滞后。对民用航空产品进行型号合格审定所依据的标准就是型号合格审定基础,飞机合格审定的基础取决于申请型号合格证时的有效规章以及在审定过程中对飞机规定的具体条件,如专用条件(special condition)和问题纪要(issue paper)。

民用航空产品具有新颖或独特的设计特点、民用航空产品的预期用途是非常规的,或从使用中的类似民用航空产品或具有类似设计特点的民用航空产品得到的经验表明,可能产生不安全状况,由民航总局适航部门制定并颁发专用条件。专用条件应当具有与适用的适航规章等效的安全水平。

问题纪要是型号合格审定审查组为说明和记录一些重要的、有争议的问题而编制的文件。这些重要的、有争议的问题可能需要进一步探讨协商才能确定其符合性方法或验证程序。

多个国家或地区与美国/欧盟有双边协定,这些国家或地区接受联邦航空条例(FAR)或审定规范(CS)作为有效的适航规章,同时接受联邦航空局(FAA)或欧洲航空安全局(EASA)的审定结论。

一般情况下,国内设计的商用飞机型号合格审定基础为 CCAR 25 部,航电系统主要的适航要求在 D 分部和 F 分部。同时,在设计过程中还应同时考虑飞机在运行过程中必须遵循 CCAR - 91 部和 CCAR - 121 部的运行和飞行规则。

CCAR 25.1301 款(功能和安装)是飞机系统和设备的通用性条款,适用于任何有功能要求的飞机系统和设备。CCAR 25.1309(设备、系统和安装)是指导设备、系统进行安全性设计的通用条款,航电系统的所有分系统均应表明对此条款的符合性。

民用飞机常用的符合性方法可根据实施的符合性工作分为四大类:

(1)工程评审。

(2)试验。

(3)检查。

(4)设备鉴定。

根据这四大类方法可细化为 10 种符合性验证方法(means of compliance, MOC),如表 3.1 所示。

表 3.1 适航符合性验证方法

符合性工作	方法编码	符合性验证方法	符合性证据
工程评审	MOC 0	符合性声明 ● 引述型号设计文件 ● 公式、系数的选择 ● 定义	符合性设计文件 符合性记录单
	MOC 1	说明性文件	说明、图纸、技术文件
	MOC 2	分析、计算	分析、计算或仿真报告等
	MOC 3	安全性评估	安全性分析文件

（续表）

符合性工作	方法编码	符合性验证方法	符合性证据
试验	MOC 4	实验室试验	试验大纲 试验报告 试验分析报告
	MOC 5	机上地面试验	
	MOC 6	飞行试验	
	MOC 8	模拟器试验	
检查	MOC 7	航空器检查	机上检查大纲 检查报告
设备鉴定	MOC 9	设备合格性	TSOA 设备鉴定试验大纲 设备鉴定试验报告等

3.2.1　自动飞行系统适航规章和条款

3.2.1.1　自动飞行系统适航条款和规范标准

通常来说,自动飞行系统(automatic flight system,AFS)涉及的适航条款有CCAR 25.611、CCAR 25.672、CCAR 25.869、CCAR 25.1301、CCAR 25.1309、CCAR 25.1316、CCAR 25.1317、CCAR 25.1322、CCAR 25.1329、CCAR 25.1431等,如表3.2所示。是否需要制定专用条件和问题纪要,应依据自动飞行系统的设计架构和审查组在审定过程中对适航要求的具体情况而定。还需要与审查组确认其他相关适航条款对自动飞行系统的适用性及符合性方法,如 CCAR 25.1351、CCAR 25.1353、CCAR 25.1357、CCAR 25.1709 等。

表3.2　自动飞行系统适用的适航条款

规章	说　明
25.611	可达性措施
25.672a	增稳系统及自动和带动力的操纵系统
25.672b	
25.672c	
25.869a	系统防火
25.1301a	功能和安装
25.1301b	
25.1301c	
25.1301d	

（续表）

规章	说　　明
25.1309a	
25.1309b	
25.1309c	设备、系统及安装
25.1309d	
25.1309e	
25.1316a	系统闪电防护
25.1316b	
25.1317	高强辐射场（HIRF）防护
25.1322	警告灯、戒备灯和提示灯
25.1329a	
25.1329b	
25.1329c	
25.1329d	
25.1329e	
25.1329f	
25.1329g	飞行导引系统
25.1329h	
25.1329i	
25.1329j	
25.1329k	
25.1329l	
25.1329 m	
25.1431a	
25.1431b	电子设备
25.1431c	

　　以 CCAR 25.1301 和 CCAR 25.1309 条款为例，典型的适航符合性方法如表3.3 所示。

表 3.3　符合性方法（MOC）表

CCAR 25 部	符合性方法（MOC）									
	0	1	2	3	4	5	6	7	8	9
1301a		1						7		
1301b		1						7		
1301c		1						7		
1301d		1				5	6		8	
1309a		1				5	6		8	
1309b		1		3						
1309c		1		3			6			
1309d		1		3						
1309e		1			4	5	6			9

CCAR 25.611 可达性措施，要求自动飞行系统的设备必须是可接近的，使能进行为持续适航所必需的检查（包括检查主要结构元件和操纵系统）、更换正常需要更换的零件、调整和润滑。此项适航要求可通过机上检查以表明设备是可接近的，且对于设备的检查、更换等行为是切实可行的。

CCAR 25.611 增稳系统及自动和带动力的操纵系统（a），要求自动飞行系统发生驾驶员未察觉会导致不安全结果的任何故障，必须设置警告系统。通过安全性分析确定自动飞行系统的故障条件并给出告警设计的需求，飞行试验中将通过故障条件的模拟以验证告警系统的设计。

CCAR 25.611 增稳系统及自动和带动力的操纵系统（b），要求自动飞行系统在发生各种单个故障的条件下，驾驶员可以采取初步对策而无需特殊的驾驶技巧或体力来超越故障。在飞行试验中，通过故障条件的模拟以验证驾驶员可以超越自动飞行系统的故障而无需特殊的驾驶技巧或体力。

CCAR 25.611 增稳系统及自动和带动力的操纵系统（c），要求自动飞行系统在发生任何单个故障的条件下，飞机在正常的飞行包线内应能满足规定的操纵性、机动性。自动飞行系统的安全性分析表明，妨碍飞机安全着陆，影响飞机操纵性、机动性的故障条件，其失效概率与分配的危险程度相一致。飞行试验也将验证部分故障条件，确认其"较小的"危险程度分配是合理的。

CCAR 25.869 系统防火，将通过自动飞行系统设备满足的设计规范表明系统的设计符合性，一般而言，设备的技术标准规定项目批准书（technical standard organization approvals，TSOA）就可以用以表明对系统防火要求的符合性。通过系统设备铭牌的机上检查，确认设备的技术标准规定（technical standard order，TSO）。

CCAR 25.1301 功能和安装，这是机上所有设备或系统必须满足的条款。通过机上检查，确认机上安装了系统架构所必需的自动飞行系统设备；通过机上地面试验和飞行试验表明系统所必需的功能的正常,对于规范要求的或飞行试验危险性较大的功能验证,如风切边规避导引功能的研制,可以通过经适航批准的工程模拟器或飞行模拟器进行验证。

CCAR 25.1309 设备、系统及安装,这是机上所有设备或系统必须满足的条款。通过机上地面试验,并模拟可预期的飞行条件,如高度、速度、无线电导航设备等,表明自动飞行系统功能正常;通过飞行试验,并在可预期的飞行条件下进行功能验证,如高度、速度、重量、重心包线范围,不同机场、航路的导航设备等;在飞行试验前可以通过实验室仿真进行 CATⅢa 或Ⅲb 的功能试验;通过安全性分析表明系统失效状态的概率、危险等级和系统告警功能的设计。

CCAR 25.1316 系统闪电防护,通过系统级的实验室闪电防护试验、飞机级闪电防护试验地面试验,以及系统设备的环境试验(DO-160E)表明对此条款的符合性。

CCAR 25.1317 高强辐射场(high-intensity radiated field,HIRF)防护,通过系统级的实验室高强辐射场防护试验、全机级高强辐射场防护试验地面试验,以及系统设备的环境试验(DO-160E)表明对此条款的符合性。

CCAR 25.1322 警告灯、戒备灯和提示灯,通过发动机及机组告警系统的设计说明、自动飞行系统的安全性分析和机上检查,表明对此条款的符合性。

CCAR 25.1329 飞行导引系统。25.1329 条是自动飞行系统的主要条款,主要的验证工作是飞行试验。AC 25.1329-1B 和 AC 25-7C 中提供了设计符合性要求和飞行试验方法。

CCAR 25.1431 电子设备,这是对系统设备的电磁兼容性要求。电磁兼容性(electromagnetic compatibility,EMC)全机机上地面试验和飞行试验可表明对此条款符合性,自动飞行系统相关设备的环境试验(DO-160E)也表明系统设备满足EMC 防护的设计标准。

自动飞行控制系统设计和适航验证过程中涉及的常用标准和规范如表 3.4 所示。表中列出是对自动飞行控制系统的设计验证有直接指导作用的标准规范,对于一些航空电子系统/设备通用的标准规范,如 AC 20-115B(RTCA DO-178B)、RTCA DO-160E、RTCA DO-254、AC 25.1309-1D(系统设计与分析)等,或者当前对自动飞行控制系统的设计验证指导作用不强的标准规范,如 SAE ARP 5366,则不在这里列出。

表 3.4　自动飞行系统常用标准及规范

序号	规范和标准	备　注
1	(TSO-C198)《自动飞行导引和控制系统(AFGCS)设备》	自动飞行系统
2	(RTCA/DO-325)《自动飞行导引和控制系统及设备》	自动飞行系统

(续表)

序号	规 范 和 标 准	备　注
3	(AC 25.1329 - 1C)《飞行导引系统的批准》	自动飞行系统
4	(AC 120 - 28D)《起飞,着陆及滑跑的Ⅲ类最低气象条件的批准标准》	起飞着陆
5	(AC 120 - 29A)《起飞及着陆的Ⅰ类和Ⅱ类最低气象条件的批准标准》	起飞着陆
6	(AC 25 - 7C)《运输类飞机审定飞行试验指南》	飞行试验
7	(AC 20 - 57A)《自动着陆系统》	起飞着陆
8	(TSO - C117a)《运输类飞机机载风切变告警和规避导引系统》	自动飞行控制系统

3.2.1.2　自动飞行系统相关标准解读

1) TSO - C198

TSO - C198 为自动飞行导引和控制系统(automatic flight guidance and control system,AFGCS)和设备取得 TSO 批准提供了必须满足的最低性能标准(minimum performance standards,MPS),本标准同时也取代了 TSO - C9c 和 TSO - C52b。本标准从以下几个方面提出了符合性要求:

(1) 功能要求。

本 TSO 规定 AFGCS 的设备必须满足 RTCA 文件(RTCA/DO - 325)《自动飞行导引和控制系统及设备》中规定的功能类别要求以及 MPS。关于 DO - 325 的解读在后面给出。本节从功能性、失效条件分类、功能验证、环境验证、软件验证、电子硬件验证和偏离等 7 个方面的符合性给出了指导意见。

(2) 标记。

本节规定了产品标记所必需包含的要素。

(3) 申请资料要求。

本节规定了为获得 TSO 批准所应提交的申请资料要素。

(4) 制造商资料要求。

除了上述需要直接提交给局方的技术资料,本节还规定了制造商必需准备的有关技术资料,在必要时供局方审查。

(5) 随设备一起提供的资料。

本节规定了设备交付时必须随设备一起提交给客户的技术数据资料。

2) DO - 325

RTCA/DO - 325 给出了自动飞行导引与控制系统的最低运行性能标准(minimum operation performance standards,MOPS)和接口,本标准主要用于指导 AFGCS 的 TSO 批准,但它确定的系统特征不论对于系统和设备的设计、制造、安装还是使用都是具有指导意义的。

本标准是 RTCA 公司在 2010 年 12 月发布的,主要的目的就是要使得自动飞行控制系统的设计、制造能够跟上当今和新一代(Next Gen)空中交通系统的运行环境要求。本标准一发布,FAA 便在 2011 年 6 月发布全新的 TSO‐C198 取代 TSO‐C9c 和 TSO‐C52b,并在 TSO‐C198 中明确规定被认定为新型号或在本 TSO 发布以后研制的 AFGCS,必须满足 RTCA/DO‐325 规定的 MPS。因此,RTCA/DO‐325 也可认为是当前自动飞行控制系统设计、制造、安装和使用的权威指导文件。

DO‐325 将自动飞行导引和控制系统的功能分为四类,这四类功能以及针对这四个类别功能的 MPS 技术指标和文件要求在各章节或子章节中的位置如表 3.5 所示。

表 3.5　AFGCS 设备功能类别描述

AFGCS 设备功能类别	AFGCS 设备功能类别描述	RTCA/DO‐325 中的相应要求
A1	固定翼飞机的自动驾驶仪	2.2.1 节、2.2.7 节、2.2.8 节、2.2.9 节、2.2.10 节、2.2.11 节以及 2.2.12 节及子章节
A2	旋翼机的自动驾驶仪	2.2.1 节、2.2.3 节、2.2.4 节、2.2.7 节、2.2.8 节、2.2.9 节、2.2.10 节、2.2.11 节以及 2.2.12 节及子章节
B	偏航阻尼器	2.2.2 节、2.2.7 节以及 2.2.12 节及子章节
C	飞行指引仪	2.2.5 节、2.2.7 节、2.2.9 节、2.2.10 节、2.2.11 节以及 2.2.12 节及子章节
D	自动推力/自动油门	2.2.6 节、2.2.7 节、2.2.9 节、2.2.10 节、2.2.11 节以及 2.2.12 节及子章节

本标准各章节的内容如下:

(1) 第一章:目的和范围。

第一章中示范性地给出了 AFGCS 系统架构和功能,给出了系统正常运行所必需的输入/输出接口和信息,定义了系统应该具有的典型工作模式和子模式。

(2) 第二章:系统/设备性能要求和试验要求。

第二章是整个标准的核心部分,包括以下几个方面内容:

对 AFGCS 各个功能(工作模式和子模式)的设计方法提出了具体的指导意见。例如,对于自动驾驶仪的接通,必须要有一个专门针对此功能的控制、必须要防止自动驾驶仪意外的接通。而对于自动驾驶仪的断开功能,必须要有一个通过快速断开开关的方法来切实可靠地断开自动驾驶仪。

对照第二章中各个功能(工作模式和子模式),确定哪些功能和设计要求的实现是需要进行环境试验的,同时,对环境试验提出了具体的环境试验条件和试验方法。

将系统/设备的试验方法分为分析(analysis)、演示(demonstration)、检查(inspection)和试验(test)四类。对照第二节中各个功能(工作模式和子模式),确定哪些功能和设计要求的实现需要进行什么样的试验方法或试验方法组合。对于需要试验的功能或设计要求,给出了具体的试验要求(test procedure)。

(3) 第三章:安装考虑。

系统和设备的安装指的是机械接口和电气接口,安装主要受到系统功能、飞机接口和适航方面的限制。

3) AC 25.1329 - 1C

随着航空电子技术的发展,自动飞行控制系统的综合程度、自动化程度和复杂度有了大幅提高,这些变化催生了系统功能和接口的重新划分,原来由一些简单、功能相对单一的分系统组成的自动飞行系统逐步被数字式的多功能系统所替代,同时,系统也具备了更多的模式,模式的转换也更加自动化。而电传飞控系统的发展则对自动飞行系统的接口带来了革命性的影响。所有这些在 2006 年催生了 FAA 的 25 - 119 修正案,删除老的 FAR 25.1329"自动驾驶仪系统"和 FAR 25.1335"飞行指引仪系统",两个条款合并成为全新的 FAR25.1329"飞行导引系统"(flight guidance system, FGS),提出了"飞行导引系统"的概念。对应于 FAA 25 - 119 修正案,FAA 同步发布 AC 25.1329 - 1B 取代 AC 25.1329 - 1A。2014 年 FAA 增加 FAR 25.1420"过冷大水滴结冰气象条件"(supercooled large drop icing condition)适航条款,FAA 同期发布 AC 25.1329 - 1C,将 FAR 25.1420 纳入本咨询通报,将其列为"相关的"适航条款。

如果说 DO - 325 是 AFGCS 系统和设备取得 TSO - C198 批准书的红宝书,AC 25.1329 - 1C 就是 FGS 系统和设备安装到飞机上取得适航批准的圣经。

(1) 第一章:背景。

本章介绍本咨询通报发布的背景条件。

(2) 第二章:飞行导引系统概述。

本章对飞行导引系统所包含的范畴进行了确定。

(3) 第三章:FGS 的接通、断开、指示和操控。

本章对自动驾驶仪(autopilot, AP)、飞行指引仪(flight director, FD)和自动推力的接通、断开功能和相关的指示给出了设计指导。对 FGS 的操控,给出了可接受的设计准则和飞机的响应。

本章可用以指导 FAR 25.1329(a)(b)(c)(d)(e)(j)(k)(l)(m)的符合性验证工作。

(4) 第四章:控制、指示和告警(alert)。

本章主要是从人为因素的角度给出了系统控制器件(按钮、旋钮等)、指示信息(模式通告、模式转换)和告警信息的设计指导。

本章还对 FGS 系统在平视显示器(head up display, HUD)上的应用特性给出了设计指导。

本章可用以指导 FAR 25.1329(d)(e)(f)(g)(i)(l)的符合性验证工作。

(5) 第五章：系统功能的性能。

FGS 系统是通过各种模式功能提供预期导引和控制功能的,这些功能都应该以一个安全的、可预知的方式在飞机正常的飞行包线内适当地表现出来,这也就需要特别考察 FGS 系统在性能边界条件下以及各类重大环境条件下的运行情况。

本章详细定义了正常条件(normal condition)、罕见的正常条件(rare normal condition)、在正常和罕见的正常条件下的结冰气象条件、不正常条件(non-normal condition)的范围,明确了 FGS 系统所应具有的性能品质。由于速度对飞行包线和飞行条件的判断至关重要,本章对速度保护给出了详细的设计指导。

本章可用以指导 FAR 25.1329(g)(h)的符合性验证工作。

(6) 第六章：各具体模式的特性。

本章节对 FGS 系统所有模式的工作方式给出了指导说明。

(7) 第七章：FGS 系统的综合。

事实上,飞行导引的功能目前已经和航电系统的其他功能紧密的综合在一起了,这些物理上的综合也使得需要在飞机级层级上对安全性进行评估。本章就是在此认知基础上对 FGS 系统在系统综合方面的问题提供了设计指导,包括以下几个方面的内容。

系统综合问题：共模和级联故障(common and cascading failure modes)、错误风险(risk of error)、系统安全性分析。

功能接口：接口传感器、系统间潜在的矛盾、功能和性能。

(8) 第八章：安全性评估。

AC 25.1309 - 1A 对系统安全性分析提供了基本的分析方法,本章是对 FGS 系统为满足 25.1329 款要求提出附加的指导说明。附录 A 确定了 FGS 系统在安全性分析过程中需要考虑的失效条件。

本章可用以指导 FAR 25.1329(b)(c)(d)(e)(g)(j)(k)(l)(m)的符合性验证工作。

(9) 第九章：关于飞行试验和模拟器试验的符合性验证。

一般情况下,FGS 运行的性能和功能完整性确认要结合分析、实验室试验、模拟器和飞行试验,本章关注的是通过飞行试验和模拟器试验的方法评估 FGS 系统可接受的性能,试验的方法包括人机接口和相关失效场景的设定。

本章可用以指导 FAR 25.1329(g)的符合性验证工作。

(10) 第十章：飞机飞行手册。

本章说明了 FGS 需要提供哪些材料或数据以供飞机飞行手册(AFM)的编制使用。

4) AC 120 - 28D

本咨询通报是用于指导机载系统获得 CAT Ⅲ 类着陆天气最低标准运行和低能见度起飞批准的指导文件,由于自动飞行控制系统的功能在执行 CAT Ⅲ 类运行的过程中起到关键的作用。

3.2.2　飞行管理系统适航规章和条款

近年来随着航空电子的快速进步,特别是 RNP 技术的发展,FMS 已成为最为复杂的电子系统之一,其包含的功能越来越多,与飞行的结合程度越来越紧密。与其相关的规范标准日益增多,而且修订的周期日渐频繁,这对 FMS 的适航合格审定提出了更为苛刻的要求。

3.2.2.1　飞行管理系统适航条款和规范标准

FMS 涉及的 CCAR - 25 部条款主要有:611、869(a)、1301(abcd)、1309(abcdg)、1316(abc)、1351(a)、1357(acde)、1431(ac)、1529、1581(ab)、1585(a),条款主要内容如表 3.6 所示。其中可以通过地面试验(MOC5)验证的条款为 1301d、1309a、1316、1431c,可以通过飞行试验(MOC6)验证的条款为 1301d、1309a、1309c、1431c。

表 3.6　飞行管理系统审定基础

CCAR - 25 部	符合性方法说明和支持信息
611	可达性措施
869(a)	防火(电气系统部件)
1301(a)	功能和安装(飞行管理系统预期功能)
1301(b)	功能和安装(飞行管理系统设备标签)
1301(c)	功能和安装(特定安装限制)
1301(d)	功能和安装(安装后功能正常)
1309(a)	设备、系统和安装(预期功能)
1309(b)	设备、系统和安装(失效状况)
1309(c)	设备、系统和安装(告警信息)
1309(d)	设备、系统和安装(分析和试验)
1309(g)	设备、系统和安装(临界环境条件)
1316abc	系统闪电防护
1351(a)	总则(电气系统容量)
1357(a)	电路保护装置(自动保护装置)
1357(c)	电路保护装置(可复位型电路保护装置)
1357(d)	电路保护装置(断路器或熔断器的位置和标识)
1357(e)	电路保护装置(重要负载电路的电路保护)
1431(a)	电子设备(临界环境条件)
1431(c)	电子设备(分隔安装)

（续表）

CCAR‐25 部	符合性方法说明和支持信息
1529	持续适航文件
1581(a)	飞行手册：总则(设备信息)
1581(b)	飞行手册：总则(经批准的信息)
1585(a)	飞行手册：操作程序(正常程序,非正常程序和应急程序)

飞行管理系统设计和适航验证过程中涉及的常用标准和规范如表 3.7 所示。

表 3.7 飞行管理系统适用标准规范清单

序号	美国规范和标准	备 注
1	(FAR 25)《运输类飞机的适航标准规定(对应于 CCAR 25)》	飞机级顶层法规
2	(TSO‐C115d)《机载多传感器输入区域导航设备》	区域导航设备
3	(TSO‐C129a)《使用 GPS 的机载补充导航设备》	区域导航设备
4	(AC 25.1309‐1D)《系统设计与分析》	系统安全性分析
5	(AC 20‐57A)《自动着陆系统》	起飞着陆
6	(AC 20‐138D)《定位和导航系统的适航批准》	RNP 和 Baro‐VNAV
7	(AC 20‐153)《数据处理和相关导航数据库的接受》	导航数据库
8	(AC 25‐15)《运输类飞机飞行管理系统的适航批准》	系统级试飞要求
10	(AC 25‐1329‐1B)《飞行导引系统的批准》	适用于 AFCS
11	(AC 90‐96A)《在欧洲空域进行基本区域导航和精密区域导航的美国运营商和飞机运行的批准》	飞行运营程序
12	(AC 90‐100A)《US 终端和航路区域导航操作》	PBN
13	(AC 90‐101A)《RNP AR 程序的批准指南》	PBN
14	(AC 90‐105)《在美国空域运行 RNP 操作和气压高度垂直导航的批准准则》	PBN
15	(AC 120‐138D)《起飞,着陆及滑跑的Ⅲ类最低气象条件的批准标准》	起飞着陆
16	(AC 120‐29A)《起飞及着陆的Ⅰ类和Ⅱ类最低气象条件的批准标准》	起飞着陆
17	(DO‐187A)《多传感器输入机载区域导航设备最低运行性能标准》	对应 TSO‐C115d
18	(DO‐208)《使用 GPS 的机载辅助导航设备的最低运行性能标准》	对应 TSO‐C129a
19	(DO‐200A)《航空数据处理标准》	导航数据库
20	(DO‐201)《航空信息标准》	导航数据库
21	(DO‐212)《最低操作性能标准：机载 ADS 设备》	数据链
22	(DO‐219)《最低操作性能标准：ATC 双向数据链通信》	数据链
23	(DO‐258A/ED100A)《使用 ARINC622 数据通信的 ATS 应用程序的互用性需求》	数据链
24	(DO‐236B)《区域导航所需导航性能的航空系统最低性能标准》	PBN
25	(DO‐283B)《区域导航所需导航性能的最低运行性能标准》	PBN

（续表）

序号	美国规范和标准	备 注
26	（ARINC 424）《导航系统数据标准》	导航数据库
27	（ARINC 619-2）《航电终端系统的 ACARS 协议》	数据链
29	（ARINC 661-3）《驾驶舱显示系统与用户系统之间的接口》	显示系统接口
30	（ARINC 702A）《增强型飞行管理计算机系统》	系统级功能规范
31	（ARP 4102/9）《航空推荐指南-飞行管理系统》	
32	（AIR 4653）《航空信息报告-飞行管理系统回顾》	

飞行管理系统适用的标准根据不同的思路可以有不同的分类。按照飞行管理系统功能的划分,可以将表 3.6 中列出的标准大致分为几类:

（1）与基于多传感器输入综合导航相关的标准,如 AC 90-96A、AC 90-100A、DO-187A。

（2）与 PBN 相关的标准,如 DO-236B、DO-283B、AC 120-28D、AC 90-105、AC 90-101A。

（3）与 FMS 自身相关的标准,如 AC 25-15、ARINC 702A、TSO-C115d。

（4）与支持各类气象条件下进近着陆相关的标准,如 AC 20-57、AC 120-29A、AC 120-28D。

（5）与数据链相关的标准,如 DO-212、DO-219、DO-258A、ARINC 619-2。

（6）与导航数据库相关的标准,如 AC 20-153、ARINC424、DO-200A、DO-201。

3.2.2.2 飞行管理系统相关标准解读

TSO-C115d 是使用多传感器输入进行区域导航的机载设备的技术标准规范。TSO-C129a 是使用全球定位系统的机载补充导航设备的技术标准规范。它们是基于多传感器(包括卫星定位系统)进行导航计算,实现区域导航功能的飞行管理系统的两个重要技术标准规范。比照这两个规范,证明研发的飞行管理系统产品性能高于此标准,经过 FAA 的审核,发给技术标准规定项目批准书(TSOA),才可在飞机上使用。

ARINC 702A 提出了一条先进的飞行管理计算机系统(FMCS)的性能规范,是为新一代飞机设备专门设计的。除了那些应用了 ARINC 700 系列设备的飞机,系统没有进行改进。先进的 FMCS 提供了超越 ARINC Characteristic 702 的扩展功能,能够在未来的 CNS/ATM 操作环境下进行预先需求操作。其中包括全球导航卫星系统(global navigation satellite system, GNSS)和所需导航性能(RNP)的广泛应用,这些应用基于导航、通信、监视空地数据链以及相关机组接口控制/显示功能。这里定义的功能需求在综合结构划分构造中也应用于飞行管理功能。

国际民航组织(ICAO)针对 CNS/ATM 的未来空中导航系统(FANS)标准和建

议措施(SARPs)目前正在开展,并将在今后几年中继续发展。文件中包含的需求是对 CNS/ATM 相关功能的最好推测,ARINC Characteristic 702A 应该提供这些功能。

ARINC 702A 没有描述控制显示系统(control display unit,CDU)的特性。CDU 包括在最初的 ARINC Characteristic 702 中,多功能控制显示单元(MCDU)在 ARINC Characteristic 739 中单独定义。该文件定义了飞行管理计算机的功能和接口特性,假定适当的多功能显示器(mutiple-control display unit,MCDU)特性已经在 ARINC 739 或其他文件中定义了。

DO-236B 发布于 2003 年 10 月 28 日,包含了区域导航系统在 RNP 环境中操作所需的最低航空电子系统性能标准(minimum avionics system performance standard,MASPS)。这个标准供航空电子设备的设计者、生产者和安装者使用,供服务供应商和全球范围操作的使用者使用。MASPS 为空域和操作程序的发展提供了指南,推动了导航能力的提高。

DO-236B 的目的是希望在提供可重复的、可预测的综合导航时,满足由国际民航组织飞行间隔总概念审查专家组给出的 RNP 定义。另外,还为提供大气垂直导航(vertical navigation,VNAV)功能的飞机定义了需求,以确保垂直路径的精确性和可预测性。因为不同类型飞机的爬升性能有很大的不同,所以 MASPS 只对平飞和下降定义了垂直路径需求。它还为提供估计到达时间(estimated time of arrival,ETA)和到达时间控制(time of arriving control,TOAC)功能的系统定义了这两个功能的需求。

涉及导航数据库的标准有 AC20-153、ARINC 424、DO-200A 和 DO-201。由于导航数据库的取证方式是由系统供应商和导航数据提供商向 FAA 申请 LOA 批准信,并且交付运营后也是由航空公司直接向系统供应商订购数据库产品,所以 OEM 主机厂商主要承担监督角色,没有实质性的取证工作,在此略过关于导航数据库的内容。

咨询通告一般给出了相应于设备各种功能的设计以及实现获得适航审定批准的建议性方法和取证指南。适航取证的主要指导性文件是 AC 咨询通告,其中与飞行管理系统直接相关的适航审定咨询通告有两个:AC 20-138D 和 AC 25-15。

AC 20-138D 发布于 2014 年 3 月,为定位和导航设备提供了获得适航批准的指导方法。该 AC 是将定位和导航设备以及 RNP 适航指南合并起来的首个资讯通告,该 AC 涉及的航电系统包括:GPS 设备、综合多传感器数据的 RNAV 设备、用于获得 RNP 能力的 RNAV 设备、气压垂直导航(Baro-VNAV)设备。

飞行管理系统适航审定主要依据两份指南:AC 20-138D 和 AC 25-15。

AC 20-138D 为定位和导航设备提供了指导方法,以便获得适航批准。定位和导航设备可以被用于导航、ADS 以及地形告警功能。该 AC 涉及以下航电系统:

(1) GPS 设备(包含那些使用 GPS 增强的)。

(2) 综合多传感器数据的区域导航(area navigation，RNAV)设备。

(3) 用于获得 RNP 能力的 RNAV 设备。

(4) 气压垂直导航(Baro-VNAV)设备。

AC 20-138D 通过合并以及更新取代了四个 AC，包括 AC 20-129、AC 20-130A、AC 20-138A 和 AC 25-4。并且包含了两个 AC 中的适航考虑：AC 90-101A 和 AC 90-105。AC 20-138D 是将定位和导航设备以及 RNP 适航指南合并到一个 AC 中必要的第一步。

AC 20-138D 综合考虑了 RNAV 和 RNP 以及 VNAV 的一系列适航要求。AC 20-138D 的第 6 章描述了对区域导航中各传感器的要求，涉及飞行管理系统方面的功能性能要求描述不多。第 15 章多传感器区域导航设备的安装考虑侧重于三个方面：与主要导航显示的接口、远程指示的接口和独特的软件考虑。第 21 章对多传感器区域导航设备的地面试验要求引用了 TSO-C115b 和 DO-187，对其飞行试验的要求除了导航精度、各模式下的多传感器设备所有的操作、电源的影响方面，还要考虑与飞行引导系统的接口以及 GNSS 精密进近。

因此，飞行管理系统作为基于多传感器的区域导航设备除了要按照 TSO-C115b 和 DO-187 所提出的试验要求进行验证外，还要按照 AC 20-138B 的第 15 章和第 21 章进行相关的试验验证。作为 RNP RNAV 系统中的一部分，飞行管理系统的研发和验证还要符合 AC 20-138B 第 7 章、第 8 章、第 9 章、第 16 章、第 17 章以及附件 2、附件 3 的 RNP 操作要求。

AC 20-138D 在第 17 章中在各种 RNP 值(或飞行阶段)和飞行模式下对飞行技术误差(flight technical error，FTE)的精度给出了具体要求，需在 95% 的飞行时间内 FTE 满足表 3.8 所示的精度指标。

表 3.8　AC 20-138D 对 FTE 的精度要求

RNP/(n mile)	FTE/(n mile)	飞行模式
0.3	0.125	AP
	0.25	FD 或人工驾驶
1.0	0.5	FD 或 AP
	0.8	人工驾驶
2.0	1.0	人工驾驶
4.0	2.0	人工驾驶

AC 20-138D 在第 4 章、第 10 章分别描述了建议垂直引导和气压垂直导航(Baro-VNAV)设备的性能功能要求。第 17 章和第 22 章叙述了气压垂直导航的安装考虑和安装性能的地面及飞行试验要求。如果飞行管理系统提供气压垂直导

航功能那么还要考虑 AC 20‐138D 关于这方面的要求。

AC 20‐138D 要求气压垂直导航系统证明在包含输入性误差的情况下能够以99.7%的概率满足表 3.9 所列出的精度要求。

表 3.9 AC 20‐138D 对 VNAV 的精度要求

平均海平面(MSL[①])高度/ft	平飞段和爬升/下降的指定高度截距/ft	沿指定垂直剖面飞行/ft
≤5 000	150	160
5 000~10 000	200	210
10 000~29 000	200	210
29 000~41 000	200	260

注：① mean sea level,平均海平面

AC 20‐138D 第 21 章安装性能-测试(RNAV 多传感器设备)中对 RNAV(或RNP 相关)功能飞行试验进行了要求。飞行试验用于验证多传感器设备在安装上飞机后的正常操作和精度(不包括 GNSS 的精度)。飞行试验应至少包含以下几点：

(1) 评估多传感器设备和其他机载设备间的电磁兼容性。

(2) 验证每种操作模式下多传感器设备的导航精度。除了整体导航性能外,导航精度的具体测试需求也依赖于多传感器设备综合传感器的具体情况,以及依赖于是否前面已经获得传感器精度性能数据。每个导航传感器的精度应该单独评估,以及与其他传感器组合后评估。

(3) 验证飞机在要验证的导航模式下正常操纵时导航数据的连续性(比如最大到 30°滚转角,进近、复飞和离场的俯仰角)。

(4) 验证多传感器设备所有的操作,至少包括：创建和修改飞行计划、在指定点等待、已选定航道截获和飞向/飞离某航路点(CF 航段)、转弯预期(fly-by)、航路点顺序更换、选择进近,以及导航数据的显示(TO 点,到航路点距离,估计到达时间,航程时间估计,地速等)。

(5) 验证在使用或不使用 AP 和/或 FD 时,FTE 航路不超过 1.0 n mile,进近过渡和错失进近操作模式不超过 0.5 n mile,非精密进近不超过 0.25 n mile。如果飞机的 FTE 已经被验证过就不用再做此测试。评估 FTE 的一种可接受的方法是使用导航显示器监视自动驾驶或手动驾驶时的偏航距。

(6) 如果设备使用了气压表输入,那么要验证设备是否正确解读了气压读数,应该提供手动输入气压校正值的方法。

(7) 验证/评估所有与多传感器设备安装有关的切换和转换功能,包括电源汇流条切换。必须评估飞机系统在切换时对备份导航源的响应。综合 GNSS 传感器的设备尤其注意和进近模式相关的切换和转化需求。

(8) 在适当情况下,评审和验证各种失效模式和相关的指示,比如失去电源、失

去接收信号,多传感器设备失效等。验证在失去导航功能进行告警时,在飞行员的主视野内出现视觉性的指示。

(9) 在各种航迹和模式变化下评估 FD 和/或 AP 耦合多传感器设备时的操纵响应,包括:从航路到进近,到复飞模式,再返回航路。另外,需评估所有可用的显示敏感度。

(10) 在各种风况下测试 FD 和 AP 的多个旁切转弯。验证设备完成旁切转弯,不超越旁切转弯点。

(11) 验证多传感器设备提供的水平机动预测适合飞机型号。验证如果多传感器设备与 AP 耦合或进近时,可以提供适当的接近航路点(impending waypoint crossing)指示。

(12) 验证直飞功能的执行。不出现飞机机头偏转过大,以及 S 型转弯导致超出 FTE 需求。

(13) 评估拔出多传感器设备断路器时 AP 对多传感器设备故障的响应。如果可能,应针对每个传感器模式进行测试。

AC 20 - 138D 第 22 章安装性能-测试(基于气压高度的垂直导航)中对垂直导航(VNAV)相关功能的飞行试验内容进行了要求:

(1) 评估气压垂直导航设备的所有操作模式。

(2) 检查其他设备与气压垂直导航系统之间的接口(或功能)。

(3) 检查多种故障模式及其相关的告警提示,比如:丧失电源、丧失水平导航信号、气压垂直导航设备故障等。

(4) 以气压垂直导航设备允许的最大和最小速度飞行时,在各种水平和垂直航迹变化过程中(包括气压垂直导航模式的选择),需评估 AP 与气压垂直导航设备耦合情况下操控的响应。

(5) 评估气压垂直导航数据在显示设备上的显示情况。

(6) 评价与气压垂直导航设备有关的所有切换和传输功能,包括高功率电气负载和电气汇流条的切换。

(7) 评估气压垂直导航与其他机载设备之间是否存在磁场或者无线电干扰。

(8) 在昼航和夜航条件下评估气压垂直导航系统的显示和通告的可视性,无眩光现象发生。

(9) 分析机组操作气压垂直导航设备的工作负荷。

(10) 对用于仪表飞行规则(instrument flight rules, IFR)进近操作的气压垂直导航系统进行初始适航审定,应基于气压垂直导航设备的垂直导引记录数据与飞机沿预设垂直航径的实际位置进行比对。

(11) 应当在不同的下降率、下降角和水平导航源下采集数据。

(12) 数据应该能够证明在 99.7% 的概率下满足表 3.9 所列出的精度要求。

（13）飞行中需验证告警提示以及与水平导航接口的操作合理性。

（14）常规的飞行机动不应导致系统传感器输入的丧失，还需确认系统的动态响应速度。

（15）一旦出现异常的 FTE 或者使用 AP 和 FD 所导致的异常误差，则应对其作出评估。

AC 25‑15 是 1989 年 11 月 20 日发布的飞行管理系统在运输类飞机中应用的适航批准指南。该 AC 指出飞行管理系统的综合程度很广泛，因此申请项目应该直接进行型号验证或补充型号验证的适航审查过程。应由申请者提供一个全面的验证计划。它应该包括申请者如何计划遵循适用的准则，应该提供关于证明数据和必要的测试清单，还应包括对系统的完整描述和预计进度。

AC 25‑15 的第 5 部分给出的适航考虑因素包括导航、性能管理、自动油门系统、起飞性能监视、燃油状态、飞行检查单功能、数据链功能、软件要求、设备安装、试验与评估和飞机飞行手册补充文件。AC 25‑15 的 5.e(1) 中对区域导航的精度要求如表 3.10 所示。

表 3.10　AC 25‑15 中对区域导航的精度要求

飞行阶段	途中（随机航线）	途中（J/V 航线）	终端	非精密进近
径向和航迹误差（2σ，95% 概率）	±3.8	±2.8	±1.7	±0.3（±0.5 仅用于使用一个 VOR/DME 台的导航数据时）

在 AC 25‑15 的垂直导航适航考虑因素中认为：不考虑是推荐作为计算和显示的信息或者它和飞行引导/控制系统的俯仰轴的接口，飞行管理系统应该满足以下垂直导航性能准则。机载垂直导航（vertical navigation，VNAV）（路径计算）设备的误差，不包括高度表，应该 99.7% 的概率小于表 3.11 中的值。

表 3.11　AC 25‑15 中机载 VNAV 设备的误差要求

高度范围/ft	平飞段和爬升/下降的指定高度截距/ft	爬升/下降的指定垂直剖面（角度）/ft
≤5 000	±50	±100
5 000～10 000	±50	±150
≥10 000	±50	±220

可见 AC 25‑15 和 AC 20‑138D 中对垂直导航精度要求的区别在于是否包含气压高度在内的输入性误差，因此，AC 20‑138B 的可实施性更强，宜采用其作为垂

直导航性能验证的依据。飞行管理系统的适航审定在导航方面着重参考 AC 20 - 138B 的要求,在其他方面可以以 AC 25 - 15 为指南。

将 AC 20 - 138D 和 AC 25 - 15 中对飞行试验的要求作为依据,并与所设计的飞行管理系统功能和性能特点相结合,可以整理制订出飞行管理系统的飞行试验大纲。

3.2.3　包线保护系统适航规章和条款

为了实现 2.3 节中提到的包线保护功能,需要将这些功能驻留在系统中。在实现这些功能时,既要根据包线保护的特点,在系统实现过程中设置合适的逻辑和阈值,又要遵守适航规章和条款。在系统功能方面,通用的规章如 CCAR 25.1301(功能和安装)规定了类别和设计应与预定功能相适应;CCAR 25.1309(设备、系统及安装)中规定了系统设计必须保证在各种可预期的运行条件下能完成预定功能,同时保证系统失效情况下不会产生危害。以下基于 CCAR - 25 部、相关咨询通报及运营要求等方面,对基于飞机本体安全包线保护、基于自动飞行的包线保护、基于飞行管理的包线保护等进行条款说明。

3.2.3.1　基于飞机本体安全的包线保护

迎角保护功能与飞机本体失速特点密切相关,因此,需要考虑失速相关的条款对迎角保护功能设计的影响。其中与迎角保护相关的条款有 CCAR 25.103, CCAR 25.201, CCAR 25.203 和 CCAR 25.207。

在条款方面,与迎角保护直接相关的条款是 CCAR 25.207 失速告警要求。其主要内容如下:

(1) 失速保护系统应根据飞机襟缝翼、起落架不同位置组合,在飞机直线和转弯飞行中,提供有效的清晰可辨(驾驶员能够判明)的失速警告。

(2) 失速保护系统仅提供需驾驶员通过眼睛感知的失速警告指示(如仪表显示、灯光闪烁)是不可接受的,可以提供语音或模拟抖振(抖杆)等方式的失速警告,无论哪种警告形式,失速警告应清晰可辨。通常结冰条件下的失速警告与非结冰条件下的失速警告方式一致。

(3) 按每秒 1 kn① 减速率对应的迎角增大减速飞行中,当飞机迎角达到各个飞行形态下(不同襟缝翼、起落架、重量构型)的失速警告速度(stall warning speed, V_{sw})对应的迎角阈值时,失速保护系统应提供适时的失速警告,该警告应在飞机接近失速及失速改出过程中一直持续存在,直至飞机迎角减小到触发失速警告的迎角阈值。

(4) 除了满足本条(c)的要求,在发动机慢车状态且飞机处于 25.103(b)(5)规定的重心位置下的直线飞行,当速度以不超过每秒 1 kn 减速时,每个正常形态下的

––––––––––––––

① 1 kn=1.852 km/h。

V_{SW}必须超出参考失速速度(reference stall speed，V_{SR})不少于 3 kn 或 3%校正空速(两者取大者)。

(5) 失速保护系统应针对不同结冰条件下的迎角保护需求，提供相应的失速警告功能，失速警告应适时有效、清晰可辨，确保失速警告裕度满足条款要求。

(6) 失速保护系统应在飞机处于加速失速状态(减速率大于 2 kn/s)下提供适时有效的清晰可辨的失速警告，即失速警告功能应考虑迎角变化率的影响。

(7) 失速保护系统应考虑襟缝翼系统卡滞(非正常形态)条件下的迎角保护需求，并提供对应的失速警告功能。

(8) 结冰条件下的飞机表面存在冰积聚，飞机的失速特性不同于正常情况下的失速特性，结冰条件下的飞机失速改出给飞行员的负担较重，为了确保飞行安全，失速保护系统应提供结冰条件下的失速告警，告警可以采用非结冰条件下同样的失速告警方式。

在咨询通报方面，与迎角保护直接相关的条款是 AC 25 - 7C 228 失速告警和失速推杆系统的设计部分。其主要内容如下：

(1) 预位和解决预位。失速告警的预位一般从主轮离地到触地之间计算，对于起飞离地阶段迎角变化过快可能导致的失速告警提前需要考虑抑制。一般采用空速、轮载或俯仰角限制值等作为预位的启动条件。同时，考虑到起飞阶段的重要性，应注意一些在起飞阶段容易引起虚假失速告警的因素。失速推杆的预位通常与失速告警类似，但一般比失速告警保守。在失速告警中一些提前的算法，如迎角变化率修正要抑制。另外，飞行中在高速或过载时还要考虑进行抑制。考虑到失速推杆对纵向操纵的影响，系统设计时要提供一种快速切断推杆的功能。

(2) 告警指示。起飞前应提供给机组失速保护系统是否正常的指示。如果相关系统失效必须给机组提供相关告警信息以及相关的保护模式。另外，当机组解除告警时，也要提供相关指示。

(3) 系统安全性和可靠性。如果飞机失速特性表现不清晰，失速告警系统通常要设置为双套独立的架构，使其可靠性不大于 10^{-5}/fh；如果自然失速特性较差，那么飞机进入失速和失速推杆装置组合失效概率不应大于 10^{-9}/fh，对于失速推杆的单独失效概率为 10^{-4}/fh。在安全性方面，重要飞行阶段失速告警给出不正常告警的概率小于 10^{-5}/fh，对于失速推杆来说，除了小于 10^{-5}/fh 之外，还不能存在单点故障以及扰流情况下不能出现误推杆操作，对于不利推杆可能超过手册限制，这种不利推杆概率不能超过 10^{-7}/fh；对于不利推杆可能超过飞机本体极限载荷的情况，这种不利推杆概率不能超过 10^{-9}/fh。不利推杆绝不能让飞机触地，如果有这种情况，必须采取诸如限制推杆行程的方法来解决不利的推杆功能。但不建议采取增加延迟时间等办法限制推杆功能。

(4) 系统功能需求。推杆过程的杆速、杆力与飞机特性相关，杆力通常在 50～

80 lbf[①]是可接受的。推杆过程飞机法向加速度不应出现负值。对于全速度包线范围内的纵向机动能力是完全一致的。

3.2.3.2　基于自动飞行的包线保护

自动飞行包线保护的实现形式与自动飞行各模式密切相关,每个模式实现过程也要考虑安全相关因素。因此,除了与包线保护模块设计有直接关系的条款外,与安全性条款也密切相关。

AC 25.1329 45　FGS告警方式与驾驶舱告警方式应保持一致,也应遵循1322。如超速语音告警,驾驶舱告警已经包含了该功能(通过大气数据驱动显示),那么FGS的超速告警仅需显示告警,但告警阈值设计要合理,避免一些骚扰性告警。对于自动驾驶仪来说,由于接通和断开可能引起姿态的距离变化,特别对于一些非正常条件下,如燃油不平衡、非对称推力、因结冰引起的异常升力和阻力变化等可能超出控制权限边界,一旦断开,飞机对出现的大姿态变化没有准备,因此,针对这些情况,设定专门的告警,并在手册中应有相应的处置程序。

AC 25.1329 h　当使用飞行导引系统时,必须提供措施以避免超出正常飞行包线速度范围可接受的裕度。如果飞机飞行速度偏移超出这个范围,必须提供措施防止飞行导引或控制导致不安全的速度。

AC 25.1329 53c(9)　自动俯仰配平、滚转配平、横侧向配平功能要定义适当的控制速率,避免引起控制表面弯曲或在不引起不利的飞机交互控制时,最大限度扩大配平控制权限。

AC 25.1329 57(a)　为了满足AC 25.1329(h)要求,仅靠机载失速告警和驾驶舱超速提示是不够的,还需要采用速度保护的方式,增加正常包线飞行中的速度余量。满足速度保护条件时,要提供相应的提示。速度保护功能设计应综合考虑与AP/FD/AT之间的关系。为了避免骚扰性告警,应设计恰当的阈值。如果失速保护功能启动,自动油门功能应该自动激活,同时要考虑与FMS和FADEC的交联关系,包括一发失效的情况。

AC 25.1329 57(b)　对于低速保护设计,一般设置的激活条件为1.13V_{sr}(失速参考速度)。如果推力不足以维持飞行路径和期望的进近速度,低速保护有几种处理方式:当飞机沿期望路径下降,如果速度低至低速保护阈值时,FGS提供低速保护导引给飞行员,同时发出视觉和音响告警。但注意,并不会通过自动驾驶仪主动操控飞机低头,仅是给出导引。第二种情况就是提供告警音,不改变纵向导引模式;第三种提供告警并断开当前导引模式。注意以上三种情况对飞行员来说操纵动作是不同的,需要写到手册中。对于第一种情况,设计过程中还应考虑低速保护完成后,一旦捕获下滑道,还需要重新恢复进近模式。对于风切变情况下的低速保护功能,如

---

① 1 lbf=4.45 N

果自动驾驶系统可以证明其在该条件下是安全的,可以考虑接通自动驾驶仪。

AC 25.1329 63(a) 5(b) 起飞抬前轮过程,应限制俯仰角角度,避免抬轮时擦尾。当离地后,飞机爬升梯度满足要求,在追速度过程中,如果俯仰角上限值已经达到,可以使用更高的速度以保证路径追踪。

AC 25.1329 63(c) 3 起飞复飞状态下横侧向导引模式设计中,需要考虑飞机机动性能,并设置相应的限制。这样做可以避免在横侧向机动过程,由于飞机性能不到位引起翼尖接触地面的状况。

AC 25.1329 29(a)(b) 在自动推力接通和断开过程中,不能出现大的超出期望的姿态变化和俯仰力矩变化。

AC 25.1329 30(b) 1 为了能让飞行员在些特定状况下超控自动驾驶仪,通常设置驾驶盘/杆的超控力大约为 25 lbf。但为了避免一些骚扰性超控,在一些特定飞行阶段,如进近、着陆、复飞等操作,需要更大的力。另外,超控完成后,飞机不应出现明显的姿态变化。

AC 25.1329 64(g) 2(d) 高度捕获过程中需要设定加速度门限值和姿态门限值,避免导致乘客不舒适。

AC 25.1329 65(b) 3(b) 复飞过程,考虑到乘客的舒适性,需要限制俯仰角度。为此可以根据爬升梯度的实际情况减少发动机推力,从而减少俯仰角。

AC 25.1329 68(b) 自动飞行通过杆盘控制飞机姿态的过程中,必须根据正常飞机的实际运营需求限制滚转和俯仰角度。通常滚转角限制的角度为 $35°$,俯仰角限制为 $[-10°, +25°]$。

AC 25.1329 100(b) 5(b) 为了确定 AP 可使用最低高度,需要让具有代表性的飞行员进行飞行机动测试。在不产生低速和法向加速度不超过 $0.5g$ 情况下(这是针对进近过程中的一个场景)即 AP 断开后,飞行员如果发现情况不对,需要执行正确的航路飞行,拉起驾驶杆,飞机向上爬升,这个过程完全可以使得飞机回到正确的航路上。

AC 25 - 7C 45 D(4) 自动驾驶仪可以在失配平条件工作。然而,一旦超过设定失配平限制值,自动驾驶仪能够自动断开。但在断开之前应提供相应的告警功能便于机组能够及时响应接下来可能发生的情况。

AC 1329 - 1B 102 系统的自动断开功能应该考虑以下几种情况:系统失效、传感器失效或不正常的加速。在整个飞行包线内需要对设定的情况进行飞行评估,结合飞行员恢复的工作负荷、系统告警、瞬态变化等,从而确定合适的阈值。

AC 1329 - 1B 45(d3)(c4) 坡度和俯仰角。大多数 AP 在滚转和俯仰轴都设定了限制值,确保这些值在正常飞行过程中不会被超过。

3.2.3.3 基于飞行管理的包线保护

3.2.3 节介绍了飞行管理系统的适航规章和条款,可以看出由于该系统综合了定位、导航、性能管理等多个功能,涉及的具体条款、规章、行业标准、咨询通告等分散在各个专用文件中。因此,基于飞行管理的包线保护功能所对应的条款和要求需要从这些文件中进行提炼。需要说明的是,涉及飞行管理系统主要包含两个通报:AC 25 - 15 和 AC 20 - 138D (change1)。其中 AC 20 - 138D 通过合并以及更新取代了 4 个 AC,包括 AC 20 - 129、AC 20 - 130A、AC 20 - 138A 和 AC 25 - 4。并且它包含了两个 AC 中的适航考虑 AC 90 - 101A 和 AC 90 - 105。因此,以下重点从 AC 25 - 15 和 AC 20 - 138D 两个方面对包线保护功能进行条款解读。

　　AC 25 - 15 是针对飞行管理系统的综合类咨询通报。其中从起飞到落地进行了全阶段飞行管理。同时,将自动推力系统纳入其中。因此,该咨询通报把自动油门系统在爬升、巡航、下降阶段应提供的速度保护功能进行了说明。另外,在(f)中的性能管理方面,要求针对特定的飞机构型和飞行阶段,系统应设计合适的保护逻辑,使得飞机速度不会超过预设的速度包线。例如对不同襟缝翼构型的最大飞行速度进行限制;在 10 000 ft 下还应提供相应的保护逻辑,使得飞机速度不会超过 250 kn。

　　AC 20 - 138D 也是一个关于飞行管理系统的综合性通报。其中涉及包线保护相关的内容包括:RNP 工作区域保护、坡度角保护、过载保护、速度和高度限制等。其中对于 Oceanic/Enroute/Terminal/Approach 等阶段的 RNP 工作区域进行了定义,并给出了 $2\sigma(95\%)$ 正态分布下的对应保护值以及与此对应的飞行技术误差限制值(FTE),当飞机按照 RNP 程序飞行时,一旦超过设定值,系统将给出相应的警告。在 APPENDIX2 A3 - 2 中描述了包含有 RF 段的 RNP 程序,其中对于不同高度范围内的所需坡度角进行了说明。在 400 ft 以上,飞机系统(飞行管理、自动驾驶仪或飞行导引)必须提供最大 30°的转弯坡度。在 400 ft 以下最大转弯角度为 8°。需要说明的是,相比较 AC90 - 105,最大角度由 25°改为了 30°。另外,在正常运营环境中一般不会应用到最大角度。在 14.6(f)中描述了高高度下导航系统可能对航路点排序或进行转弯的情况,此时如果产生的过载大于 1.4g,并且没有其他系统提供相关警告的话,那么飞行管理系统必须提供包线保护,防止飞机进入这种飞行状态(与重量和高度组合有关)。

3.3　设计需求

3.3.1　自动飞行设计需求

　　商用飞机的自动飞行系统就是按照特定的飞行参数自动引导飞机飞行的系统,其主要的功能可以概括为航迹修正,合理的人机工效减轻飞行员负担。

　　商用飞机自动飞行系统不同于机上其他系统,自动飞行系统由于交联关系复杂,与全机的多个系统有交联,而且很多需求和功能来源于飞机的顶层需求,与飞机操稳和性能也有很大的交联性,直接控制飞行姿态和航迹,并且与飞行员也有重要的人机交互界面,同时自动飞行系统的集成度相对较高,主要由软件实现功能,需要考虑的因素很多,而且由于客机自动飞行控制的技术属于核心技术所以业界开放度很低,因此不同制造商对自动飞行系统的功能定义差别也很大,而且实现的系统架构和飞行理念也有很大的不同。

商用客机最初的需求定义应该来源于市场定位,特别是支线客机的市场定位和运行环境决定了飞机的总体定义,进而会影响飞机级需求对机载系统级需求分解,同样也会影响到系统性能的需求。

商用飞机的设计应该是以客户需求为导向,客户需求会根据运行的航线、机场、客流量、机组人员资质培训等因素的不同对飞机和机载系统有不同的需求。商用客机的飞行包线较小,而且对于客机稳定飞行以及飞行员工作负荷的考虑,自动飞行是商用客机飞行必不可少的机载系统,商用客机如果没有自动飞行系统将导致飞行机组的工作负荷大而难以满足客机的高派遣率需要,客机就不能赢得客户的青睐。作为商用飞机,越早考虑市场和客户的需求,对型号的商业成功越有利。

客户的运行航线和机场也会影响到机载系统需求,自动飞行系统的客户需求主要集中在人机工效、系统性能和一些特别的功能方面。同时自动飞行系统较为明显的影响包括 RNP 运行能力、CATⅢ仪表进近着陆、卫星导航着陆运行、RVSM 空域运行等;客户根据航线运行经验,期望系统具有某一个特定的功能在航线运行中某一特定飞行阶段或飞行场景下降低飞行员的工作负荷,如横滚保持模式、俯仰保持模式、速度保持模式、增加独立的 LOC 模式等。

航空市场与航空公司的运营直接相关,故自动飞行系统与航班运营直接相关,并与飞机其他多个系统相交联,需要多系统综合支持多种运营能力,特别是与导航和飞行管理系统高度综合以支持不同客户的不同运营需求。以下是航线运营对自动飞行系统有影响的需求:

(1) 支持 LPV[①](SBAS[②])进近。

(2) 支持 GLS CATI 进近。

(3) 与飞行管理 GPS 导航接口,引导进近。

(4) 支持 ILS CATI、CATII、CATⅢa 进近。

(5) 使用机场地面的 ILS 进近设备,最高支持 ILS CATⅢa 进近(可以结合 HUD)。

(6) 支持 RNP AR 0.3 和 0.1。

(7) 提供自动飞行控制精度,满足不同 RNP 空域的运行。

(8) 支持 RVSM 空域运行。

(9) 提高高度捕获和保持模式的控制精度,满足 RVSM 空域运行。

---

① localizer performance with vertical guidance,带垂直导引的航向信标性能。

② satellite-based augmentation system,星基增强系统。

市场的定位和需求对飞机有最为直接的影响,也是决定机载系统功能的源头,同时会影响机载系统在做平衡分析评估时的决策,进而影响到后续系统提供的功能。客户需求还应包括运营的要求,如(CCAR-121部)《大型飞机公共航空承运人运行合格审定规则》、(CCAR-91部)《一般运行和飞行规则》;自动飞行系统与运营相关的内容也需要作为自动飞行系统设计的需求考虑,具体与自动飞行相关的运营包括基于性能的导航需求(RNP)运行、最小垂直间隔运行(reduced vertical separation minimum, RVSM)、低能见度气象条件下运行、风切变气象条件下运行、最小机组运行。

在了解市场需求的基础上,作为机载系统需要更多地了解适航法规的要求。适航条款以及对适航条款进行详细解释的对应咨询通报也是商用飞机机载系统需求的重要来源。商用客机自动飞行系统适用的最重要的适航法规是 CCAR 25.1329条款,此条款中的内容对自动飞行系统全部适用。自动飞行系统对此条款的内容必须全部满足才能通过适航验证要求,同时与系统相关的供电、设备规章也需要考虑作为自动飞行系统的设计需求。

与自动飞行相对应的咨询通报为 AC 25.1329-1C,但自动飞行系统适用的咨询通报不只是 AC 25.1329,与自动飞行系统交联的相关系统的咨询通报也适用于自动飞行系统,比如显示系统、飞行管理系统和人机接口等。

在系统详细设计阶段根据市场需求、条款法规需求、运营需求和飞机级需求会形成详细的系统需求,在进行系统安全性分析过程时也会产生安全性衍生需求,在进行平衡研究分析后所有的确定需求都会形成系统的设计研发依据在系统研发中实施。

所有顶层的需求都会传递到自动飞行系统功能上,通过功能实现需求,功能通过相应的软件以及软件驻留的硬件,或者直接由硬件实现。本书第 5 章对自动飞行系统的功能进行详细介绍,图 3.5 为系统需求和研发过程图。

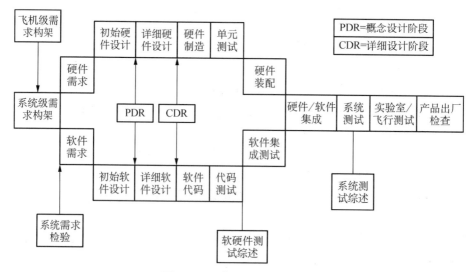

图 3.5 系统需求和研发过程

3.3.2 飞行管理设计需求

飞行管理系统(FMS)通过交联系统实现所需信号的采集,以及输出信息的执行和显示,包括:通过无线电导航系统、卫星导航系统、惯性基准系统和大气数据系统等获得输入信息;通过电子飞行信息系统(EFIS)和多功能控制显示器(MCDU)显示和指示 FMS 输出信息;通过自动飞行控制系统(AFCS)控制执行 FMS 的输出指令,如俯仰、横滚、发动机功率等指令;通过空地数据链系统收发航行数据等。

FMS 的功能一般可归结为 3 个主要功能,即:导航和飞行计划功能、性能管理功能、人机界面和传感器控制。FMS 将导引、控制和导航合为一体,把区域导航和性能管理综合在一起,把驾驶舱系统的综合化和自动化提高到一个新水平,使之更加有效地操纵飞机,节省燃料和减轻机组人员的负担。

导航在 FMS 中以实现对导航设备的导航管理:选择最佳的导航定位方式和导航设备,在飞行途中对导航设备实现自动调谐,并能根据导航设备测得原始数据,计算与估计飞机当前的位置、飞行速度和方向以及风速值。

导引又可分为水平导引和垂直导引。FMS 能为各飞行阶段,按飞行计划和性能管理给出的垂直剖面,计算和生成相应的水平和垂直飞行轨迹。由导航测得并计算飞机当前位置和速度值,与生成的基准轨迹比较产生误差信号。根据此误差和相应的导引律,计算侧向和垂直导引指令,并送到飞行控制系统与自动油门系统,从而操作飞机按 FMS 排定的飞行计划和垂直剖面飞行,从机场起飞抵达目的地。

性能管理是对飞机飞行的垂直剖面而言的。它可根据飞机的飞行计划或空中交通管制限定的范围,以及飞机自身的性能限制范围,对飞机的垂直轴(高度)和速度/推力轴的全部飞行剖面图(包括爬升、巡航和下降)予以管理。根据空中交通管制和飞行计划的限定,计算按成本指标最小的各飞行阶段的最佳高度、最佳飞行速度或推力大小,提供相应的空速/推力指令和推力限制,为生成垂直飞行轨迹提供依据。

性能管理是飞行管理的核心技术,必须解决从起飞到着陆全过程的性能管理,这包括飞行各阶段的速度、高度、加速度、俯仰、滚转和各类动态偏差参数的计算,并且根据民机的飞行要求,求出安全的经济的可控指标。

人机界面可用于显示下列类型的信息:MCDU 或 MFD 上的人机交互页面、飞机当前状态、飞行航图、相对飞行计划的进展、垂直剖面飞行状态、飞至下一个或后续某个航路点飞机的状态预报等。该功能为飞行员与系统之间的数据传送提供了接口,以便查看和更改飞行计划。

按上述原则,可以将 FMS 的主要功能需求分解为若干二级子需求和三级子需求,如表 3.12 所示。

表 3.12　FMS 需求分解项

需求类别	需求子类	需 求 项
导航	水平导航	主飞行计划
		第二飞机计划
		FMS 之间飞行计划的覆盖和同步
		位置初始化
		HOLD 保持点
		OFFSET 平行偏移航线
		FIX 定位点
		FLIGHT NO 航班号的输入和显示
		直接到(direct-to)
		航路点飞越(flyover)和旁切(flyby)
		航段风速风向的输入
		RNP 和 ANP 数值显示
		航位推算功能(dead reckoning)
	垂直导航	爬升顶点(TOC)
		下降顶点(TOD)
		下降角(GPA)
		进近阶段 LOC 捕获与切换
		RNAV 与 GPS 进近
		航路点 IAS 和飞行目标高度(target altitude)
		爬升和下降阶段的气压过渡高度(transition altitude)
		爬升、巡航和下降阶段的目标速度和目标高度
		速度和高度限制
		VNAV 咨询功能
	导航计算	计算风速和风向
		计算地速
		计算位置经纬度、飞行距离、飞行时间
性能	起飞参考	输入障碍物距离和高度
		计算 V_1、V_R、V_2
		计算起飞限重、最大起飞重量(MTOW)和起飞场长(TOFL)
		计算爬升梯度
		输入跑道状态、风速风向、外界大气温度(OAT)、灵活温度
	近进参考	输入跑道状态、风速风向、外界大气温度(OAT)、修正海平面气压高度(query normal height，QNH)
		计算 V_{REF}、V_{AC}、V_{FTO}
		计算着陆限重、最大着陆重量(MLW)
		计算进近梯度和着陆梯度
	燃油管理	输入或显示燃油量

（续表）

需求类别	需求子类	需　求　项
显示		显示预测燃油量
		输入或显示保留油量、保留时间、保留距离
		选择燃油量为测量模式或预测模式
		显示引擎和 APU 的耗油量
		燃油不足告警
	推力管理	OAT 和灵活温度
		各飞行阶段推力类型选择
		选择减推模式为高度或襟翼模式
	到达时间	起飞阶段 RTA 窗口预测
		进近阶段 RTA 窗口预测
		飞行进程页面显示预计飞行时间（ETE）
	温度补偿	进近阶段温度补偿
	PFD 显示	以 0.5～640 n mile 的不同比例显示 PPOS 模式的飞行地图
		显示水平和垂直偏差星形指针
		显示飞行计划目标高度
		显示风速值和风向箭头
		显示地速值
		显示目标航路点的名称和距离
		显示 FMS 告警信息
	MFD 显示	以 0.5～640 n mile 的不同比例显示当前位置（present position, PPOS）和飞行计划（flight plan, FPLN）两种模式的飞行地图
		显示 TXT 文本页面
		显示 FMS 告警信息
		显示导航信息数据窗口
		显示目标航路点的名称和距离
	CDU 页面	显示 FMS 告警、通告和咨询信息
		显示飞机状态信息（STATUS、DEFAULTS、MSG、FLIGHT LOG 等）
		查询 NDB 中航路点的信息
		查询 NDB 中降落机场的信息
		查看已存航线名称（公司航线和飞行员自定义航线）
		查看默认参数页面（DEFAULTS）
		航路点的定义和存储
		显示进近机场信息
		主、次飞行计划的存储
		另一台 FMS 飞行计划的交叉存储
		公司航线和自定义航线的载入

（续表）

需求类别	需求子类	需 求 项
设备管理	输入控制	CDU 键盘输入
		CDU 按钮调光
		调光板调光
		Joystick 输入选取的经纬度
	备份调谐	调谐 COM1、COM2、COM3
		调谐 NAV1、NAV2（输入频率值或导航台代码），选择导航台
		调谐方式为自动或人工
		调谐 ADF1、ADF2
		调谐 ATC1、ATC2（选装构型）
		调谐 HF1、HF2
		输入 FLIGHT ID
	数据链	发送和接收飞行计划
		接收气象信息
	导航设备	显示并控制导航设备的输入（GPS、VOR、DME、IRS）
		显示 GPS 状态和 RAIM 预测
		抑制指定的 VOR 导航台
		查看并更改双套 FMS 的工作模式（双套 FMS 构型）

3.3.3 包线保护设计需求

系统设计需求来源通常包括三个方面：CCAR 条款规章、运营环境以及客户特殊要求。其中在条款规章方面，CCAR 规章通常是最基础，也是最为通用的，它围绕着预定功能的实现，渗透在系统功能设计的每一个环节。在此基础上，一些咨询通告及相关行业标准对系统功能进行了补充和完善，也是系统设计需求的重要来源，可以说这些条款规章决定了系统功能基本框架，这也是系统或产品的通用模型。对于运营环境来说，如机场、气象、航路、管制等，也是系统设计的一个重要需求来源。事实上，这部分是适航规章中提及的可预期工作环境的延伸（CCAR 25.1309a）。不同的运营环境，系统设计需求是不同的。环境约束越多，系统设计越复杂。另外，客户特殊化需求通常是航空运营人根据航空市场的变化，如满足旅客需求、降低维护成本、行业差异化竞争等，向主机制造方提出了特定的系统需求，这些需求不是必需的，而是为客户量身定做。这部分由于具有一定的特殊性，不在本书的讨论范围。包线保护系统需求分解具体如图 3.6 所示。

保证系统设计需求的准确性及能够实现预期的功能，还必须基于 3.1 节提及的 ARP 4754 方法进行系统需求分解和定义。结合图 3.6 可以看出，要实现飞机系统包线保护功能，首先要获取飞机级包线保护需求，该层级需求不但与条款和行业标准（如 3.2 节描述）相关，而且与飞机运营环境有关，如运营高度限制直接影响飞机

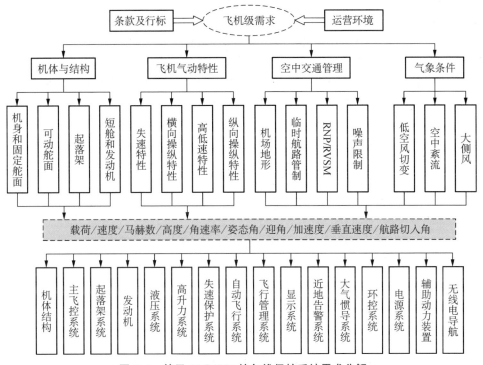

图 3.6　基于 ARP4754 的包线保护系统需求分解

本体设计高度包线、自动飞行系统包线及飞行管理系统包线等,因此需要将这些飞机级需求进一步细化,分解为与飞机本体相关的特性及运营环境相关的场景。然后从飞机级需求提炼出不同飞行阶段需要关注或设定门限的参数,将其映射到包线保护系统级需求。在此基础上结合机载系统的架构(硬件配置和软件驻留)情况,将系统级的需求分解至设备级需求。

飞机级包线保护:在可预期的运行条件下,飞机应具有包线保护功能,从机体结构、气动、运营等方面给飞机提供安全、可靠的运行保障;同时,对飞机操纵性能和运营效率不会产生较大的损失。广义上的飞机级包线需求从飞机本体、机载系统及运营限制等方面进行了考虑,确保飞机在正常包线内飞行。对于可能出现的紧急情况,也不会超出飞机本体包线。

系统级包线保护:①根据飞机级包线保护要求,在可预期的运行条件下,包括正常工作和故障情况,能够保证飞机安全运行,同时给飞机操纵提供一定的安全裕度,即飞机一旦突破包线后,飞机仍具有较好的操纵性,不会导致机组很大的工作负荷;②系统设计还应考虑运营限制的包线。运营的包线通常是指可预期的气象条件(如严重扰流或颠簸)、航路管制要求(如高度、速度)、地理环境限制(如机场周边地形)等。根据图 3.6 所示,飞机上具体包线保护功能的系统通常包括飞行控制系统、自动飞行系统、起落架系统、液压系统、发动机、飞行管理系统等。这些系统虽然在原理、功能、使用环境上存在差异,但都需具备系统级的包线保护功能。需要说明的是,系统包线保护功能如同事情的两个方面,有利有弊。如图3.7所示,系统自动化水平越高,能够提供的功能越多,与此对应的包线保护也较多。在正常工作或故障条件下,其使用限制也较多。换句话说,对于自动化程度较高或包线保护功能较强的系统,飞行员对飞机的操纵权限相对减少。

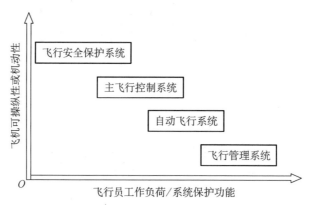

图3.7 系统保护权限与飞机操纵性关系

设备级包线保护:对于系统级包线保护需求,通常从包线保护功能的安全等级、实现方式(所需硬件资源和软件资源)等角度考虑,并结合机载系统架构的设计特点,将系统级的各项需求在相应的设备中实现。通常,多数系统的功能驻留在属于自己系统的硬件设备中,如自动飞行包线保护功能驻留在自动飞行系统中;也有少数情况同一个设备可能驻留在不同系统的包线保护中。

从上面的描述可以看出,虽然失速保护、自动飞行、飞行管理系统与图3.6中的其余系统包线保护功能目标不一样,但使用的方法和流程是类似的,因此,本书中对于这三个系统之外的包线保护功能不再一一赘述。本书中提到的失速保护、自动飞行、飞行管理系统,无论是功能还是性能都有密切的交联关系。比如自动飞行系统的低速包线保护功能与失速保护系统的告警功能之间的交联、自动驾驶仪断开逻辑与失速告警的关系、偏航阻尼器的协调转弯功能与失速告警的关系、自动飞行系统各模式与飞行管理系统的交联关系等等。本书后续部分将从包线保护的三个方面出发,分别以失速保护系统(基于飞机本体安全的包线保护)、自动飞行系统(基于自动飞行的包线保护)、飞行管理系统(基于飞行管理的包线保护)为例子,描述包线保护设计的系统架构和具体功能。

4　自动飞行系统

4.1　系统设计架构考虑

飞机机载系统在概念研制阶段应考虑系统架构设计,自动飞行控制系统的架构设计就是对系统控制形式的规划与选择,包括系统架构定义、系统功能和相关的较低层级安全性需求的分配,还包括系统接口、系统的约束环境(物理的、环境的等)和系统综合的需求。系统架构设计的主要技术工作包括系统构成原理与控制方式的选定,控制器的确定,以及自动飞行控制系统用飞机上其他相关系统的信息交流方式的建立等。飞机概念设计阶段确定的总体气动设计方案、飞控系统设计特征等,如总体气动布局、飞机操纵面、电传操纵系统还是机械操纵系统、侧杆操纵还是驾驶杆操纵等,都将对自动飞行控制系统架构产生根本性的影响。例如,对于采用电传控制系统的飞机,自动飞行控制系统输出指令通过电传控制系统控制飞机运动,对于没有采用电传控制系统的飞机,自动飞行控制系统的组成还应包括相关的控制面伺服作动器或控制增稳系统。

自动飞行控制系统的架构设计,是在满足自动飞行控制系统需求的前提下,为实现系统的控制功能所进行的系统顶层设计安排,是开展系统级与分系统级详细设计的纲领和依据。

4.1.1　功能清单以及控制通道的权衡和确定

工业界标准(RTCA/DO-325)《自动飞行导引和控制系统及设备的最低运行性能标准》给出了飞行导引系统基本的功能要求。

FAA发布的AC 25.1329-1C对自动飞行系统的设计和验证提出了指导性意见和方法。按AC 25.1329-1C的定义,典型的自动飞行系统包括下列功能:

(1)飞行导引和控制。包括自动驾驶仪系统以及通过下显(head down)或平显(head up)显示的飞行指引仪;包括下列基本的工作模式:

a. 横向模式:航向或航迹保持模式、航向或航迹选择模式、横向导航模式。

b. 垂直模式：高度选择模式、垂直速度模式、飞行航径角、空速/马赫数保持模式、空速/马赫数选择模式、飞行高度层改变模式、高度捕获模式、高度保持模式、垂直导航模式。

c. 多轴模式：起飞模式、复飞模式、进近模式。

（2）自动油门或自动推力系统，包括推力控制模式、速度控制模式和减速（retard）模式。

（3）自动驾驶仪、飞行指引仪、自动推力的接通、断开和超控功能。

（4）增稳和配平系统，如马赫数配平、偏航阻尼器等。

（5）飞行导引和控制功能的告警和状态通告。

（6）进近和着陆的导引和控制。

（7）与 FMS 功能交联的导引和控制。

（8）驾驶盘驾驶模式（control wheel steering，CWS）。

由于自动飞行系统在技术和安全性特征上的发展，目前自动飞行系统功能还可以考虑提供空中防撞系统（traffic collision avoidance system，TCAS）解决方案咨询（resolution advisory，RA）控制模式，在 TCAS 系统发出决断咨询时，飞行指引仪给出导引指令，或由人工按导引指令飞行、或由自动驾驶仪/自动油门/推力系统自动执行 RA 指令。

自动飞行系统功能清单应作为飞机/系统概念研制过程的一部分工作来完成，该功能架构确立了系统结构和边界，在此结构和边界之内，才能实施特定的项目设计以满足所有已确立的安全性和技术性能需求。

飞机型号的总体布局，确定了自动飞行系统的总体布局和功能清单。根据飞机型号的设计特征、市场定位、驾驶舱设计理念等对自动飞行系统的功能进行取舍和剪裁。例如对于一个以低马赫数运行的型号，马赫数配平功能特征就可以就不考虑；而一个低成本的飞机可能也无需考虑复杂的 FMS 交联功能或高等级的着陆导引功能，或在横向控制上省略方向舵控制通道；另外是否需要 CWS 的控制模式，可以根据飞机型号的驾驶舱设计理念进行权衡抉择。

值得一提的是，随着工业技术发生革命性的飞速发展，航空工业的研发以及航空公司运营中技术信息和文档的电子化应用越来越广泛，甚至完全实现电子化。为改进飞机支援的信息流程，美国航空运输协会（Air Transport Association of American，ATA）发布（ATA 2200）《航空维修资料标准》，该标准也规范了商用飞机各系统功能定义。

当然在工程实践中，飞机制造商也可能对各系统的功能定义有一定程度的偏离。如为提高增稳功能的安全性并降低飞机级综合的复杂性，马赫数配平或偏航阻尼器功能一般都综合在电传飞控系统中。

4.1.2　安全性架构设计

飞机型号研制,应该在早期就进行自动飞行系统的功能危险性评估(functional hazard assessment,FHA),同时在整个型号的设计研制周期内,FHA 也要根据新的功能或失效状态实时更新。FHA 可用以检查分析自动飞行系统的功能,以确定潜在的功能失效,并根据具体的失效状态对危险性进行分类。

通过自动飞行系统使用功能和性能分析,确定自动飞行系统的初步系统安全性评估(PSSA)和共因分析(CCA),得出自动飞行系统的安全性要求。PSSA 得出自动飞行系统的安全性要求,初步表明预期的系统架构能够满足确立的安全性要求。CCA 确立并验证自动飞行系统各功能、设备项目在物理及功能上的冗余及独立性要求。在此基础上对候选系统架构进行迭代的评估来满足分配到系统的功能和顶层安全性需求。

自动飞行系统的功能和顶层安全性需求确立后,根据系统功能失效状态的严重等级来分配系统功能或项目的研制保证等级。研制保证等级用于度量研制过程中采用的严格程度,可以将自动飞行系统研制过程中产生的错误限制到安全性可以接受的水平。

研制保证等级的分配基于功能失效状态的研制等级,分配的一般原则如下:

(1) 如果灾难性的失效状态由一个系统功能或项目的一个可能的研制错误而导致,则相应的研制保证过程被分配为 A 级。如果灾难性的失效状态由两个或多个独立研制的系统功能或项目可能的研制错误组合共同造成,那么,或者其中一个研制保证过程被分配为 A 级,或者其中两个研制保证过程至少被分配为 B 级。其余的独立研制的系统功能或项目的研制保证等级不低于 C 级。

(2) 如果危险的失效状态由一个系统功能或项目的一个可能的研制错误而导致,则相应的研制保证过程被分配为 B 级。如果危险的失效状态由两个或多个独立研制的系统功能或项目可能的研制错误组合共同造成,那么,或者其中一个研制保证过程被分配为 B 级,或者其中两个研制保证过程至少被分配为 C 级。其余的独立研制的系统功能或项目的研制保证等级不低于 D 级。

(3) 如果较大的失效状态由一个系统功能或项目的一个可能的研制错误而导致,则相应的研制保证过程被分配为 C 级。如果较大的失效状态由两个或多个独立研制的系统功能或项目可能的研制错误组合共同造成,那么,或者其中一个研制保证过程至少被分配为 C 级,或者其中两个研制保证过程至少被分配为 D 级。

(4) 如果较小的失效状态由一个系统功能或项目的一个可能的研制错误而导致,则相应的研制保证过程至少被分配为 D 级。如果较小的失效状态由两个或多个独立研制的系统功能或项目可能的研制错误组合共同造成,那么,或者其中一个研制保证过程至少被分配为 D 级。

4.1.3　控制方式选择

飞控系统控制方式在一定程度上确定了自动飞行控制系统控制方式的架构。

1) 传统飞控系统控制方式

传统的飞控系统控制方式以机械操纵系统为基础,飞行员通过直接操纵机械传动系统来控制飞机的操纵舵面,当前的机械传动系统一般都具有液压助力器,由于飞控系统不能直接接受自动飞行控制系统的控制信号,其自动驾驶仪一般需配置伺服舵机直接控制方向舵、副翼及升降舵,而马赫数配平、偏航阻尼器的功能均在自动飞行系统内实现,其架构如图 4.1 所示。

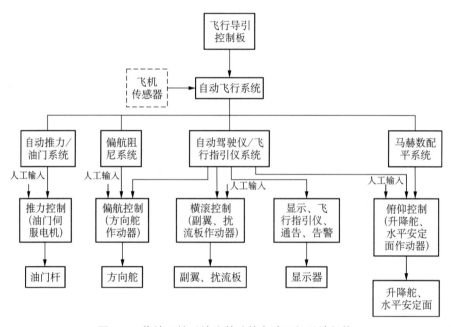

图 4.1　传统飞控系统为基础的自动飞行系统架构

2) 电传飞控系统控制方式

电传飞控系统控制方式就是以电传操纵系统为基础的控制方式。是一种将飞行员的操纵输入通过转换器转换为电信号,经计算机或电子控制器处理,再通过电缆传输到执行机构的一种操纵系统,省掉了传统操纵系统中的机械传动装置和液压管路。对于电传飞控系统,自动飞行控制系统可以配置独立的计算机系统或模块,但自动驾驶仪等的舵面控制指令,一般发送到电传飞控系统进行综合和确认,实现对舵面的控制,而马赫数配平、偏航阻尼器的功能一般也综合在电传飞控系统中。电传飞控系统基础上的自动飞行系统架构如图 4.2 所示。

传统驾驶杆操纵形式的电传飞控系统,一般配置驾驶杆(包括驾驶盘、脚蹬)反

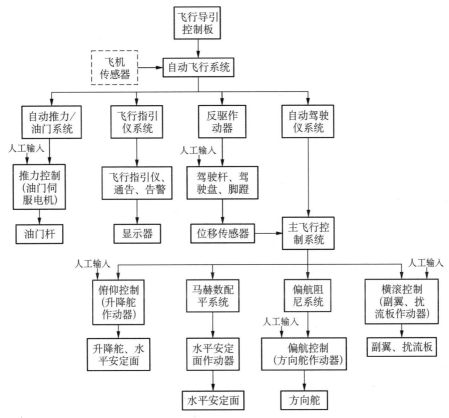

图 4.2　电传飞控系统基础上的自动飞行系统架构

驱作动器,在自动驾驶仪工作时向驾驶员直观反馈自动驾驶仪的工作状态。

对于采用侧杆操纵的电传飞控系统,虽然其被动式侧杆(passive side stick)存在缺失人-机交互信息以及主/副驾驶员交互信息、增加人为差错出现的概率,但民用飞机对系统、设备的可靠性、成本要求更高,因此目前民用飞机均应用被动式侧杆,无需在侧杆上反馈自动驾驶仪的工作状态,自动驾驶仪输出的将是纯数字式控制指令,由电传飞控系统完成综合、确认和对舵面的控制。侧杆电传飞控系统基础上的自动飞行系统架构如图 4.3 所示。

4.1.4　软件配置架构的选择

对于传统机械操纵系统架构的飞机,自动飞行系统必须具备独立的计算机系统,用于实现必需的计算和控制。而对于电传操纵系统架构的飞机,自动飞行系统则既可以具备独立的计算机系统,也可驻留于电传操纵系统的计算机系统内部。对自动飞行软件驻留方式的权衡研究,应根据主制造商的工程经验、自动飞行系统与飞控系统的供应商合同情况、工程进度综合考虑。

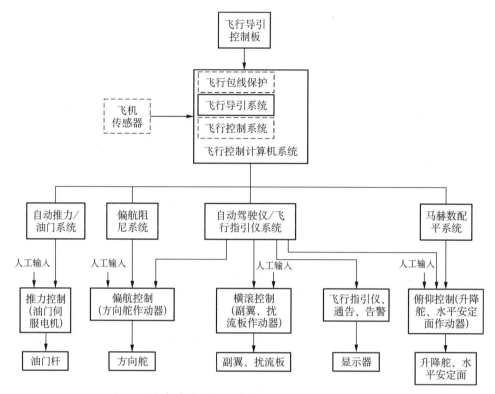

图 4.3 侧杆电传飞控系统基础上的自动飞行系统架构

随着航空电子技术的发展,当前航电系统的集成模块化航电(integrated modular arionics,IMA)架构应用已经非常成熟,对自动飞行系统软件驻留的权衡研究一般就在航电 IMA 架构和电传飞控 IMA 之间抉择。

4.1.5 性能需求考虑

性能需求定义了自动飞行系统在航线运行中有用的特性,如:坡度角保持精度、航向角保持精度、VOR 航道捕获跟踪性能、LOC 航道捕获跟踪性能、G/S 下滑道捕获跟踪性能、空速捕获跟踪性能、超速/低速保护性能、垂直速度捕获跟踪性能、高度捕获跟踪性能、偏航阻尼比以及速度高度包线等。

自动飞行系统的性能应该满足工业界对自动飞行系统的性能要求,还应该满足运营规则对自动飞行系统的性能要求,如 RVSM、RNP 运营等对自动驾驶仪的性能指标分配。

4.1.6 物理和安装接口需求考虑

系统各设备的物理和安装需求,与系统的物理特性和飞机环境密切相关,在自动飞行系统的架构设计过程中应该与飞机总体设计进行充分的迭代,以使系统设备和飞机总体均能满足系统的设备尺寸、安装要求,通风冷却、环境限制(包括电磁环境限制)、可见度、接近方式、调整要求等。

4.1.7　信号接口要求考虑

随着航空电子技术的飞速发展,航电 IMA 系统在商用飞机上的应用已经完全普及,自动飞行系统不论是作为航电 IMA 系统架构还是飞控电子系统的一部分,都应该服从飞机 IMA 架构的软硬件分区管理、通信网络标准和接口标准。自动飞行系统架构确立时,需要综合评估候选的系统架构在兼容或适应飞机型号的 IMA 系统、通信网络和接口技术的成熟度、工程经验和在业界内的领先状况等各方面的情况。这种评估也可能对飞机型号的 IMA 架构、通信网络和接口产生迭代作用。

4.1.8　维修性要求考虑

系统维修性与系统的安全性相关功能密切相关,也涉及飞机型号的运营成本和经济性。因此一款商用飞机的自动飞行系统在系统架构设计中必须包含系统项目或设备的维修性要求,如计划和非计划维修要求、系统故障探测率和故障隔离率等。

4.1.9　客户需求考虑

商用飞机的设计应该是以客户需求为导向的,客户需求会随着飞机型号、系统特定功能或者系统类型的不同而变化。自动飞行系统的客户需求主要集中在人机工效、系统性能和一些特别的功能方面。例如客户可能会根据其航线运行经验,期望系统具有某一个特定的功能在航线运行中某一特定飞行阶段或飞行场景下降低飞行员的工作负荷,如横滚保持模式、俯仰保持模式、速度保持模式、增加独立的LOC 模式等。

客户需求还应包括运营的要求,如(CCAR 121 部)《大型飞机公共航空承运人运行合格审定规则》、(CCAR 91 部)《一般运行和飞行规则》、(AC 120 - 28D)《Ⅲ类最低气象条件下起飞、着陆和滑跑批准的标准》、(AC 120 - 29A)《Ⅰ类和Ⅱ类最低气象条件下的进近批准》的标准对飞机系统架构,包括自动飞行系统架构和功能也提出了相关的要求。

作为商用飞机,越早考虑客户的需求,对型号的商业成功越有利。

4.2　自动飞行系统功能

自动飞行系统的功能是为了满足不同层级的需求,所以自动飞行系统的功能定义也分不同的层级,可以自顶向下的分解不同层的功能,满足不同层级和不同系统的需求。

根据不同层级的需求定义不同层级的功能,顶层功能向底层功能分解,在分解过程中功能的实现可以形成新的需求,新的需求影响其他系统功能或者本系统的其他子功能,在功能集成中应该加以考虑。

自动飞行系统高级别功能定义来源于市场和飞机级的需求,比如机场适应性,飞机运营航线情况,客户对飞机维护要求,航空公司的运营成本考虑等;自动飞行系统的架构同时也反向决定了系统本身的功能和需求。

根据飞机飞行时间的要求,自动飞行系统自动化程度会有所不同,随着技术的发展,自动飞行系统的自动化程度逐渐提高,可以支持多种运营要求,包括 RNP 空域运行能力,CATⅢa 进近着陆,卫星导航着陆系统等。对自动飞行系统冗余度和研发成本影响较大的就是运行仪表着陆系统(instrument landing system, ILS)进近等级的要求及不同飞行环境中的自动化程度,如果需要支持 CATⅢa 及以上的运行,则架构复杂度和研发成本会成倍增加。

自动化程度越高其系统安全性需求相对也越复杂,比如系统冗余度较高,而且基本上支持全面的运营能力,全航程基本上都使用自动飞行系统飞行,这些要求也使得功能定义复杂。

自动飞行系统可以作为飞机级的功能进行自顶向下的分解,也可以作为单个机载系统的概念向下分解,一般来说都是作为飞机级的功能进行向下分解的,所以可以将自动飞行系统作为系统顶级功能进行分解。

典型的支线飞机自动飞行系统功能如图 4.4 所示,自动飞行系统包括飞行导引功能、推力管理功能、自动着陆功能和地面维护测试功能。

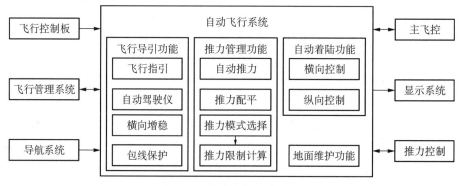

图 4.4　自动飞行系统功能

(1) 飞行导引功能由以下子功能组成:自动驾驶仪,飞行指引,横向增稳控制和包线保护。

(2) 推力管理功能由以下子功能组成:自动推力,发动机推力配平,推力限制计算,推力模式选择,功能分解。

(3) 自动着陆功能以下子功能组成:对准功能,拉平功能,低头功能和地面滑行功能。

（4）地面测试维护功能主要针对不同子功能进行维护测试以及数据交换功能。功能分解如图 4.5 所示。

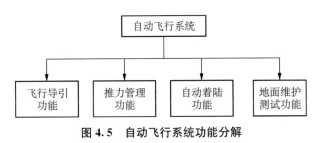

图 4.5　自动飞行系统功能分解

基于需求功能通常可以按层级分解，自动飞行系统功能不同层级有衍生关系，同层级功能也相互交联。

典型的支线飞机自动飞行系统功能主要由飞行导引功能、推力管理功能、自动着陆功能和地面维护测试功能组成，以下分别介绍这四块功能，同时也考虑当前运行需求，将地面维护功能进行简单介绍。

4.2.1　飞行导引功能

随着技术和系统设计的发展，自动飞行的飞行导引功能主要由飞行导引系统实现，随着系统集成和自动化水平及复杂性越来越高，随之而来的是飞行导引系统的功能进行了重新定义，而且与其他系统之间的接口关系也发生了改变。之前相对功能单一的系统被数字化的多功能模式已经模式之间的自动转换所代替。而电传飞控的应用使得飞行导引系统和飞控系统的接口要重新考虑。

飞行导引系统主要用来辅助飞行机组进行基本的飞行控制并对飞机进行短期飞行导引以减轻飞行员的工作负担，并同时提供更准确的飞行航迹控制以满足航线运营要求，比如满足减小垂直间隔距离（RVSM）和所需导航性能（RNP）空域的运行，图 4.6 为典型的支线飞机自动飞行系统的架构图。

支线飞机自动飞行控制系统包含有双通道的飞行导引功能，可向飞行指引仪提供俯仰/滚转指令并向主飞行显示器（primary flight display，PFD）提供模式通告，基于当前的工作模式同时向自动驾驶仪（AP）输出俯仰/滚转指令。一般情况下将用于自动驾驶仪的飞行导引指令显示给两个驾驶员；但在起飞、复飞和精密进近阶段，各个驾驶员前面的导引指令是独立显示的。一般支线飞机的飞行导引功能都支持 CAT I 和 CAT II 精密进近运行能力，有些甚至做到 CAT III a 精密进近的能力。

飞行导引系统为飞机提供短周期的姿态、航向和高度等导引功能，飞行导引系统的主要工作形式是基于不同飞行任务的飞行模式，并把指令通过飞行指引显示在主飞行显示器上引导飞行员操纵飞机，同时提供自动驾驶功能。此外，飞行导引系统也提供包线保护功能，用以保护飞机在正常的自动飞行运行包线内飞行，并在受

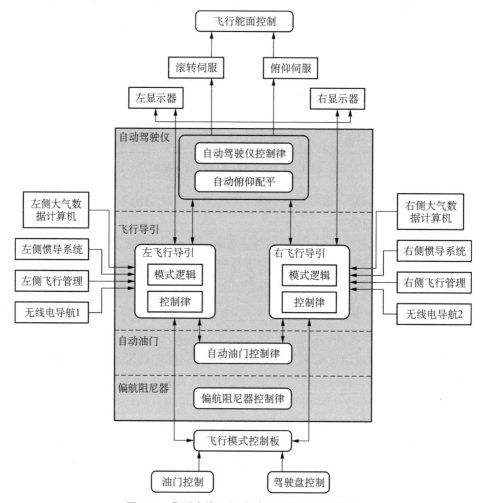

图 4.6　典型支线飞机自动飞行系统架构框图

保护的飞行参数超出包线外给出及时的告警及相应的导引或操纵机动。

飞行导引系统有如下功能：

（1）飞行指引（包括平视显示器（head up display，HUD）的显示导引）和自动驾驶仪功能；

（2）横向导引和纵向导引功能，即执行飞行管理系统给出的目标飞行航迹和速度的控制指令，而飞行计划和速度管理则是基于飞行管理系统的功能。

（3）提供飞行导引和控制功能相关的告警、模式通告和状态信息；

（4）侧向增稳功能，提高飞机的侧向稳定能力。

飞行导引功能分解图如图 4.7 所示：

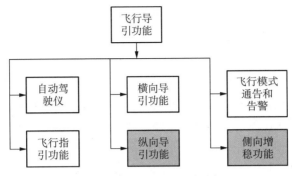

图 4.7　飞行导引子功能分解

4.2.1.1　飞行导引系统模式

飞行导引系统包括完成其功能的所有设备,比如传感器、计算机、电源、伺服或者作动器已经相关的电缆,除此之外还包括提供给飞行员进行管理系统的人机接口和监视设备。

支线飞机飞行导引系统和干线飞机的差别不大,最主要的差别在于人机接口可能较为简单,同时由于支线飞机飞行时间较短,飞行导引和飞行管理之间的接口自动化程度稍低。

从控制角度考虑,飞行导引系统属于整个控制层级的外环,如图 4.8 所示。

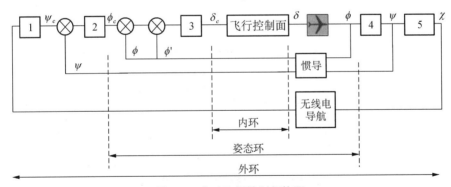

图 4.8　自动飞行控制架构图

在过去 50 年中,自动飞行系统以渐进式的方式发展。这段时间内,飞行导引系统随着高级传感器、计算能力和新算法的更新可以完成更多的功能,同时飞行导引系统的软件应用规模大幅度提高,需要与飞行员进行交换的控制参数也不断增加,进而其复杂性进一步提高。同时飞行导引系统复杂性的提高也被认为是民航飞行事故的一个重要因素。

控制框图 4.8 可以有效地表示用来控制一个目标值的闭环控制,但是每一个控制器仅局限于控制一个单一机动行为,为了在不同的飞行阶段对飞机进行不同的机动,自动飞行系统必须在整个飞行中包含很多个控制器来实现自动飞行,而在任何时候仅能有一个是处于激活状态的。

　　模式是一种独立的运行模式,可以在单一系统中使完全不同的行为共存。对自动飞行系统来说,当必要的机动行为不能由已经存在的闭环控制器产生,那么就需要加入新模式。新模式的增加是以新的闭环控制的增加来实现。系统可被拆分为多个控制器,并允许在多个机动行为之间进行选择。激活的模式决定激活什么控制器进而决定系统的机动行为。模式可以使自动飞行系统分解为单一的一些机动行为,在同一时间内只有一个控制可以被激活。图4.9给出了自动飞行系统的模式的工作简图。

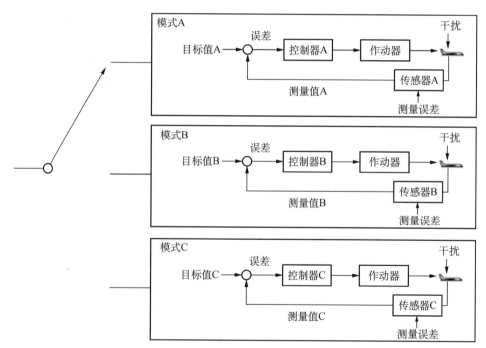

图4.9　自动飞行系统模式工作简图

　　模式可以使新功能加入到以前的系统中,模式也可以使一个单一系统通过集成许多机动行为而变得更有能力来处理不同的环境状况。现代的自动飞行系统模式倾向于改进以前的模式。

　　图4.10给出了航向矢量的控制框图,此闭环控制系统可以实现速度矢量的自动控制,进而可以更加逼近由空管提供的空速值。航向、垂直升降率、高度和飞机空速可以通过预先设定的值来控制,航向控制器利用预设航向和真实航向值之间的误差来作为输入量,进而通过姿态控制器使两者之间的误差为零。航向矢量控制器和

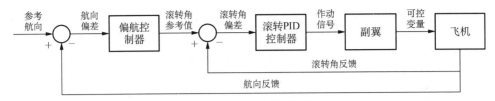

图 4.10　航向的控制框图

姿态控制器为飞机的基本控制模式。

　　一个单一模式不可能完成飞行中所需的各种机动行为。例如,垂直速度模式从B727 就开始采用,此模式控制飞机的垂直升降律,它使用大气高度作为基准参数,那么这种模式称为空中基准的控制模式。而另外一种垂直控制策略为控制飞行航迹角,这种模式为地面基准的控制模式,此模式通过测量飞行速度和地面之间的角度来控制飞机的升降率,为了实现这种控制,新的模式就需要被增加,所以近代飞机就增加了一个称为"飞行航迹角(flight path angle, FPA)"的模式。

　　现在绝大部分软件系统为了实现上层功能而采用明确模式和隐藏模式来设计。我们泛泛地把模式定义为一种行为的方式。这样的系统以一种特定的方式运作,作为外界环境的一个函数(数学意义上的)。环境中的事件激发系统内的模式使工作模式从一个转移到另一个。

　　在自动飞行系统中作为一个给定的体系或者一个控制系统常常有很多子系统并行工作,所以在综合系统中模式的定义就变得很复杂,每一个子系统可能有自己的一套模式。不像简单的系统在特定时间内只运行一种模式,综合系统的模式状态可以看成所有可用状态的一个向量,我们用"模式构型"来描述这个向量。B757 飞机的自动飞行控制系统有很多模式构型。从一个模式构型转换到另一个模式构型既可以通过飞行员手动操作也可以由系统内自动完成。同样,由系统软件激发的在各个模式构型间自动转换取决于预先定义的条件。

　　在动态系统中任何模式的固有属性是关联参数,例如,在现代飞机中速度是大部分垂直导引模式的关联参数。关联参数无论为连续参数还是离散参数都是模式行为的约束条件。通过观测资料我们得出一个重要的结论,几乎任何系统的模式都可以分为一些类别,或者层次。比如说,现代自动飞行控制系统有两个主要的行为方式:"打开"和"关闭",这称作第一层次。当第一层系统在"打开"模式时,模式行为会被其他模式所限制:飞行高度层改变模式,垂直导航模式和其他模式,这称作第二层次。当处于"飞行高度层"模式时候,其中一个约束条件是通过飞行员设置的速度值(关联参数),当处于"垂直导航"模式,模式行为将被一组子模式进一步约束:垂直导航路径,垂直导航速度以及其他子模式,这称作系统的第三个层次。

　　飞行导引系统根据不同的控制需要可以提供不同方向的控制模式,当前支线飞机的飞行导引系统主要提供滚转通道和俯仰通道的控制方式,横向通道的自动控制通过包线保护或者单独的与飞行控制系统交联的偏航控制功能实现横侧向的控制。飞行导引系统模式由多种不同的横向模式和垂直模式组成,而在飞行导引工作时同时会有横向模式和垂直模式形成模式组合提供飞行导引。

典型的支线飞机飞行导引系统的横向模式及控制律有:

1) 滚转保持模式

当自动驾驶仪接通而没有其他有效的横向模式工作时,AFCS 的横向模式就是滚转保持。滚转保持有两种子模式:滚转和航向保持。如果飞机的滚转姿态小于 5°,系统就产生指令保持飞机当前的航向。如果飞机的滚转姿态等于或大于 5°,系统就产生指令保持飞机的滚转角,控制律框图见图 4.11。

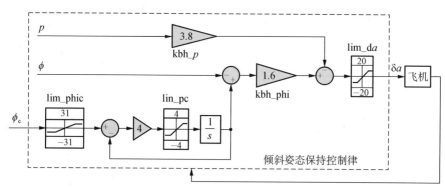

图 4.11　倾斜姿态保持模态控制律结构图

2) 航向选择模式

通过按压飞行控制面板(flight control panel,FCP)上的 HDG 开关选择航向选择模式。航向选择模式下,系统产生指令捕获并保持在所选择的航向上,航向显示在 PFD 和/或 MFD 上。用 FCP 上的 HDG 旋钮来设定选择的航向,控制律框图见图 4.12。

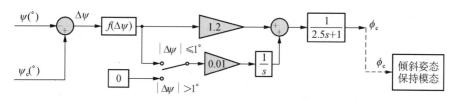

图 4.12　航向保持模态结构图

3) 横向导航模式

通过按压 FCP 上的 NAV 开关选择横向导航模式。横向导航模式下,系统产生指令捕获和跟踪所选择的横向导航源。用 FCP 上的 CRS1 和 CRS2 旋钮来选择航道。

4) 进近模式

通过按压 FCP 上的 APPR 开关选择进近模式。当此模式有效时,系统在横向轴上产生指令跟踪和截获设定的横向导航数据源。在垂直轴上,一旦横向轴截获到导航源,系统就产生指令截获和跟踪来自下滑信标或 FMS 的垂直导引信号,控制律框图见图 4.13。

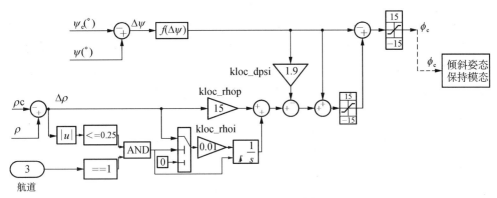

图 4.13　APPR 导航控制律框图

5）背航道模式

在航向信标台已调谐好的条件下按压 FCP 上 B/C 开关进入背航道模式。当选择了背航道模式,系统产生指令捕获并跟踪背航道的航向信标,同时抑止下滑信标的捕获。

6）起飞模式

飞机在地面时,起飞模式通过按压 TOGA 开关选择,此开关每个油门杆上各一个。起飞模式下,系统在垂直轴上发出指令保持一个经计算的上仰角,在横向轴上产生指令保持机翼水平,控制律框图见图 4.14。

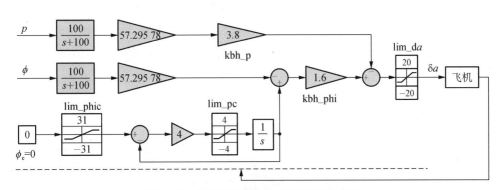

图 4.14　横向起飞模态控制律结构示意图

7）复飞模式

飞机在空中,通过按压 TOGA 开关选择复飞模式。复飞模式下,系统在横向轴上产生指令保持 TOGA 开关释放时飞机的即时航向,在垂直轴上发出指令保持一个经计算的俯仰角指令。

典型的支线飞机飞行导引系统的垂直模式级控制律有:

1) 俯仰保持模式

当自动驾驶仪接通如果没有其他有效的垂直模式工作,AFCS 的垂直模式就是俯仰保持模式。俯仰保持模式下,系统产生指令保持模式选择时飞机的俯仰姿态角,用 VS/俯仰手轮(上/下)可以改变俯仰的基准值,自动油门按后面相关内容"空速(IAS/马赫数)控制模式"所描述的控制空速,控制律框图见图 4.15。

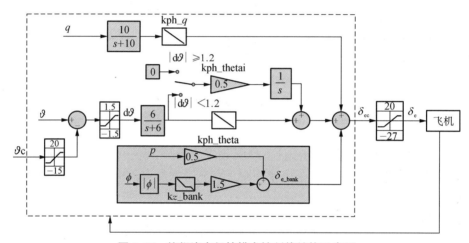

图 4.15 俯仰姿态保持模态控制律结构示意图

2) 进近模式

通过按压 FCP 上的 APPR 开关选择进近模式。当此模式有效时,系统在横向轴上产生指令跟踪和截获设定的横向导航数据源。在垂直轴上,一旦横向轴截获到导航源,系统就产生指令截获和跟踪来自下滑信标或 FMS 的垂直导引信号,控制律框图见图 4.16。

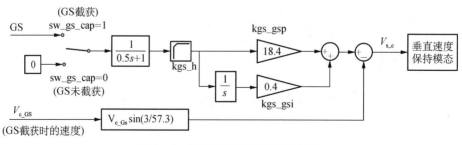

图 4.16 GS 进近模态控制律结构图

3) 起飞模式

飞机在地面时,起飞模式通过按压 TOGA 开关选择,此开关每个油门杆上各一个。起飞模式下,系统在垂直轴上发出指令保持一个经计算的上仰角,在横向轴上产生指令保持机翼水平。

4) 复飞模式

飞机在空中,通过按压 TOGA 开关选择复飞模式。复飞模式下,系统在横向轴上产生指令保持 TOGA 开关释放时飞机的即时航向,在垂直轴上发出指令保持一个经计算的上仰角。

5) 高度选择模式

高度选择模式不能进行人工选择,除了在高度保持模式或在进近模式下的垂直捕获/跟踪状态下,它总是自动地处于待命状态。如果垂直导航(VNAV)模式能够工作,系统便指令捕获预设气压高度或 FMS 目标高度。

6) 高度保持模式

高度保持模式通过 FCP 上的 ALT 开关选择。此模式下,系统产生指令保持模式选择时的气压高度。

另外,高度选择模式(ALTS)下,如果已经发生高度捕获并且飞机的姿态也稳定在所选择的姿态上,也会自动地选择高度保持模式,图 4.17 为典型的高度选择和高度保持模式的控制框图。

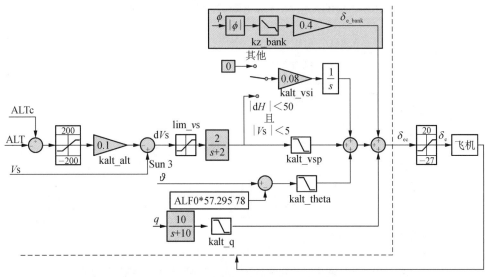

图 4.17 高度保持/高度选择模态控制律结构图

7) 垂直速度模式

垂直速度模式通过 FCP 上的 VS 开关选择。此模式下,AFCS 产生指令保持模式选择时的垂直速度。同时,通过 VS/PITCH 手轮可改变垂直速度的基准值,控制律框图见图 4.18。

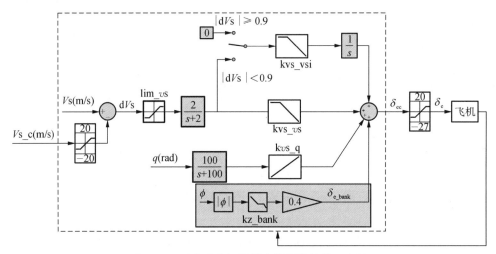

图 4.18　垂直速度保持模态控制律结构示意图

8) 飞行高度层改变

飞行高度层改变模式通过 FCP 上的 FLC 开关选择。在模式选择时,基准速度会与飞机当前的速度同步,通过 SPEED 旋钮驾驶员可以控制基准速度。在飞行高度层改变模式下,飞机朝着选择的高度爬升或下降,控制律框图见图 4.19。

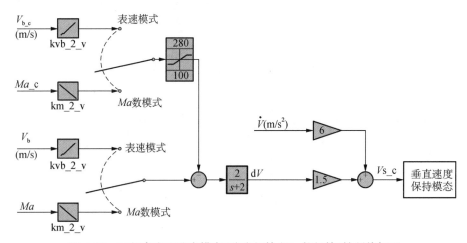

图 4.19　飞行高度层改变模态(速度保持/Ma 数保持)控制律框图

9) 垂直导航

垂直导航容许 FMS 指令 AFCS 执行各种垂直模式并为这些模式提供基准。通过按压 FCP 上的 VNAV 开关应使垂直导航模式待命,但不会自动地改变当前的导引模式。VNAV 一旦处于待命状态,FMS 就会自动地选择他所需要的 AFCS 垂直模式。根据飞行计划中垂直约束条件的要求,FMS 会选择 ALTS、ALT、VS 或者 FLC 模式,并且调整相关联的基准。驾驶员可随时人为地改变由 FMS 建立的 AFCS 的模式,但驾驶员的行为只能暂停系统的当前 FMS VNAV 模式控制而不能消除 FMS 自动恢复控制的能力。

VNAN 模式下,FMS 还可选择 Path(路径)和 Glide path(下滑道)模式。Path 模式中,AFCS 产生指令跟踪由 FMS 定义的垂直路径。而在 Glide path 模式中,AFCS 产生指令跟踪由 FMS 定义的垂直下滑道。

垂直导航模式下,自动油门依据现行的垂直模式控制空速或推力。

10) 过速模式

自动驾驶仪和自动油门根据所选择的垂直模式分别提供俯仰和油门指令(推力/速度),以防止飞机的速度超过 V_{mo}/M_{mo}。当发生了明显的超速时,即自动地选择过速模式。在过速模式下,系统按需产生俯仰和推力指令把空速降到 V_{mo}/M_{mo} 以下。系统工作在超速模式期间,自动油门待命。当空速低于极限值后,系统恢复到飞行高度层改变模式。

11) 风切变规避模式

TAWS 系统如果探测到了风切变条件,系统自动进入风切变规避导引。TAWS 系统如果发出了风切变警告,系统自动地选择复飞模式,自动驾驶仪 2 s 后自动断开。系统综合利用空速、无线电高度和迎角信息产生最佳的规避机动指令。这些指令一直保持到风切变警告解除,此时 AFCS 就转换到标准的复飞模式。

4.2.1.2 飞行导引系统模式转换

飞行导引系统由模式集组成,每一个模式对应一个确定的自动机动行为。每一个基本模式可以控制一组目标值,那么自动飞行机动目标值可以在整个模式集中变化。模式之间的转换基于转换基准,比如高度或者指示空速。比如自动着陆模式集,此模式集需要在垂直通道上进行高度保持,下滑道捕获,拉平和滑行模式的转换。

模式之间的转换由一个最初模式和结束模式组成,要发生模式转换必须要达到转换的条件,转换条件决定是否转换可以进行,只有当所有的条件满足转换才可以进行。模式之间的转换可以由不同的因素触发,包括飞行员的操作,环境条件的改变以及特殊条件的出现(到达一个航路点或者速度限制)。

从飞行员角度来看,模式转换可以分为三类。第一类为命令转换,即只要选择了指定的模式,转换就会发生;转换条件只由选择本身来决定。例如,选择高度保持按钮就会激活高度保持模式的机动行为。第二类模式转换为非命令转换,这种转换模式不能由飞行员直接激活,它们常常取决于一些包线保护或者系统失效的限制。第三类模式转换为预位转换,此种模式为当模式预位后,需要进一步的条件才能使模式激活。此种模式转换的激活至少需要满足两个条件：飞行员的选择以及外边相应条件的满足。比如，使用下滑道模式捕获转换到下降模式，当飞行员选择了下滑道模式后，还需要飞机捕获到仪表着陆系统的下滑道信号。

　　模式转换分析给出了模式构型相互转换的概率，模式构型转换可以通过控制系统（自动转换）和飞行员（手动转换）来激发，不管通过哪种激发进行模式之间的转换，模式集和关联转换都受限于外界因素。例如，只有当下滑道信号被捕获并被飞行导引系统处理后才能转换到下滑道模式。整个飞行过程中模式空间的改变是动态的。

　　所有模型之间的转换数量和方向被统计并转换成相对概率。图 4.20 中给出了作为节点的几个模式构型之间的转换关系。

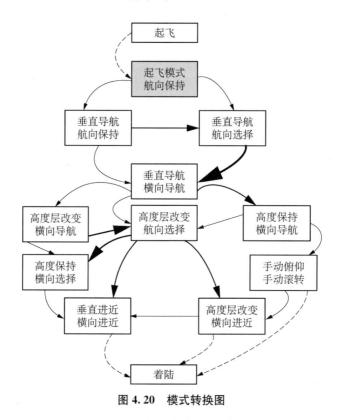

图 4.20　模式转换图

　　图 4.20 中的模式转换图包含了两方面的信息：模式和模式转换。图中给出飞行员对飞行导引系统模式集中的模式构型进行转换的可能途径。我们做此分析的目的之一是识别出模式集转换流中的约束条件。我们假设这种模式转换流会显示出隐藏在飞行员和自动飞行控制系统交互内的某种方式。我们使用带箭头的线来组织节点并表示模式集的转换，进而形成图 4.20 所示的模式转换图。最后我们可以通过简单的规则定义就可以在图中得到重要的信息，这个规则就是尽可能地减少

交叉的箭头线,粗箭头代表飞行导引模式转换使用频率较高。

基于一次完整飞行的飞行阶段而组织的节点可以最优地满足上面的规则。粗箭头线表明有很多模式集可以转换到"横向导航/垂直导航模"模式集。这是一组机组可以很快地转换进入的全自动模式构型,横向导航/垂直导航模式可以让飞机的飞行拥有很多经济效益上的优势,在图 4.20 中它作为一个重要的支点。一旦飞机进入下降阶段,"飞行高度层改变/航向选择"模式集会被经常性的选择,在进近阶段,可以看出模式集会逐步转移到"下滑道/航向信标"。当然,也可以由其他的模式集直接转换到飞机落地,但通过"飞行高度层改变/航向信标"模式集进行转换让飞机落地,在低高度时存在潜在的危险。

通过飞行机组以及模式集之间的转换,我们可以分析出哪些模式集会被经常性的使用,以及起飞到落地整个飞行阶段的模式集转换流。从整体来看,可以通过分析得到飞行员和自动飞行控制系统之间交互的某种方式。

不同的飞行阶段要使用不同的导引模式,所以飞行导引模式的转换对实现全包线的自动飞行很重要,而且飞行模式的转换涉及飞行机组的情景意识和飞行目标,导引模式的转换要符合飞行规则,同时要降低飞行机组的工作负荷,给适当的反馈和告警。

飞行导引系统的大部分功能和模式可由飞行控制板控制,绝大部分控制参数基准如预选高度、预选航向、空速、垂直速度、俯仰角可由飞行员通过飞行控制板上的按钮和旋钮输入。

当自动驾驶仪或飞行指引接通时,总有一个滚转模式和俯仰模式处于激活状态,在没有其他模式被选择的情况下,飞行导引系统默认横滚模式为滚转保持,俯仰模式为俯仰保持。按压未激活的模式选择按钮,只要满足该模式激活的条件,则新的模式被激活。处于激活状态的工作模式,再次按压该模式的按钮会取消此模式。

在起飞/复飞、航向保持、滚转保持、俯仰保持等工作模式下,飞行导引的滚转和俯仰通道基于大气数据计算机和惯导系统的输出和飞行员在飞行控制板上选择的控制目标,按照水平模式和垂直模式对应的控制律分别计算出滚转和俯仰指令。在水平导航(lateral navigation, LNAV)、垂直导航(VNAV)和进近(approach, APPR)模式下,除了上述数据源外,还需要外部有效的导航源。飞行员可以分别选择左侧和右侧的导航源及导航频率,两侧 FG 将分别使用同侧的导航源进行指令计算。

左右两侧选择的导航源信息分别显示在左右 PFD 上,导航源的输出发送到显示器,由显示器转发给飞行导引(flight guidance, FG)。在按下 LNAV 或 APPR 模式激活按钮时,两套 FG 的模式总是相同的,即两侧 FG 都进入 LNAV 或 APRR 模式,但是左右两侧可以选择不同的导航源,两侧 FG 分别进入不同的导航源跟踪控制模式,使用不同的控制律计算指令。两套 FG 仅使用各自侧显示器转发的导航源输出进行指令计算,不会监控未选择的导航源。

在 LNAV 模式下,FG 产生指令捕获和跟踪航路上所选择的横向导航源(FMS/LOC/VOR)。如果飞机不处于跟踪所选导航源的最佳航道的位置,或者所选择的导航源无效,则 LNAV 模式处于待命状态,FG 自动激活航向(heading,HDG)横向模式,直至满足所选导航源的捕获要求,横向导航模式的通告见图 4.21。

横向导航模式待命	SPD 200	HDG LNV	APYD ← AT	ALTS
横向导航模式激活	SPD 200	LNV	APYD ← AT	PTCH ALTS

图 4.21　横向导航模式 FMA 通告

如果选择 LNAV 模式时导航源为 FMS,则 NAV 立即激活,不会处于待命状态;如果导航源为 VOR/LOC,VOR/LOC 偏差很小时 NAV 立即被激活。

以 VOR 作为导航源为例,FG 根据 VOR 偏差值和偏差值变化率决定是否进入 VOR 捕获控制模式。当飞机在靠近所选航道,且 VOR 偏差小于阈值时,FG 就会进入 TRACK VOR 控制方式。VOR 会自动定位,显示所选电波航道与飞机的相对位置。FG 利用从 VOR 导航源获得的波束偏差以及航向偏差信息,形成倾斜角导引指令,从而控制飞机沿着飞行员指定的航路飞行。

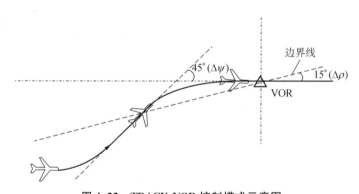

图 4.22　TRACK VOR 控制模式示意图

通过改变耦合侧的导航源、改变耦合侧导航源频率、切换 FG 耦合方向可以清除 NAV 模式。

与 NAV 模式类似,当 APPR 模式激活时,FG 输出指令捕获和跟踪 VOR、FMS、LOC 等导航源进行精密进近或非精密进近。对于精密进近,APPR 模式还将自动激活相应的纵向控制模式以进行导航源的捕获和跟踪,如 ILS 进近过程中,一旦 LOC 捕获,GS 控制模式自动待命,并且可以自动激活,如图 4.23 所示。在 APPR 模式因不满足激活条件而处于预位状态时,FG 会继续跟踪 FMS 的飞行路径或保持航向选择控制方式。

导航源LOC1追踪	SPD 200	HDG APPR LOC1	APYD ← AT	ALTS
导航源LOC1捕获	SPD 200	APPR LOC1	APYD ← AT	GS

图 4.23　典型精密进近时 FMA 区域通告示例

当 FMS 为所选导航源时，若允许自动调谐功能，则可以实现导航源从 FMS 到 LOC 的自动转换。

通过改变耦合侧的导航源、改变耦合侧导航源频率、切换 FG 耦合方向可以清除 NAV 模式。

垂直导航模式容许自动飞行系统执行各种来自于 FMS 垂直剖面的指令，FMS 为这些模式提供基准，以帮助飞行员按照指定航路点的高度和速度限制以及特定高度的速度限制来飞行，并确保飞机飞行跟随 FMS 垂直飞行剖面。

通过按压 FCP 上的垂直导航模式（VNAV）按钮可使 VNAV 模式待命。当 VNAV 模式激活时，FMS 将根据飞行计划设定目标速度和高度进行爬升或下降，选择 FG 的一系列垂直控制方式，如 VFLC、VPATH 等，指引飞机沿着预设的飞行计划飞行。

根据所选择的导航源不同，LNAV 和 APPR 模式激活时会调用不同的导航源跟踪控制模式，如 TRACK VOR（跟踪 VOR）、TRACK LOC（跟踪 LOC）、TRACK External ROLL（跟踪 FMS 输出的横滚指令）。

LNAV 和 APPR 模式采用同一控制模式转换逻辑，如图 4.24 所示。

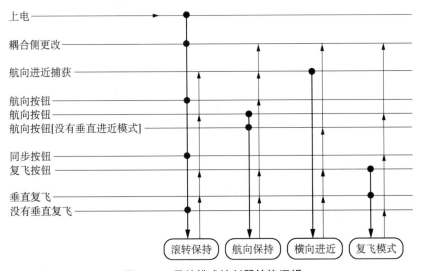

图 4.24　导航模式控制器转换逻辑

　　当人为改变耦合侧导航源或导航频率时,FG会变成基本模式 ROLL/PTCH,以防止飞行员选错导航源造成飞机偏离目标航径;当系统自动改变导航源或导航频率,即 FMS 在进近终端自动转换导航源至 LOC 和自动调谐 LOC 频率时,FG 不会变成基本模式,且该侧 FG 控制模式会随着导航源切换自动从 TRACK EXTERNAL ROLL 转换到 TRACK LOC。

4.2.1.3　飞行导引系统模式混淆

　　当前自动飞行导引系统包含很多不同的功能和模式,以便于飞行员灵活操控飞机。这些模式从全手动操控到全自动操控都会被使用。为了减少飞行员的驾驶工作量和并提高经济效益而提高驾驶舱的自动化水平,但同时也产生了一类特殊的人机交互问题。一般包括对自动飞行导引系统执行状态的混淆,特别是工作模式的混淆,以及飞机随之发生的飞行机动。

　　最近几年,有一些关于高度自动化的玻璃驾驶舱飞机的商业民航事故。在所有这些事故中,飞机的软件和硬件功能都完好无损,但是作为一个整体的系统来说已经失效了。这些航空事故的共同原因是部分飞行机组对自动飞行导引系统工作状态的混淆。

　　自从 1988 年,五起这样的事故发生:第一起事故是一架法航 A320 在法国的米卢斯(Mulhouse)机场坠毁,由低高度飞行造成的这起空难。究其原因是飞机以很接近地面的高度飞行时接通一个可以使油门杆提供相对低推力的模式。第二起事故是印度航空一架 A320 在班加罗尔机场目视进场中坠毁。事后调查发现机组有意也可能是无意中接通了一个不提供速度保护的俯仰模式。第三起事故是 1992 年一架 A320 在法国斯特拉斯堡机场进近中坠毁。初步事故调查报告中指出机组可能错误地激活了下降模式,调查表明飞行机组在进近中无意地选择了 3 300 ft/min 下降率替代了以 3.3°的路径角下降。第四起事故是一架中国航空的 A-300/600 在日本名古屋国际机场进近时坠毁。可能是机组无意之间接通一个让飞机以全推力爬升的模式,同时机组手动推杆使飞机低头以阻止飞机爬升。在自动驾驶仪命令和手动操作的相互抵触的操作中使飞机到达一个俯仰角为 36°的极限俯仰姿态而导致飞机失速,最后飞机右滚并坠毁。第五起事故是一架空客 A330 在执行常规飞行测试中坠毁,从法国图卢兹机场起飞不久后就坠毁了。飞行测试项目在最初爬升时,飞行机组逐渐减少左发动机的推力以模拟单发失效的复飞。随着左发动机推力的减小,机组选择 2 000 ft 的指令使飞机进入一个很高的俯仰角(32°)姿态,以至于飞机丢失了横向控制。高度捕获模式控制飞机在没有俯仰限制保护的情况下平稳地激动到 2 000 ft,最后导致高俯仰姿态。当机组重新控制飞机的时候却由于高度太低而无法让飞机回到正常飞行状态。

　　为了更清晰的明白模式混淆,下面给出一个模式混淆的案例分析,用来说明模式混淆可能引起的飞行事故。这个涉及混淆的案例是关于机组从垂直模式转移到另一个模式时飞机(波音 B757)的速度出现问题。

在空中交通管制的指导下飞机爬升到 11 000 ft,其中一个全自动垂直模式"垂直导航"模式激活,在此模式下速度的目标值从飞行管理计算机中获得,飞行管理计算机会给出一个最经济的速度值(这个案例中大概 300 kn)。在爬升过程中(大概到 10 500 ft),空管要求机组把空速降低到 240 kn,飞行员接通了"垂直导航"模式中的一个特别功能"速度插入",此功能允许飞行员通过模式控制板输入空管要求的空速,并把输入的空速当作新的基准速度,见图 4.25。

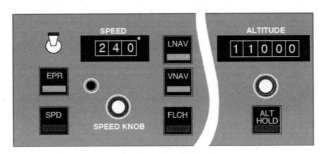

图 4.25　模式控制板

当飞机接近 11 000 ft 时,飞机通过自动断开"垂直导航"并接通"高度捕获"模式进行稳定机动,一旦飞机达到 11 000 ft,"高度捕获"模式断开并且"高度保持"模式自动接通。在机动过程中和过程结束后,空速保持在 240 kn。短暂的一段时间后,空管指导机组爬升到 14 000 ft,机长伸手通过模式控制板接通了"垂直导航"模式以使飞机开始爬升,但是飞机没有以 240 kn(空管仍然要求以这个速度飞行)的空速爬升,反而以 300 kn 的默认空速开始爬升。机组违反了空管对空速的限制的原因是,机组认为"垂直导航"模式会记住机组之前通过模式控制板输入的新的空速基准,但是"垂直导航"模式如果一旦被再次接通则会默认设置空速为最经济的空速。

当空管指导机组从 11 000 ft 爬升到 14 000 ft 时,模式问题出现了,这时,机组重新接通垂直导航模式。然而,机组忘记将空速这个相关参数重新设计成 240 kn,结果,速度矛盾发生了。

一旦自动飞行控制系统从任何模式转换到垂直导航模式,空速的目标值默认为最经济的空速值,如垂直导航模式(连接模块中)中会默认转换到飞行管理系统。期望的机动(相同的空速)与实际的机动(速度发生改变)之间的不一致的结果对部分机组是一个妨碍。

人与复杂自动飞行控制系统的交互不是一个不可忽略的问题,在使用此技术的领域里由交互导致的灾难同样不可忽略。

需要对自动飞行系统模式的内部闭环控制进行深入分析,更加深入地了解各模式进行控制所需的输入参量和闭环控制;同时也需要对模式之间的转换进行建模分析,分析可能会发生的模式混淆,以尽可能地消除由模式混淆而引起的人为差错。

4.2.1.4 自动驾驶仪功能

自动驾驶仪是按照技术要求自动稳定和控制飞机姿态运动的装置。稳定飞机功能即飞机受到干扰偏离原始状态时,自动驾驶仪能将飞机修正到原状态;控制飞机功能即根据指令将飞机从原状态改变到另一状态。

作为自动飞行系统的子功能之一,当自动驾驶仪与飞行指引系统均接通时,自动驾驶仪按照控制律计算出副翼和升降舵的偏度对应量,操纵飞机按照飞行指引仪上指令杆的指令运动,从而达到改变滚转角或俯仰角的目的。

自动驾驶仪的基本功能是自动驾驶仪及飞机都处于正常状态的控制功能,总的来说主要是按照导引指令稳定和改变飞机姿态,进而稳定和改变飞机轨迹。自动驾驶仪可以根据外环导引指令计算内环控制指令,将控制指令发给飞控作动装置。自动驾驶仪按需可以保持俯仰、滚转及横向的控制,如果通过机械连接进行指令控制,当自动驾驶仪伺服系统处于卡死或无法操纵状态时,应允许飞行员随时操纵自动驾驶仪;在接通自动驾驶仪之前,飞机本身处于平直飞行的配平状态,必须让自动驾驶仪的反馈信号和测量信号的代数和为零,从而避免接通自动驾驶仪后的冲击和突变;在自动驾驶仪的部件和系统中,可设置机内测试(built in test,BIT)监测信号,以检查某部件或系统工作是否正常。

自动驾驶仪俯仰通道需要有配平系统,自动俯仰配平是指对飞机不平衡纵向力矩进行的自动配平,其作用不仅仅是消除纵向驾驶杆力,更重要的是用以消除在自动驾驶仪升降舵舵机上的铰链力矩,从而让避免自动驾驶仪断开瞬间飞机产生的过大扰动。自动俯仰配平系统工作正常时,应能够基本消除在飞行包线内的升降舵舵机上的铰链力矩;也应该提供完善的飞行员控制和显示组件;根据飞机操纵结构和气动性能,自动俯仰配平系统应采用合适的形式。

综上所述自动驾驶仪进行完成如下功能:

(1)进行俯仰配平在纵向稳定飞机;

(2)控制横向飞行航迹;

(3)协调自动推力控制垂直飞行航迹或者通过俯仰调节控制速度;

(4)自动驾驶仪提供接通和断开功能,断开功能包括人工断开和自动断开。

自动驾驶仪与飞行导引交联通过不同的控制环完成闭环控制,外环与飞行导引交联,内环与飞行控制系统交联。自动驾驶仪可以支持各种飞行导引的功能,比如自动复飞、自动着陆和 TCAS 规避机动等,自动驾驶仪功能分解见图 4.26。

自动驾驶仪与自动油门系统(A/T)协同工作,可以按照预先制定的飞行计划,实现从起飞后的爬升、巡航、下滑、进近,直至着陆各个飞行阶段的自动控制,从而大大降低飞行员的工作负担。

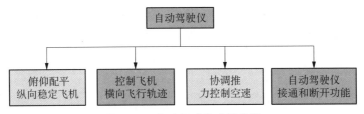

图 4.26 自动驾驶仪功能分解

1) 自动驾驶仪架构

自动驾驶仪一般由以下几部分组成：测量元件（用于测量飞机的运动参数）、计算元件（将测量元件的输出信号处理为符合控制律要求的信号）、放大元件（放大处理过的信号）、执行机构（也称舵机，根据放大元件的输出信号带动舵面偏转的机构）。

某些支线飞机采用非电传自动驾驶仪系统架构，在这种架构中，自动驾驶仪的指令直接用于驱动俯仰和滚转伺服，通过机械传动导致驾驶杆和驾驶盘的动作，并没有直接驱动主飞控系统。图 4.27 为传统非电传自动驾驶仪控制框图。

自动驾驶仪接收航姿单元（attitude heading reference system，AHRS）或惯性参考单元（inertial reference unit，IRU）及大气数据系统传输过来的姿态角、角速率、空速等信号，进行俯仰/横滚通道控制律计算，并将产生的控制信号输送给俯仰/横滚伺服电机，通过机械传动机构驱动升降舵/副翼模块，升降舵/副翼模块的运动带动驾驶杆/盘产生相应的运动。

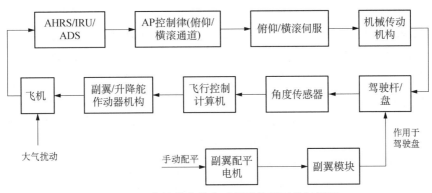

图 4.27 传统非电传自动驾驶仪闭环控制框图

升降舵/副翼模块的运动信息经转换后传递到 P‑ACE，驱动副翼/升降舵产生相应的偏转，使飞机在气动力作用下产生滚转/俯仰运动，这种姿态运动信息能够被AHRS/IRU 敏感到，进一步反馈到自动飞行控制系统中；另外，大气扰动也会引起飞机姿态突然变化，这种姿态扰动信息同样会被 AHRS/IRU 敏感到，并包含在自动飞行控制系统的闭环控制回路中。

与支线飞机不同的是，目前主流的干线飞机一般采用电传操纵系统，其自动驾驶仪指令不通过机械环节传递给主飞控系统,直接通过总线发送给主飞控系统。波音系列飞机自动驾驶仪接通时,驾驶杆和驾驶盘的动作是由主飞控系统提供的 back driver 和 feel 反馈系统,控制驾驶杆和驾驶盘提供给飞行员一个直观的认知,而不是作为前向控制环路的一部分。空客系列飞机自动驾驶仪接通时,侧杆会被锁在中立位,如果飞行员超控,自动驾驶仪会断开,侧杆恢复自由。

2) 自动驾驶仪接通和断开准则

(1) 自动驾驶仪的接通。

飞机起飞后在自动驾驶仪最低接通高度以上,飞行员都应该可以通过单次按压自动驾驶仪接通按钮来接通自动驾驶仪,并且可以同时接通俯仰和滚转两个轴的控制功能。自动驾驶仪的最低接通高度应取决于以下因素中的最大者:

a. 考虑到正常飞行中抬轮和起飞阶段的工作负荷,飞行员可能接通自动驾驶仪的最低高度(一般不低于 100 ft);

b. 自动驾驶仪接通或模式转换时可接受的性能容差;

c. 飞机响应自动驾驶仪故障所需的最低高度;

d. 激活预位的失速告警系统(如推杆功能)的最低高度。

实际确定自动驾驶仪的最低接通高度时通过飞行试验得到,即在起飞、进近及巡航状态通过插入相关故障来确定自动驾驶仪故障对飞机高度、姿态和航迹的影响,按照 AC25.1329 - 1B.101 所推荐的方法得到自动驾驶仪的使用高度。

飞机在地面状态时可以抑制自动驾驶仪的接通,但考虑到在地面状态下接通自动驾驶仪进行测试的需要,若允许在地面状态接通自动驾驶仪,在起飞滑跑的开始阶段若自动驾驶仪仍处于接通状态,则告警系统必须自动向飞行员发出音响告警。

自动驾驶仪接通时不应该产生可察觉的瞬态响应,应该尽可能减小对当前飞行路线的扰动。在动态条件下,包括飞机处于机动飞行时,可以允许较小的瞬态响应。

若自动驾驶仪接通时飞行指引处于未接通状态,则自动驾驶仪接通后应工作在飞行导引的基本模式,比如,接通的水平模式为保持飞机航向/航迹,或保持现有的倾斜转弯角度,接通的纵向模式为保持当前垂直速度或 FPA。接通的模式应该被通告,相关的控制目标值也应该显示出来。

若自动驾驶仪接通时飞行指引已经处于接通状态,则自动驾驶仪接通后的工作模式应与当前飞行指引的激活模式一致。对于那些使用多个自动驾驶仪的模式(如 AUTOLAND),在选择或预位该模式后,其他的自动驾驶仪应该自动接通,且多个自动驾驶仪应该工作在相同的模式。

(2) 自动驾驶仪的断开。

自动驾驶仪的断开分为人工断开和系统自动断开两种。在正常情况下,自动驾驶仪自动或人为地断开需要消除可察觉的瞬态响应。如果多自动驾驶仪处于接通状态,一个自动驾驶仪的断开不应该影响其他接通的自动驾驶仪工作,也不应该造成较大的瞬态响应。

由于自动驾驶仪人为或自动地断开后飞行员必须立即人工控制飞机,因此,必须给出视觉和听觉的告警。飞行机组必须立即关注并采取行动的单个自动驾驶仪断开、系统性能下降或者系统冗余度降低应该给出 caution 级别的告警;但仅需要关注单个自动驾驶仪断开则应该给出咨询级别的告警。

任一飞行员对驾驶杆/盘施加明显的超控力时,自动驾驶仪应该自动断开。在 LAND 2 或 LAND 3 模式,飞行员超控方向舵踏板时也可以断开自动驾驶仪。在除进近阶段外的其他飞行阶段,作用在驾驶杆/盘上的超过 25 lbf 的力可以认为是明显的超控力,在进近、着陆和复飞阶段可以使用更大的超控力的阈值以减少骚扰性的自动驾驶仪断开。当持续的、但小于超控力阈值的力作用在驾驶杆/盘上时,自动驾驶仪保持接通,且自动配平功能不应该产生对抗飞行员超控力的动作。

若系统设计成超控时自动驾驶仪不断开,则系统对超控的响应不应该导致潜在的危险。比如,当飞行员在驾驶杆/盘上持续而缓慢地施加一个很小的力辅助自动驾驶仪完成某特定动作时,若飞行员突然撤销作用在驾驶杆/盘上的力不应该导致危险。

3) 自动驾驶仪同步功能

在少数支线飞机上,正副驾驶员驾驶盘上的 SYNC 按钮可以提供自动驾驶仪的同步功能。自动驾驶仪接通时按压任意 SYNC 按钮,俯仰和滚转伺服的离合器断开以容许飞机进行暂时说的人工控制;按钮释放时,离合器才能重新接通。当自动驾驶仪同步功能激活时,如果进行人工水平安定面配平或者有过机动姿态不会使自动驾驶仪断开。

4) 俯仰配平功能

自动驾驶仪接通时,自动俯仰配平自动接通准备工作,自动俯仰配平接通时,会配平伺服机构释放自动驾驶仪俯仰伺服机构上持有的动态力矩。

在接通自动驾驶仪之前驾驶员先进行人工配平,即操纵升降舵使纵向力矩平衡,接着操纵水平安定面使驾驶杆受的力为零,即所谓"卸荷"。然后接通自动驾驶仪的回零机构,使驾驶仪输出信号为零,这时才能接入自动驾驶仪。典型的自动俯仰配平系统实现形式有三种:主操纵面上自动调整片系统、俯仰操纵控制律调效系统和水平安定面自动俯仰配平系统。

在 AP 工作过程中,由于某种原因(湍流、阵风、特殊飞行机动)破坏了纵向力矩的平衡,AP 使升降舵发生一定的偏转以平衡纵向力矩使飞机重新平衡,接着自动俯仰配平系统调节水平安定面卸掉由于升降舵偏转引起的铰链力矩,这为断开 AP 恢复人工驾驶做好准备。如果没有自动俯仰配平,当纵向力矩不平衡时,舵机偏转产生的铰链力矩由舵机承担;一旦 AP 断开,舵机将不工作,铰链力矩立即引起升降舵剧烈偏转。在这种情况下,为防止舵面的突然动作在断开 AP 前驾驶员要给驾驶杆施加一定的力,驾驶员很难准确控制力度且很不方便。此外,一旦 AP 发生故障监控机构自动断开 AP,如果没有俯仰配平系统,升降舵在铰链力矩作用下立即回到杆力为零的位置。由于舵面突然偏转,迎角突然改变并产生法向过载。

飞机飞行时,机翼通过加速上表面的气流速度来产生升力,这个加速的气流可以而且也能够达到声速。在某些极端的迎角时,对于某些飞机,机翼上表面的气流速度可能是飞机的两倍,所以飞机上可能同时存在超声速和亚声速的气流。当飞机某些位置(如机翼的最大拱形区域)的气流速度达到声速的时候,进一步的加速将导致空气压缩影响的产生,例如形成冲击波(shock wave),阻力增加,飞机振动,稳定性以及控制困难。

马赫数配平功能以增强飞机在高马赫数正常飞行时的稳定性,不论 AP 是否接通,只要马赫数在预设的范围内,系统就会根据当前的马赫数指令升降舵配平。

AFCS 包含有失效消极防护的自动俯仰配平和马赫数配平,它们发出指令到飞机的俯仰配平系统。

4.2.2　推力管理功能

自动飞行系统自动化水平的提高,对飞机推力和飞行速度的精确控制提出了越来越高的要求。推力管理作为自动飞行系统的功能之一,其控制方式与飞行导引系统的模式组合使用,可以实现从起飞、爬升、巡航、下降、进近到复飞或着陆过程发动机推力的自动控制,可以大大减轻驾驶员的控制飞行速度的负担;同时,作为全机推力管理功能的重要组成部分,通过精确的速度控制和推力管理能够以最经济的推力飞行,节省燃油,实现对空速的精确控制并提高飞行的经济性。

自动推力系统接受来自于飞行导引、发动机指示与机组告警系统(engine indication and crew alerting system,EICAS)、电子飞行仪表系统(electronic flight instrument system,EFIS)、全权数字式发动机控制(full authority digital engine control,FADEC)和其他传感器的输入数据,然后经过计算,为相应的飞行导引系统工作模式提供自动推力控制指令,并将指令给每个油门控制组件上独立的伺服马达来定位两个推力手柄。FADEC 接收油门台的推力指令控制各自发动机的推力,从而实现对推力的控制。

自动推力系统包括完成其功能的所有设备,比如传感器、计算机、电源、伺服或者作动器以及相关的电缆,除此之外还包括提供给飞行员进行管理的人机接口和监视设备。在自动推力系统没有使用时,仍然与发动机控制保持连接的组件就被认为是发动机控制系统的一部分。飞机上一般由 FCP 和 CDU 来控制自动油门的操作,FCP 提供方式和速度选择,CDU 允许 FMC 基准推力限制选择。

支线飞机飞行时间短,对安全性的要求没有干线飞机和越洋飞机要求高,一般来说支线飞机的自动飞行控制系统配置一套自动油门系统,支持Ⅰ类和Ⅱ类精密进近能力。

当飞行导引系统耦合到某一侧时,自动油门系统将使用该耦合侧的数据源,该侧的数据失效会导致自动油门断开,而非耦合侧数据源失效不会影响自动油门正常工作。

但有些支线飞机也具有备份系统架构的自动油门功能,ERJ170/190 推力管理系统具有双套冗余架构,包括两套自动油门,两套电子推力配平系统和两套推力选择功能,具备Ⅲ类精密进近能力。当高优先级的一套自动油门系统检测出故障而另一套自动油门系统仍然可用时,系统将自动切换两套自动油门的优先级。当两套自动油门均可用时,飞行员可以通过 MCDU 人工选择。

推力管理系统提供自动推力功能、推力模式选择功能、推力配平功能、推力限制计算和自动推力监控功能。推力管理系统将自动推力功能和飞机性能数据进行管理与发动机进行交联根据飞行需要提供最优的推力,并对自动推力系统进行监控,同时提供必要和及时的推力告警,推力管理功能的架构取决于自动飞行系统整体架构。自动推力功能可以在飞机运行的全飞行包线工作。

推力管理通常包括五个子功能,具体的分解如图 4.28 所示。

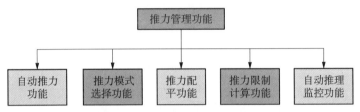

图 4.28 推力管理系统功能分解图

比较典型的推力管理系统架构见图 4.29。

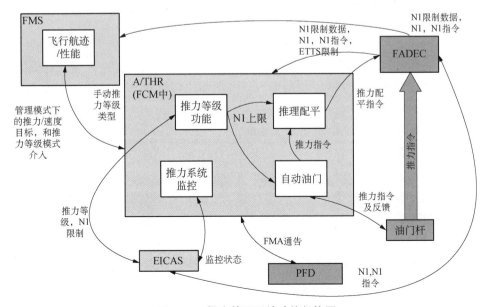

图 4.29 推力管理系统功能架构图

1) 推力管理中的推力配平功能

推理管理同时也提供推理配平功能,实时监控左右发动机的推理情况,当左右发动机推理不一致达到预定的阈值后进行配平,尽可能地减小左右发动机推理不平衡的情况,减小飞机的横向扭矩。

2) 推力限制计算及推力模式选择

推力限制的计算是基于飞机飞行剖面、发动机性能和飞机性能给出的发动机当前可提供的最大推力进而辅助自动推力控制实施推力保护功能。

推力模式的选择是基于飞行管理系统和自动飞行系统相应模式对推力的需求,并基于飞行阶段给出的可提供的推力等级,图 4.30 是推力模式选择和计算的功能图。

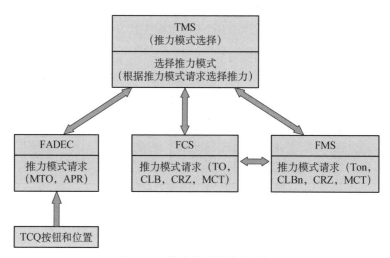

图 4.30　推力模式计算和选择

自动推力计算机使用来自飞机传感器的数据计算发动机推力,控制发动机推力以响应机组设置的目标速度或需用推力。自动油门可以在起飞、爬升、巡航、下降、进近、着陆和复飞过程中使用。

在这些阶段自动油门应具备如下功能:

- 速度保持功能;
- 进场功能;
- 起飞/复飞功能;
- 速度保护功能;
- 自动检测功能;

飞行员通过油门杆上和飞行控制板上的操纵器件控制自动油门系统,同时,自动油门也可以接收来自飞行管理系统的指令。

自动油门的工作方式可通过四种方法确定：

a. 飞行员通过飞行控制板操纵器件，手动改变自动油门工作模式；

b. 飞行导引系统模式切换时，自动油门改变工作模式以配合飞行导引系统的工作；

c. 油门杆上的起飞/复飞按钮来选择起飞/复飞推力；

d. 飞行管理系统的指令。

自动油门系统可以工作在推力控制方式或速度控制方式，具体的方式由飞行控制板或飞行导引系统所在模式来确定。

4.2.2.1 自动推力系统模式

自动推力系统有三种模式：推力控制模式，空速控制模式和收回模式。自动推力系统接通时，依据当前处于激活状态的飞行导引模式、FADEC 的推力设定（MTO，APR，飞行慢车等）或 FMS/FCP 的推力设定，自动推力提供油门指令保持空速或推力，以及提供低速和超速保护功能，自动推力可以在全包线范围内支持推力的控制，自动推力使用包线见图 4.31。

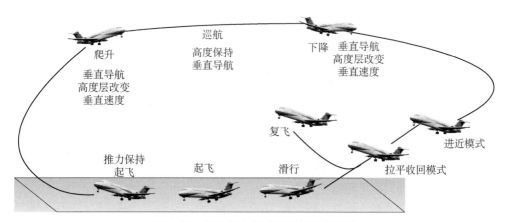

图 4.31 自动推力模式适用的飞行包线

1) 推力控制模式

在推力控制模式下，油门前推或回收到特定的推力标定值（该推力标定值通常基于发动机风扇转速 N1）。当自动飞行的纵向工作模式为 TO、FLC 或 GA 时，自动推力系统会激活推力控制模式，根据所处的飞行阶段自动地控制推力到发动机的某个标定值。

当选择了 TO 模式，在非减推力起飞状态下，油门应前推到 TOGA 位；减推力起飞模式下，推力手柄根据设定推到相应位置。当起飞高度在 400 ft 以下，自动推力系统会进行推力锁定，系统不会自动改变推力。

当自动飞行系统的纵向工作模式为 FLC 时，油门前推到爬升推力标定值（爬升过程中)或回收到飞行慢车限制值(下降过程中)。飞行员也可在 CDU 的 N1 限制页面上选择其他的推力标定值。

复飞按钮第一次按下时推力增大至保持 2 000 ft/min 的爬升率,第二次按下时推力为 GA 等级。

当发生了风切变警告而选择了风切变规避模式时,油门推进到 TOGA 位。飞行员能人工将油门推进到超过 TOGA 位的最大发动机推力标定值(即 MAX 位)。

2) 空速控制模式

在空速控制模式下,自动推力将给出指令保持飞机正常飞行包线内的目标速度值 IAS 或 MACH。当飞行导引的纵向工作模式为高度捕获、高度保持、垂直速度、进近或 FMS 垂直路径角时,自动推力系统会激活速度控制模式,目标速度可以通过飞行管理系统或飞行控制板选择。当目标速度值改变时,自动推力系统会捕获新的目标速度。如果在进近过程中遇到了风和湍流,自动推力系统可能保持一个比目标速度更高的空速。如果没有选择自动飞行工作模式,自动推力提供基本的空速保持控制模式以跟踪空速的基准值。

在低速或超速情况下,自动推力系统可以作为一种保护机制自动接通,但自动接通时必须明确地告知飞行机组。在超速或低速情况下,自动推力系统会与接通的自动驾驶仪合作,同时进行姿态控制和推力控制,使得飞机速度保持在安全范围内。

3) 收回模式

自动油门的收回模式指在着陆拉平期间自动推力控制推力到慢车推力,如果油门杆为随动方式,则自动推力控制推力手柄收回到慢车推力。有些支线飞机自动推力系统不提供收回模式控制则需要飞行机组手动收回油门杆到慢车位置。若在自动推力系统中实现了收回模式,则在接通自动推力的情况下进行人工着陆或自动着陆,该模式的控制方式是相同的。

4.2.2.2　推力配平和操控功能

1) 推力配平功能

为了匹配发动机推力或最小化发动机共振噪声,自动油门通常会提供配平功能,在人工操纵油门杆或自动推力系统工作时,给出发动机同步指令使从发跟随主发,并且该配平指令权限会被限制在一定范围内。

ERJ170/190 飞机有推力配平系统,能通过同步风扇转速来辅助飞行员或自动油门匹配每个发动机的推力响应。当自动油门脱开时,配平功能使发动机的风扇转速同步。自动油门没有接通时,配平默认为接通。可在 MCDU 的页面接通或关断配平。

大部分飞机自动油门系统提供发动机 N1 同步功能,同步指令可以只输出到单侧发动机,且无论自动油门是否接通,N1 同步功能均处于工作状态。当油门杆在移动而且被同步的发动机达到上限参考限制、油门杆在慢车位时,自动油门同步功能可能被抑制。

2）自动油门超控

自动油门超控是指在自动油门接通的情况下，飞行员按住油门杆，导致自动油门的指令不能产生油门杆的移动，或是由于飞行员操纵油门杆，导致自动油门发出的指令和实际油门杆位置差异超过设计阈值而断开自动油门。

飞行员用一只手就可以轻易地超控自动油门，移动油门杆来设定推力。自动推力系统对飞行员超控的响应不应该导致俯仰姿态的突变和推力的不可控变化。在自动油门系统设计时，对于飞行员超控的响应，自动油门可以在确保安全的情况下保持接通；如果系统设计能防止自动油门意外断开并且能提供确认引起飞行员注意的告警，自动油门系统也可以断开。

对于超控也有不同理念的设计方案，比如自动油门可以通过在任意方向移动推力手柄而不会引起其脱开来进行超控。如果飞行员操控 AT，FMA 上显示绿色的标识"OVRD"。松开推力手柄后，自动油门将再次指令推力手柄返回指令的位置。当 TCL 大于 TO 位置，或者 RTO 情况，还有左右油门杆位置不一致大于 8°后会断开。

4.2.3　自动着陆功能

当代支线商用客机基本上都可以支持 CAT II 进近运行，有些支线客机特别是一些高端的公务机为支持更低能见度的运行提供自动着陆功能，也可以使用 HUD 及 EVS 提高低能见度运行的能力。

ILS 着陆应该在决断高度前提供足够的视觉参考，以允许进行手动着陆或者放弃继续进近，但并不意味着着陆一定需要手动进行，也可以使用自动着陆功能将飞机控制到更低的决断高度下或者直到触地。

根据支持的进近 RVR 能力对自动着陆功能的安全性要求不同，自动着陆功能可以分为故障-被动自动着陆系统（fail-passive automatic landing system）和故障-工作自动着陆系统（fail-operational automatic landing system）。

故障-安全着陆系统是指在该系统发生故障时飞机的俯仰配平、飞行航迹或姿态没有重大的偏差，但不能完成自动着陆。故障-安全着陆系统通常只使用两套独立的飞行引导和操纵计算通道（双通道）。如果系统在计算过程中探测到两套计算结果有差异，并且不能确定哪一套计算有误，则系统发生故障，断开自动着陆系统并立即发出音响和目视告警，通知机组立刻采取措施，基本上用于 CAT III a 类天气条件下。

故障-工作着陆系统是指在告警高度以下系统发生故障时，进近、拉平和着陆能用着陆系统的其余部分完成，故障-工作着陆系统至少使用三套独立的飞行引导和操纵计算通道（三通道）。如果在飞行操纵计算过程中探测到计算差异，系统能通过比较确定正确有效的两套计算,排除来自错误计算通道的指令,使系统能够使用正确的两套计算提供继续飞行的引导和操纵。因此系统发生故障时,仍然能够保持正确工作,不需要机组介入而安全完成着陆,一般用于 CATⅢa 或Ⅲb 天气条件下,基于功能来源于需求的准则,自动着陆功能因为其在运行上的灵活性和安全性要求相对比较特别,所以十分有必要了解自动着陆功能的需求。

4.2.3.1　自动着陆需求

自动着陆功能在飞机进近着陆的关键阶段使用,对此功能的安全性和可靠性要求很高,同时对控制进度也有较为严格的定量性能要求。与自动着陆系统最直接相关的规章文件为 AC 25.1309 - 1A 和 AC 120 - 28D。

1) 自动着陆性能需求

AC 25.1309 - 1A 主要关注系统的安全性,AC120 - 28D 主要关注运行需求和适航验证需求,同时 AC120 - 28D 也提出了相关的着陆性能需求,其中对落地区域有较为严格的要求,落地区域见图 4.32。

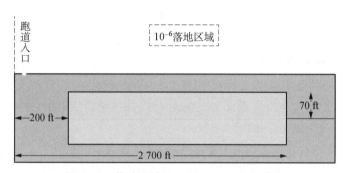

图 4.32　落地区域(touchdown zone)示意图

自动着陆系统的性能需求如下:

(1) 着陆性能要求。

性能指系统必须能够在任何可预见的操作条件中执行预定的功能。自动着陆系统的性能要求:接地点在跑道入口 10 m 内的概率小于 10^{-1};接地点超过跑道入口 900 m 开外的概率小于 10^{-1};接地时起落架离跑道中心线的距离超过 21 m 的概率小于 10^{-1}(假设跑道宽 45 m);下降速率超过结构载荷的概率小于 10^{-1};以一定倾角接地致使翼尖或者发动机任何部分先机轮接地的概率小于 10^{-7};横向速度或侧滑角超过结构载荷的概率小于 10^{-1};从接地点到安全滑行速度,前轮偏离跑道中心线 70 ft 以上的概率小于 10^{-1},图 4.32 为落地区域示意图。

(2) 完好性要求。

完好性指系统具备可以告知飞行机组有关系统操作模态、警告驾驶员系统不安全状况、控制或解除系统运作的方法,以及提供系统失效或故障时的操作方式与处理措施所需的资讯。发生任何妨碍飞机继续安全飞行与着陆的失效的概率小于 10^{-9}/fh;任何妨碍飞机继续安全飞行与着陆的失效未被检测并报警的概率小于 10^{-9}/fh;对于故障-安全着陆系统,引起预选航迹或高度大幅度偏离的单个故障或多重故障发生后断开系统,飞机能自动配平以防止更严重的偏离;对于故障-工作着陆系统,单个故障发生后,不能丧失对准跑道前段、拉平和接地等能力;对于故障-工作滑跑系统,在低于 10 m 处,任何妨碍飞机滑跑的失效未发出警报的概率小于 10^{-9}/fh;对于故障-安全下降滑跑系统,接地后系统失效的概率在 $10^{-9}\sim10^{-5}$/fh 之间;故障-安全导引系统未提供人工导引指令时向驾驶员报警;滑跑时机轮过度偏离跑道中心线通常不超过 10^{-4}/一次着陆。系统要遵守 CCAR - 25 - R3 中第 25.1309 条规定的设备、系统及安装的适航性标准。

(3) 有效性要求。

有效性指所有可能导致飞机无法维持安全飞行与着陆,或者显著降低飞机性能与飞行机组处理故障状态能力的失效与故障,都要证明其发生的概率在可接受的范围之内。CAT Ⅲ 运行的有效性要求:成功着陆的概率至少 95%;对于故障-安全着陆系统,因飞机故障需在低于 30 m 启动复飞的概率小于 10^{-3}/fh(1 000 次进近中低于 1 次);对于故障-工作系统,低于 10 m 着陆系统发生故障的概率在 $10^{-9}\sim10^{-7}$/fh 之间;需驾驶员进行及时的干预故障未报警的概率小于 10^{-9}/fh;故障-工作滑跑系统在飞机下降到 10 m 到安全的滑行速度期间,从故障-工作降级到故障-安全的概率小于 10^{-3}/fh;接地后故障-工作滑跑系统失效的概率在 $10^{-9}\sim10^{-7}$/fh 之间。

2) 自动着陆安全性需求

自动着陆系统自身以及与之相交联的机载系统的安全性都需要考虑。

与自动着陆相关的安全性需求如下:

(1) 任何自动着陆系统单一或者组合故障导致不能安全着陆或者复飞必须是极不可能的($<10^{-9}$/fh),除非此故障是可以被探测监控并给出通告,给出警告允许飞行员接管操纵飞机避免灾难性结果应该是不可能发生的($10^{-7}\sim10^{-9}$/fh)。

(2) 没有探测及通告相应的故障而阻碍安全着陆或复飞必须是极不可能的($<10^{-9}$/fh);

(3) 用于失效-安全自动着陆系统评估失效概率的暴露时间应该是从离地100 ft 或者更高到触地所用时间的平均时间。

(4) 失效-安全自动着陆系统单一故障或者任何故障组合引起的系统断开都不能导致飞行航迹或者姿态的重大偏离(比如瞬态超调),飞机必须处于安全的配平状态以防止系统失效断开后引起的较大偏离。

基于以上性能需求和安全性需求,自动着陆系统的通用风险和特殊风险概率分解如图 4.33 和图 4.34 所示。

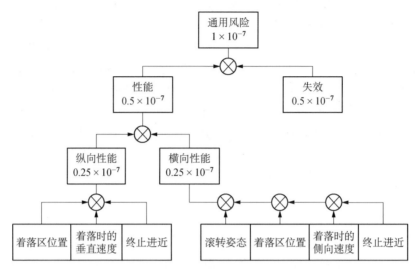

图 4.33　自动着陆通用风险概率分解

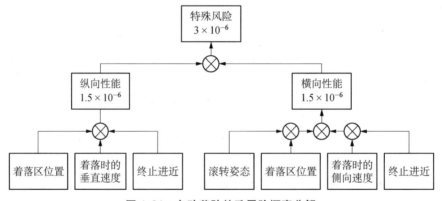

图 4.34　自动着陆特殊风险概率分解

4.2.3.2　自动着陆功能

自动着陆功能用来在飞机进近着陆阶段自动控制飞机进近着陆。自动着陆功能在进近着陆阶段的控制过程见图 4.35。

按照进近着陆阶段的飞行需求自动着陆功能的子模式可以分解如图 4.36：

自动着陆功能一般包含以下子模式：

- 对准模式

通过副翼和方向舵控制飞机对准跑道中心线，在 150 ft 下激活，需要增加方向舵的控制。

- 拉平模式

在 50 ft(AH)左右给出垂直导引和控制使得从 GS 模式转换到 Flare，保持主起

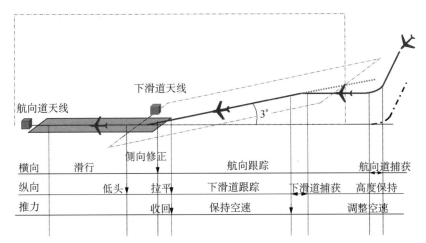

图 4.35 进近和自动着陆阶段横向纵向及推力控制图

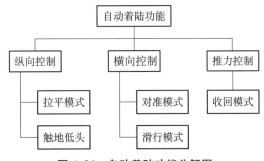

图 4.36 自动着陆功能分解图

落架触地。Flare 模式是较为复杂的子模式。

自动着陆安全性要求高,安全性评估的衍生需求比较高,对相关控制计算输入的参数独立性和冗余度也有相应的要求。

拉平模式的激活高度不是固定值,是一个变量,与飞机的下降率相关,在不同的进近速度下需要调整拉平的高度以保证一致的着陆性能,图 4.37 和图 4.38 是 Flare 模式下降率和激活高度的控制示意。Flare 模式的控制性能需要进行评估,有定量的要求。

● 推力收回模式

在 30 ft 左右激活,在自动油门接通的条件下控制油门杆到慢车并保持慢车推力,收回模式需要预位,预位需要判断自动油门状态、起落架状态、襟翼构型、自动油门模式、垂直模式和无线电高度参数满足预位条件。

● 低头模式

主起落架触地后,控制机头向下以使得前起落架触地。此模式需要起落架触地

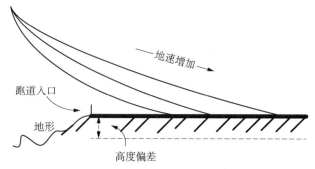

图 4.37　Flare 模式正常激活示意图

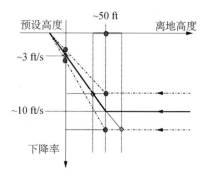

图 4.38　Flare 模式下降率和激活高
度关系

状态、无线电高度和飞机俯仰姿态。

● 滑行模式

主起落架触地后导引并控制飞机在跑道中心线,此控制模式使用 Localizer 偏差信号控制方向舵和前起落架轮子保持跑道中心线。

● 复飞模式

在触地前终止着陆激活复飞,都应该保证安全的复飞,而不应该给机组带来较大的工作负荷,可能需要增加自动复飞功能。

自动着陆系统的预位需要判断多个机载系统和设备的工作状态和高度和飞机构型。

4.2.4　自动飞行系统地面维护功能

自动飞行系统地面维护功能是特别基于航线运行的需求设置的,因为当代商用飞机自动飞行系统功能实现软件化程度很高,其中有些功能正常的测试需要在空中测试或者需要飞机在空中构型下测试,有些可能需要地面启动发动机,更换设备和加载软件后功能完整性的测试航空公司往往需要较长时间,缩短功能正常测试时间就可以降低维护时间和成本,提高飞机的派遣率。

增加系统维护功能就可以通过手提维护计算机测试自动飞行系统的功能正常,

大大降低了维护成本,地面维护功能分解见图 4.39。

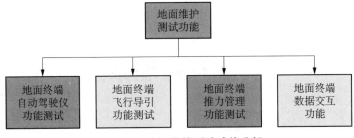

图 4.39　地面维护测试功能分解

　　地面维护功能需要在系统开发的前期就进行分解和提出,特别是接口通信以及测试方法方面要重点考虑,自动飞行系统的计算功能全部由软件实现,维护的直接使用者是航空公司机务,所以还要考虑维护的接入方式,和终端的软件开发,以及基于安全性分析和功能分析得到的测试维护需求。

　　通常测试需要考虑测试的子系统(飞行导引、自动驾驶仪、自动推力等),测试类型(功能测试、LRU 更换测试等),测试项目(硬件测试、接口测试、计算机自测试、告警功能测试),以及发现故障项后的处置建议方案,也需要考虑输入激励模拟信号完成相关硬件或功能测试。

　　采用菜单式测试方案更便于机务的操作,并提供友好的操作界面,典型的测试界面如图 4.40 所示。

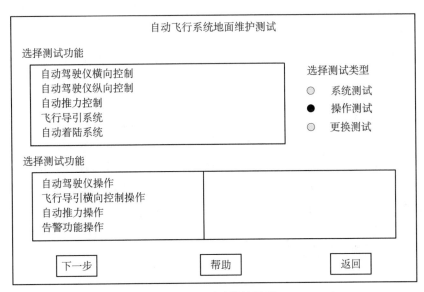

图 4.40　测试维护界面

5 飞行管理系统

5.1 飞行管理系统的架构设计

5.1.1 飞行管理系统组成

飞行管理系统为飞机提供主要的导航、飞行计划、决定最佳化航路和航行中制导能力,一般由以下相关功能组成:导航、飞行计划、航迹预测、性能计算和制导。为了完成这些功能,飞行管理系统必须和其他航空电子设备交联。

如上所述,接口的实现和飞机上安装的设备有关,通常大致可以分类为

1) 导航传感器和无线电设备

(1) 惯性/姿态基准系统。

(2) GPS 接收机。

(3) DME 应答机。

(4) VOR/LOC 接收机。

(5) ILS/MLS 接收机。

(6) 大气数据系统。

(7) 无线电高度表。

作为最低要求,导航功能必须提供 GPS 数据和航向/姿态传感器、大气数据系统综合的能力。导航功能基于多传感器向机组连续地、实时地提供三维计算,输出以下导航参数:①估计的飞机位置(经度、纬度、高度);②飞机速度;③航迹角;④磁差;⑤风速和风向;⑥时间;⑦RNP 和实际的导航精度估计。

2) 显示器

(1) 主飞行和导航显示器。

(2) 多功能显示器。

(3) 发动机显示器。

3) 飞行控制系统

4）自动油门系统

5）发动机和燃油系统

6）数据链系统

7）监视系统

图 5.1 是一个典型的飞行管理系统交联关系图。根据系统的配置，大气机、导航设备等都是双配置，其余的是三系统冗余。为了简便起见，图 5.1 只是示意性地描述了双飞行管理系统的交联关系，没有按实际的设备数量配置。飞行管理模块的接口可以分为下面几类：

（1）通过远程数据集中器与大气机、惯导以及无线电导航设备间的交联。

飞行管理模块间通过航空电子全双工通信以太网交换（avionics full duplex switched ethernet，AFDX）网络与远程数据集中器交换数据。模块接收由远程数据集中器转发的大气机、惯导、GPS、无线电导航设备等的信息，也通过远程数据集中器（remote data concentration，RDC）将 IRS 所需的初始校准信息以及无线电调谐指令发送给相应的设备或系统。

（2）通过 AFDX 与其他机载航电系统之间的交联。

飞行管理模块与自动驾驶仪、自动油门、中央维护系统、数据链、综合监视系统、信息系统等通过主干通信网络即 AFDX 传输数据。新一代飞行管理系统的人机接口不再是传统的控制显示单元了，其显示部分是 EFIS 系统中的一个多功能显示器（multifunction display，MFD），其输入采用的是键盘和触摸球。

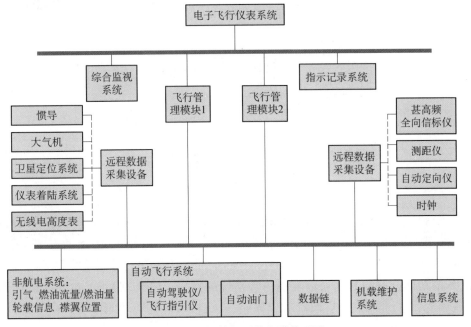

图 5.1　飞行管理系统交联关系图

（3）通过 AFDX 两个飞行管理模块之间的交联。

5.1.2 飞行管理系统工作原理

FMS 功能的中心是构建飞行计划和根据指定的飞行计划航段和限制以及飞机性能构建四维飞机航迹。飞行计划和航迹预测一起工作产生四维的航迹，并把所有有关航迹的信息组织后放入飞行计划/剖面缓存中。导航功能向其他功能提供动态的当前飞机状态。垂直、水平操纵和性能建议功能根据来自导航功能的当前飞机状态和飞行计划/剖面缓存的信息，提供与定义的航迹、飞机状态相关的制导、参考和建议信息。图 5.2 为飞行管理系统原理图。

（1）导航功能——负责确定飞机当前状态的最佳估计值。

（2）飞行计划功能——允许机组人员为飞机建立一个特定的航路。

（3）轨迹预测功能——负责计算沿着整个特定航路预计的飞机飞行剖面。

（4）性能计算功能——向机组成员提供飞机独特的性能数据，如起飞速度、高度能力和剖面优化建议。

（5）制导功能——负责产生指令来制导飞机同时沿着水平和垂直计算剖面飞行。

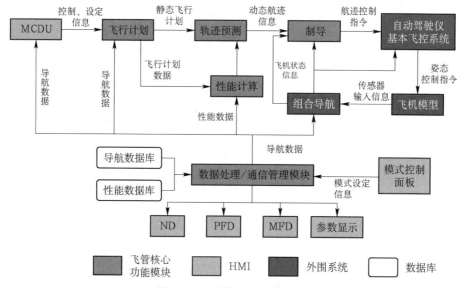

图 5.2 飞行管理系统原理图

飞行管理系统以飞行管理计算机（flight management computer，FMC）/飞行管理系统软件（flight management system application，FMSA）模块为核心，通过FMC/FMSA 与导航系统（navigation system，NS）、自动飞行控制系统（AFCS）以及EFIS 的功能交联与数据通信实现仿真系统的集成。FMC/FMSA 包括飞行计划、轨迹预测、飞行指引、性能计算、综合导航、人机接口等核心功能模块。在仿真过程中,用户通过 CDU(EFIS 模块)制订和编辑基本飞行计划,FMC/FMSA 飞行计划模块计算生成完整的飞行计划信息,系统一方面根据飞行计划信息通过轨迹优化模块和性能计算模块生成完整的水平和垂直航迹;另一方面 FMC/FMSA 的综合导航模块根据各导航传感器的输入估计最优的飞机状态信息;飞行指引模块根据预定航迹和飞机状态信息实施水平和垂直导引,生成控制指令提供给自动飞行控制模块,从而实现自动飞行功能。飞机模型解算出的飞机实时的状态信息作为综合导航模块传感器的输入,从而构成整个闭环系统。图 5.3 为飞行管理系统数据流程图。

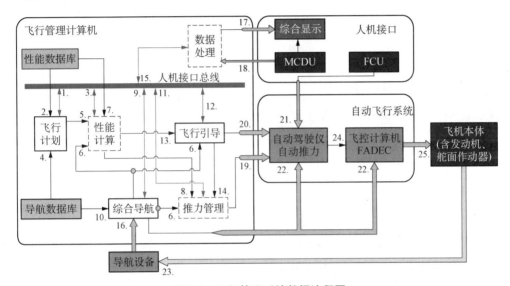

图 5.3　飞行管理系统数据流程图

1—MCDU 输入操作/飞行计划编制和修改界面显示信息;2—飞机相关性能数据;3—MCDU 输入操作/性能计算显示信息;4—编制飞行计划所需信息;5—完整飞行计划;6—飞机位置姿态信息;7—飞机性能信息;8—推力相关性能信息;9—MCDU 输入操作/导航显示信息;10—导航台信息及导航要求等;11—MCDU 输入操作/推力管理界面显示信息;12—MCDU 输入操作/飞行指引仪显示信息;13—优化后的航路信息及飞行包线限制;14—速度指令和其他相应信息;15—MCDU 输入操作/各模块显示信息;16—各种导航设备信息;17—各模块显示信息;18—MCDU 输入操作;19—速度及推力指令;20—纵向及横侧向导引指令;21—飞行控制单元输入信息;22—飞机位置姿态信息;23—飞机本体状态;24—飞控指令及 FADEC 指令;25—舵面及油门等控制指令

5.1.3　飞行管理系统工作模式

安装在各型飞机上的飞行管理系统是由各航空公司任选的。最简单的安排是由一台飞行管理计算机(FMC)和一台控制显示装置(CDU)组成一个完整的单飞行管理系统,这样就能正常地工作,还可以大大减少飞机电子设备购置费用。为了正、副驾驶员都能方便地在 CDU 上进行操作,往往设置两台 CDU。随着现代客机飞行管理系统的发展,飞行管理计算机(FMC)会逐渐被飞行管理系统应用软件(FMSA)取代。在现代客机上,主要电子系统往往设计为多冗余度,飞行管理系统的结构一般是由两台 FMC/两套 FMSA 和两台 CDU 组成,即为双飞行管理系统。一般正驾驶一边的 CDU 和左边的 FMC/FMSA 组成一个系统,在飞行管理系统运行中起主导作用,而副驾驶一边的 CDU 和右 FMC/FMSA 有时起从属作用。左右两侧 FMC/FMSA 分别独立工作,但它们之间互相又有联系。

根据设备主从同步的配置方式,飞行管理系统控制模式(FMS control mode)允许每个 FMSA(仅双 FMS)根据需要以同步(SYNC)模式或独立(INDEP)模式运行。只有双 FMS 系统才可以选择独立(INDEP)操作模式和同步(SYNC)操作模式。

1) 独立模式

在独立(INDEP)模式下,一套 FMS 的模式选择或飞行计划数据不会与另一套 FMS 共享。

2) 同步模式

当选择同步(SYNC)模式时,必须指定其中一个 FMC/FMSA 作为主系统(master),每个 FMC/FMSA 实现自己的计算,并通过交叉连接交换数据。不论哪一个 FMS 在最开始时被选为 master,一旦选定了 SYNC 模式,在任意一个 FMS 上对飞行计划进行的更改都会在另一个 FMS 上自动做出相同的更改。选定为 master 的 FMC/FMSA 中的飞行计划将转移至另一个 FMC/FMSA,以便保证两个 FMC/FMSA 之间的计算一致性。

在 SYNC 模式下,飞行计划的更改和大部分 FMS 操作会在两个 FMS 间自动同步。具体包括选择现行导航数据库、禁用助航设施 NAVAID(即不允许 FMS 为进行导航而自动调谐 NAVAID)、在导航方案中启用/禁用全部 VOR/DME 以及使用在 FUEL MGMT 页面输入的燃油流量和地速值进行性能模式计算。如果在一套 FMS 上对现行飞行计划进行了更改,那么,当按压 CDU 上的 EXEC 功能键来执行该飞行计划时,另一套 FMS 会与之同步。如果在一套 FMS 上对第二套飞行计划进行了更改,另一套 FMS 会立即与之同步。

5.2　飞行管理系统功能设计

FMS 功能的核心是构建飞行计划和根据指定的飞行计划航段、限制和飞机性能构建四维飞机航迹。飞行计划和航迹预测结合起来计算四维航迹,并把所有有关航迹的信息组织后放入飞行计划/剖面缓冲存储器中。导航功能向飞行管理系统的其他功能提供动态的当前飞机状态。垂直操纵、水平操纵和性能建议功能根据来自导航功能的当前飞机状态和飞行计划/剖面缓存的信息,提供与定义的航迹、飞机状态相关的引导、参考和建议信息。

一般有两个可加载的数据库,用以支持飞行管理的核心功能。它们是每 28 天为一周期更新的导航数据库和只有在飞机性能特性有改变时才更新的性能数据库(比如发动机的变化或影响飞机阻力系数的结构变化)。

1) 导航数据库

导航数据库用于确定飞机当时位置，进行导航计算以及导航台自动调谐管理等。数据库内的数据是飞机飞行区域的机场、航路点、导航台的地理位置、结构以及航路组成结构等。这些数据可以分成两大类。一类是对各航空公司都使用的标准数据，它们是世界范围的机场、导航台等有关数据。航空公司可以根据本公司飞机飞行区域适当选用有关数据。航空公司由于本身无法采集全球导航数据的原始资料，一般都与美国杰普森(Jeppesen)航图发行公司签订合同，由杰普逊公司定期提供。另一类导航数据是一种特定数据，仅是与航空公司飞行航线的航路结构有关的数据。这两类数据按照 ARINC 424 格式进行编码，然后在计算机内进行特殊处理，再由磁带制造机制成 DC-300 式盒式磁带，包装以后送至航空公司。导航数据库产生和装载过程如图 5.4 所示。

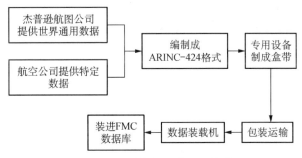

图 5.4 导航数据库产生和装载

导航数据库包含公布的机场、导航台、命名的航路点，与相应空域规定的 RNP 值有关的终端区域程序。导航数据库的目的是双重的。它向导航功能提供各种陆基无线电导航系统的位置、频率、海拔高度和级别的信息。这些信息是选择导航台、自动调谐以及处理从无线电导航设备接收的数据（距离、方位或路径偏离）来决定飞机位置时必需的信息。它还向飞行计划功能提供机场、机场特定的到达、离场和进近程序（预定义的终端区域航路点连线），空中航线（预定义的飞行中航路点连线），和命名的航路点的信息，方便快速地进行航路构建。导航数据库的实际内容和格式在 ARINC 424 中有详细描述。

除了数据库中的航路点和导航信息以外，还有一些其他的方式来建立飞行计划中的新的航路点。新的航路点应该可以用点方位/距离航路点、点方位/点方位、沿航迹航路点、纬度/经度航路点、交叉航路点、航线交叉点、跑道延长航路点和正切航路点的方式来建立，并且这些航路点要存放在一个临时的导航数据库中。这个临时的导航数据库可允许机组使用补充导航数据来直接创建航路点、导航台和机场。补充 NDB 中的数据将被保留到被删除。

FMS 同时可以管理两个导航数据库。每个导航数据库只在一个特定的期间有效,并且每 28 天更新一次。有效数据日期应该在系统配置定义页面显示。有效时间必须自动和当前时间进行对比,如果发现不对,应该及时报告。

2) 性能数据库

FMS 相关功能的各种性能的核心是性能数据库。性能数据库包括功率、阻力、燃油流量、速度表、速度包络线和计算航迹和性能咨询信息必要的其他各种飞机性能模式。

性能数据库可生成下列特定的飞机和发动机数据。

(1) 油门限制。

(2) 指定的油门设置和环境条件下的推力和阻力。

(3) 最优速度和高度。

(4) 最大和最小速度。

性能计算功能完成下列计算。

(1) 时间和燃油预测(包括测量和预测)。

(2) 风预测。

(3) 起飞和着陆性能。

(4) 要求的跑道长度。

(5) 最大起飞和着陆重量。

(6) 分段爬升/下降。

(7) 最大/最优高度。

(8) 连续下降进近。

(9) 提前下降。

(10) 最大爬升角度。

(11) 最大爬升/下降率。

(12) 引擎失效性能。

(13) 推力限制数据计算。

(14) 短途高度计算。

(15) 备用机场计算。

(16) T/C、T/D 和中途 T/D 通告。

(17) 最大距离计算。

(18) 最大续航能力计算。

(19) 下降能量轨道。

(20) 有效的保持时间计算。

5.2.1　控制和显示

飞行管理系统的座舱显示与人机界面模块是飞行管理系统的重要组成部分,是飞行员与飞机航电系统实现交互的核心模块。飞行员在飞行前和飞行过程中通过综合显示与人机界面系统实现对飞行管理系统的控制和调节,同时在飞行的整个过程中,显示与人机界面系统实时显示飞机的状态信息和飞行计划完成情况,使得飞行员能够及时了解飞行管理系统的状态并作出相应的决策和控制行为。因此,座舱显示与人机界面系统为保证飞行管理系统的正常运行具有重要的作用。

飞行管理系统的综合显示与人机界面系统(或电子飞行仪表系统 EFIS)由主飞行显示(primary flight display,PFD)、导航显示(navigation display,ND)、平视显示(head up display,HUD)、控制显示组件(MCDU)等核心功能模块构成。从硬件结构上,综合显示与人机界面系统主要包括主副驾驶的 6 块下视显示屏、两块平视显示屏和两块控制显示组件(MCDU),飞行管理计算机负责上述核心功能的数据计算发送与显示控制,PFD、ND、HUD 接收飞行管理计算机发送来的数据,根据数据控制显示界面的行为,控制显示组件作为系统的人机接口,负责接收用户的输入指令并实时显示飞机状态信息,供飞行员清楚直观地了解飞机的所在位置、飞行航路、航向和文本页面等飞行状况。

综合显示与人机界面系统系统的核心功能如下所述。

1) 主飞行显示器(PFD)

它包括姿态指示器、空速指示器、高度指示器、垂直速度指示器和航向指示器,负责实时显示飞机的姿态、空速、高度、垂直速度、航向以及飞行显示系统(AFDS)工作状态、飞行模式通告(FMA)等信息。

2) 导航显示器(ND)

它包括 4 种显示模式,显示界面以中央的罗盘和飞机符号为基准,以各种符号实时显示飞机的导航台、飞行计划和航向等信息。

3) 发动机指示及机组告警系统(engine indication and crew alerting system,EICAS)

它包括发动机状态指示器、信息区、起落架状态和襟翼状态显示区,实时显示飞机发动机状态信息以及电气系统、液压系统、燃油系统以及起落架、襟翼和舱门等系统的状态信息。

4) 控制显示组件(CDU)

FMS 使用控制显示组件(CDU)输入飞行数据并选择显示及工作方式。CDU 的面板是人机交互的主界面,相当于日常个人电脑的键盘和屏幕,是与飞行员的主要接口。

CDU 按键主要包括:

(1) 功能键用以快速访问经常使用的 CDU 页面。

(2) 飞行员可以通过全字母数字键区进行输入。

(3) 使用行选键(line select key,LSK)可以对 FMS 功能进行附加控制。

(4) CDU 显示屏两侧各有六个行选键。

5）平视显示器（HUD）

实时显示基本的飞行信息（地平线、俯仰角、滚转角、飞行轨迹矢量、高度、空速以及航向等），并复显于外场景上，使用户在专注于外界信息的同时无须低头即可观察基本飞行信息。

5.2.2　飞行计划

FMS 的飞行剖面基础是飞机从起飞机场到目的地机场的一条航路，并提供横向和垂直的飞行计划管理功能。FMS 飞行计划功能包括创建飞行计划、编辑飞行计划、储存飞行计划数据库和从数据库调出飞行计划。飞行计划通常从 FMS 的导航数据库中提取航路数据，包括起飞机场和跑道、标准的仪表离场（standard instrument departure，SID）、途中航路点和航线、标准进场（standard terminal arrival route，STAR），以及一个有指定目的地跑道的进近程序。一般直到联系上目的地终端区的空管时，飞行计划才会选择目的地到达（或进近过渡）和进近程序。一旦机组人员建立了航路（包括任何航路限制和性能选择），它将被放入一个"缓存"内，供航迹预测功能在计算从起飞机场到目的地机场飞机要飞的横向和垂直剖面时使用。

飞行计划可由多种方法构建：

(1) NDB 程序。

(2) 航线。

(3) 预存储的公司航路。

(4) 航路点。

(5) 导航台。

(6) 跑道。

(7) 补充/临时航路点。

(8) 及以上各项的组合。

这些方式应都可以通过菜单选择从 NDB 中选择或者通过特定的编辑功能连接在一起。飞行计划也可以通过数据链接的功能来创建和编辑。

飞行计划参数计算包括以下过程：根据已制定飞行计划航路信息计算整理生成完整的飞行计划；再根据飞行计划航路信息，利用飞机性能数据计算完整的飞行计划参数。飞行计划参数包括飞行计划各阶段的油量、时间和距离以及各航路点的速度、高度、距离、累计距离、预计到达时间、航段时间、累计时间、航段油量、累计油量等参数。

飞行计划是可以修改的。飞行计划的修改可以是来自机组人员的选择，或是通过数据链由航空公司操作中心的通信信息（即航空公司运行控制（airline openation control，AOC）数据链或空中交通管制对一个飞行状态响应（即空中交通管制（air traffic control，ATC)数据链)。产生的飞行计划的修改(或临时)版本，是现行飞行计划的拷贝加上增加的变化。航迹预测在周期更新和修改版飞行计划作了任意编辑后进行，以便机组人员在确认修改前，对飞行计划的修改造成的影响进行评估。如果机组人员满意计划的改变，可以激活修改版的飞行计划，成为现行飞行计划。飞行计划管理功能还用于生成、修改和选择现行和第二飞行计划。我们可以从数据库中获得航空公司特定的公司飞行计划、导航台、航路、航路点和公布的离港及进港程序、进近以及复飞程序等信息。飞行员利用导航数据对飞行计划进行修改和编辑，主要的编辑操作如下。

(1) 选择新目的地机场。

(2) 插入新航路点或删除已有航路点。

(3) 删除航段。

(4) 插入不连续点。

(5) 插入和修改保持模式。

(6) 修订垂直航路信息：插入阶段高度、高度限制、速度限制。

(7) 插入 SID/STAR。

(8) 主飞行计划和备用飞行计划的切换。

一旦一条航路被输入，或者被选择为现行飞行计划，那么它就作为所有的制导和建议数据的引用基础。FMS 可对现行飞行计划做出修改，并且可以在不影响现行飞行计划的情况下检查修改的情况。修改过程可以使用单独修改的飞行计划，或者可以使用第二飞行计划。如果使用单独修改的飞行计划，完成所有的修改后，机组必须激活修改的飞行计划，成为新的现行飞行计划。这个行为取代原来的现行计划，并清除修改的飞行计划。所有的制导和建议数据将基于新激活的飞行计划。

当构建了飞行计划并沿着它飞行时，EFIS 的前景显示选择的飞行计划航段。为了让机组预览和评估，EFIS 应该把创建的未修改的飞行计划和修改的飞行计划显示在一起，并且用特殊的标志标出它们的不同，同时，对于修改的飞行计划的性能(轨迹)预测也应在 MCDU 上。在整个修改过程中，所有的制导和建议信息应仍然基于现行飞行计划。

5.2.3 性能管理

性能管理功能向机组人员提供帮助优化飞行的信息或者提供那些只能够从飞机性能手册获得的性能信息，为 FMS 提供多种减轻工作负担的特性。

飞行管理可根据飞行计划或空中交通管制限定的范围以及飞机自身的性能限制范围，对飞机垂直轴(高度)和速度/推力轴的全部飞行剖面图(包括爬升、巡航和下降)予以管理。根据空中交通管制和飞行计划的限定，飞行管理系统计算按成本指标最小的各飞行阶段的最佳高度、最佳飞行速度或推力大小，提供相应的空速/推力指令和推力限制以及为生成垂直飞行轨迹提供依据,并作相应的预测,为性能咨询提供数据。

性能管理作为飞行管理系统一个重要的功能,能够预测飞行进程中飞机的性能和飞行数据,例如它可以计算最优速度、推力参数,监控飞机的燃料消耗、飞机的重量,计算时间燃料和预测距离;计算某些基准参数(最优高度、进场速度……);它可以按成本指标最小优化飞行剖面,为飞机的垂直制导和驾驶员的性能咨询提供必要的数据,并能给推力管理计算机提供推力指令和推力限制。飞机性能管理主要是根据飞机制造厂商提供的飞机性能软件的计算结果,考虑到未来系统功能的可扩展性,编制若干机型的数据处理模块。

性能管理在飞机管理系统中是单独的功能模块,是依据飞机性能数据库提供的飞机有关参数、性能成本指标以及驾驶员通过 MCDU 选择的飞行阶段各模态来完成各项计算的。计算给出的数据分别输入到电子飞行仪表系统功能块和垂直制导功能块。

性能管理功能模块根据驾驶员对各飞行阶段(爬高、巡航和下降)选择的模态,计算飞机的飞行剖面。当驾驶员选择"经济"模态时,模块计算一个按成本性能最小的优化剖面;选择其他模态时,则按照模态相应的速度排定计算飞行剖面。因此,对三维飞行管理系统的性能管理来说,计算飞行剖面有优化与非优化之分。对于四维系统来说,由于 ATC 提出的到达时间的要求,性能管理功能模块必须计算一个满足 ATC 时间要求的飞行剖面。

性能管理功能块根据下列数据作为性能计算的输入:

1) 大气数据

FMC 使用来自大气数据/惯性基准系统的下列数据:

(1) 大气温度用来计算推力限制。

(2) 高度用来计算速度和推力目标和限制。

(3) 空速用来计算数字飞行控制系统/自动油门指令。

2) 巡航高度

巡航高度由飞行机组通过控制显示组件输入。它用来建立爬升顶点(T/C)的高度。

3) 成本指数

成本指数是运营者时间成本(例如人力)与燃油成本的比率。

较低的成本指数值意味着燃油成本比时间成本更重要。较高的成本指数意味着时间成本比燃油成本更重要。对于燃油成本高的飞行,其性能经济速度计划就较慢。对于时间成本高的航班,其经济速度计划就较快。飞行机组在 MCDU 上输入成本指数并在必要时改变数据。范围是 000(最经济)到 200(时间关键)。这将允许运营者针对其所运营的条件和航路调整经济速度计划(爬升、巡航和下降)。

4）燃油重量

燃油重量数据由燃油量处理器组件向 FMC 传送。它由 FMC 使用在总重的计算中。如果来自燃油量处理器组件的总燃油量数据是无效的，飞行机组可以在 MCDU 上人工地向 FMC 输入燃油重量。每 30 分钟 FMC 用"VERIFY GWAND FUEL"（核实总重和燃油）提示飞行机组输入一个新的燃油重量。在飞机通过 T/D（下降顶点）后，将 V_{REF} 值-输入，则 FMC 将不再显示该提示。

5）发动机引气传感器

FMC 从空调系统和发动机及机翼的热防冰系统（thermal anti-ice，TAI）接收模拟离散信号。FMC 使用该数据来修正计算的推力值。

6）机型/发动机数据库

机型/发动机数据库主要包含下列数据：

（1）飞机的空气动力模型。它由建议的速度计划、最佳运营高度、抖振极限包络线和认证的飞机运营极限组成。升力和阻力数据，以及单发风车阻力数据也在该数据库中。

（2）在飞机上所选择的发动机推力额定的燃油流量和 N1 推力模型。这些用于计算燃油流量、推力限制、发动机限制并用于对发动机引气负载的补偿。

7）飞行包络保护

操作飞行程序持续地监控和比较计算的性能目标与飞机的运营极限。如果任何性能目标超过极限，FMC 将限制性能目标到修正的值并维持发动机和飞机都在最佳的性能。

综上所述，性能计算功能数据流程如图 5.5 所示。

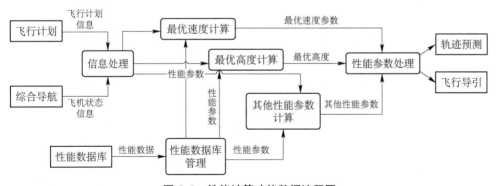

图 5.5　性能计算功能数据流程图

5.2.4　推力管理

飞行管理系统的推力管理功能是飞行管理系统的重要组成部分，负责飞机发动机推力限制的计算，控制发动机的推力，驱动油门杆保持所需要的推力或飞机空速，并能检测推力系统的故障。

推力管理系统由推力管理计算机(thrust management computer，TMC)和自动油门系统(automatic throttle system，AT)组成。推力管理计算机按照设定的工作状态或者自动驾驶仪的制导模态，计算发动机的推力限制，控制发动机的推力，向自动油门系统提供油门定位信号，探测油门故障，并将一些信号送至综合显示系统。自动油门系统用来接收来自推力管理计算机的信号，驱动油门杆，改变推力，保持所需的发动机推力或飞机空速。

推力管理系统具有两种管理模式：推力方式和飞行速度方式。推力方式：推力管理计算机根据人工选择的推力或自动飞行时飞行管理计算机(FMC)计算出的所需推力(各飞行阶段不同)，和发动机的实际推力相比较，计算出他们的差值；由于实际上发动机的推力是不可测的，所以通常控制的是发动机的压力比(EPR)或风扇的转速(N1)；再根据飞机当前的飞行高度、飞行速度、大气温度、飞机姿态等计算油门控制指令，驱动油门伺服机构，移动油门杆保持所需推力。

飞机的飞行阶段大致可以分为起飞、爬升、巡航、下降、进近、着陆和复飞，推力管理系统可应用于整个飞行阶段。由于每个阶段需要的推力或者飞行速度都有各自的特点，每个阶段所需要的推力或速度也各不相同，所以推力管理系统针对不同的飞行阶段提供了推力选择面板。在推力选择面板上按下不同的按键，会对发动机的推力(EPR)作出相应的限制。

选择不同的工作状态后，推力管理系统会控制推力油门杆运动到相应的位置。推力管理系统在调整推力的同时，油门杆也会随着推力值的不同停留在所对应的位置上，实现推力保持或者速度保持，所以飞行员可以随时掌握飞机发动机的工作状态。自动油门既可以单独使用，也可以与自动驾驶仪相交联。单独使用时，飞行员要通过推力控制方式选择面板所需要的模式，推力管理系统根据相应的模式控制发动机推力。与自动驾驶仪交联时，系统根据飞机所处的制导模式，产生相应的推力。自动油门可以控制推力马赫数、空速、高度升降或油门拉回速度。无论在哪一个模式，推力限制的保护随时存在以免引起引擎运转超过限制而造成转速过高或过低。当自动油门脱开时，会有提示信息来提示飞行员注意。

飞行管理计算机的推力管理功能主要负责 FMC/FMSA 与推力控制系统的功能交联和数据通信，主要包括以下功能。

1) 推力限制计算

根据当前飞机的状态信息，飞机性能数据和风、温度等环境信息计算飞机在起飞、爬升、巡航、下降等各阶段的推力限制参数。

2) 推力模式控制

根据飞机的飞行状态和自动驾驶仪的工作模式实现推力模式的控制，自动推力工作模式自动与自动驾驶仪的垂直导引模式按以下两种工作模式接连。

（1）推力方式：自动推力设置指定的目标推力，如最大爬升推力或慢车推力。

（2）速度控制方式：自动推力不断调节推力以保持目标速度或马赫数 Ma，如在巡航或进近期间。

3）控制指令计算

根据自动驾驶仪的工作模式和飞行导引计算的目标速度，计算推力或速度控制指令，控制发动机的推力，驱动油门杆保持所需要的推力。

推力管理数据流程如图 5.6 所示。

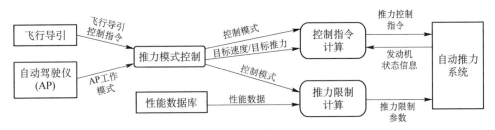

图 5.6　推力管理模块数据流程图

4）减推力起飞

减推力起飞（也称灵活推力起飞）是指在一定的起飞条件和飞行环境下，在满足飞机起飞安全性能的前提下，以低于发动机正常起飞推力的方式起飞。根据场道和航道的条件，用起飞油门起飞，可以确保飞机在达到最大起飞重量时能够实现安全起飞。如果实际起飞重量小于最大起飞重量，若仍以起飞油门使发动机在最大负荷下工作，这对合理使用发动机显然是一个浪费。为提高发动机工作的可靠性和降低维护成本，在实际起飞重量较小时，可选用较小的起飞油门。

减推力起飞有两种方法：降级模式（derate）和假设温度（assumed temperature）。假设温度法在空客上也被称为灵活温度（flexible temperature）。降级模式是使发动机在较低的设定推力上工作，通过按压降级按钮或者通过 FMC 进行降级设定。使用降级后起飞推力必须重新分析计算推力降级后的新的起飞重量限制和起飞速度。假设温度法是使用人为设定的较高的温度起飞，该温度称之为假设温度。由于发动机的最大推力会受温度的影响，所以对一个确定的机场和飞机而言，不同的机场大气的温度就会决定不同的最大起飞重量，我们可以得到最大起飞重量与机场温度的曲线。反过来，如果飞机的实际起飞重量没有达到最大起飞重量，我们便可以从曲线中得到该重量所对应的机场温度，但此温度不是机场此时的实际温度。在飞行管理计算机或推力管理计算机中输入该假设温度，发动机便以该假设温度下的最大推力状态运行。假设温度法减推力起飞在使用上具有一定的限制：减推力的最大值不得超过 25%；当跑道处于积水、积冰、积雪等状态，飞机处于任何非标准的起飞形态（刹车防滞系统不工作、动力管理装置不工作）时，不能使用减推力起飞；使用减推力起飞的过程中，当一发失效后继续起飞时，应立即把工作发动机油门加到当时条件的最大起飞状态；定期对最大起飞推力状态进行检查。空客只能使用降级模式和假设温度法其中的一种，但其降级模式的档级较多；波音可以混合使用降级模式和假设温度法。

采用减推力起飞既提高了安全性同时又有良好的经济效益。增加的安全性源于增加发动机的可靠性；减小发动机起飞时发动机停车的概率；减小了发动机空中停车的概率；减少了高温部件的损耗。减推力起飞增加的经济效益源于减少发动机的使用成本；减少机务维护成本；增加效率，更少的燃油消耗，更少的发动机更换；增加放行可靠性，减少了气体排放，降低了噪声。

5.2.5　导航功能

如图 5.7 所示，导航功能为飞机提供飞机当前状态的最佳估计。FMS 是基于多传感器的导航，这些传感器包括惯性基准系统（intertial reference system，IRS）、甚高频全向信标（VOR）、测距器（distance measuring equipment，DME）、航向信标（LOC）、全球定位系统（GPS）等等。随着新航行系统的推行，GPS 卫星导航技术是飞行管理系统导航计算的重要依赖。FMS 运用传感器精度数据、传感器原始数据以及当前条件信息，选出定位传感器（GPS，IRS，DME，VOR 等）的最佳组合以减少位置测定误差，提供估计飞机位置和速度的最佳解决方案。FMS 至少包括以下导航输出：估计的飞机位置、飞机速度、航迹角、风速和风向、时间、偏航角（可选择项）、磁偏角（可选择项）。

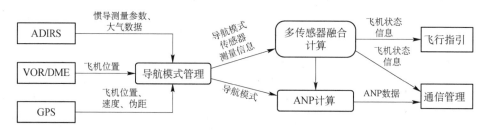

图 5.7　导航功能数据流程图

1）多源导航传感器信息融合

多源导航传感器信息融合常用的导航设备有：

（1）惯性基准组件（inertial reference unit，IRU），或在一些飞机上由姿态航向基准系统（attitude heading reference system，AHRS）代替。本文中的介绍以 IRU 为主。

（2）大气数据系统（ADS）。

（3）全球定位系统（GPS）。

（4）测距器（DME）。

（5）甚高频全向信标（VOR）。

（6）仪表着陆系统（instrument landing system，ILS）。

（7）无线电高度表（radio altimetei，RA）。

接受来自综合导航系统（NS）各导航传感器（ADIRS、GPS、VOR/DME）的导航信息，并通过信息融合实时计算飞机的最优位置、速度、姿态、航向、航迹角等状态信息。

2）RNP 导航

在飞行的各阶段根据导航传感器所得的导航信息计算实际导航性能（actual navigation performance，ANP），当 ANP 数值超过 RNP 值时提供告警功能。

3）VHF 无线电导航自动调谐

实现对 VOR/DME 导航系统的管理。一方面根据飞行计划和飞机当前状态选择最佳的 VOR/DME 导航台，另一方面根据选定的导航台频率信息进行自动调谐，向 VOR/DME 导航系统发送调谐指令。

4）导航模式管理

根据用户设定和故障设定选择不同的导航传感器组合模式。

各型飞机的导航设备配置是各不相同的，所以能提供给机组人员和系统的导航源也是不同的，各导航源信息综合时的导航源组合方式也是不同的。不同的飞机配置，可供选择的导航方式也各不相同。装有 IRS 的飞机，主要的工作方式是应用 IRS 航向、高度、位置和速度以及与 GPS 或与源自 DME、TACAN[①]、VOR 和 LOC/MLS 的 VHF 无线电数据组合的 IRS 位置、速度。应该有一个按照优先级顺序排列的导航方式清单，供飞行管理系统选择，另外机组人员也可以根据传感器的状况选择导航源，或者抑制某个导航源。

对于基于 RNP 的导航，一般采用如下优先级排列的导航方式：

（1）LOC/MLS[②]（仅限于进近时）。

（2）GNSS。

（3）DME/DME。

（4）DME/VOR。

系统应提供以下功能。

（1）通过软件配置表对设定的几种导航设备配置。

（2）确定当前导航方式。

（3）确定用于更新飞行管理系统位置的导航源。

当前的导航方式以及更新源的确定和以下因素相关。

（1）飞机所在的飞行区域。

（2）机组人员的人工选择。

---

① 　tactical air navigation，战术空中导航设备。

② 　microwave landing system，微波着陆系统。

(3) 传感器的可用性。

FMS 中的组合导航滤波算法应根据传感器的精度设定适当的权重,并且提供传感器误差模型使得在各种传感器短暂无效时能自始至终地保持导航功能精度。无论是传感器不可用,还是在传感器切换时,导航功能都要表现得光滑、稳定。

5.2.6　垂直导航功能

垂直导航功能(VNAV)应提供对所有飞行阶段计算的飞机轨迹的垂直导航,在飞机沿着飞行计划定义的水平路径飞行时向机组提供监视和控制飞机垂直飞行必需的信息,在选择管理的垂直导航方式时为飞行控制计算机提供垂直制导控制目标和指令,使飞行控制计算机能控制飞机沿着飞行管理系统应用软件计算的轨迹飞行。

系统应具备在不接 LNAV 的情况下能够接通 VNAV 的能力。

当选择了垂直制导的管理模式,飞行管理系统应该提供俯仰指令、俯仰速率指令和推力控制指令,用于控制目标速度、目标推力、目标高度和目标垂直速度(或者在特殊的飞机的飞行管理/飞行控制架构下,只提供基于垂直制导选择模式的目标值)。垂直制导应该为飞行控制计算机和推力管理功能提供方式指令和自动的飞行阶段切换功能。垂直剖面是垂直制导的基础,是应该根据上面的定义而得出的预测轨迹。

在飞行中,垂直制导功能应该提供飞行阶段的自动切换;在飞行阶段,作为选择速度和推力目标的基础,应该提供给飞行控制计算机。至少,系统应该提供飞行阶段飞行前、爬升、巡航和下降之间转换的逻辑。飞行前阶段应该用于飞机在地面上的时候,我们可以访问和输入所有的飞行管理初始化数据。在起飞后,飞行阶段转换到爬升,爬升阶段一直持续到飞机达到爬升顶点,在这个点飞机应转换到巡航阶段。当飞机到达最高下降点时,巡航阶段转换为下降阶段。剩余的飞行时间一直保持为下降阶段。

FMS 应该应用两种基本方法来进行爬升或下降的纵向控制:用升降舵控制速度,即 FMS 生成目标速度,自动驾驶仪用俯仰控制目标速度;用升降舵控制剖面,即由自动驾驶仪控制垂直剖面以响应垂直速度指令(V/S),FMS 在下降剖面跟随中生成垂直速度指令。

通常垂直制导应该是由 FMS 产生的给自动驾驶仪的模式要求和速度目标组成,同时 FMS 给自动油门提供与之协调的模式要求。

5.2.6.1　爬升阶段操作

系统按所选的适合于爬升轨迹的性能模式的速度计划提供制导,提供合适的速度目标和推力指令(或目标)以按照预定的爬升轨迹飞行;另外,还要为垂直轨迹的下一目标高度(改平)提供高度指令(或目标);目标高度是飞行计划高度限制和机组选择(许可)高度的函数;ETA 和到下一飞行计划高度限制的距离作为告知信息显示在显示器上；如果选择了 RTA 性能模式，则时间差还要显示。地图上显示爬升顶点；剖面受由飞行员通过在 AFS 控制器上选择的高度或者航路点上的高度限制。

5.2.6.2　巡航阶段操作

系统按飞行的巡航阶段所选的性能模式的速度计划提供制导，提供合适的速度目标和高度指令（或目标）。目标高度应该是巡航高度或分段（阶梯）高度。ETA 和到下降顶点的距离作为建议信息显示。如果选择了 RTA 性能模式，会显示时间差异。输入一个更高或更低的巡航高度，将会分别引起阶梯爬升或阶梯下降，系统应提供符合选择操作模式的制导指令。

当 ATC 给了障碍高度许可或者在没有高度限制的自由飞行环境中飞行时，系统应该为巡航爬升模式提供垂直制导。

5.2.6.3　下降阶段操作

下降阶段有两种基本模式：路径（path）模式和速度（speed）模式，默认是路径模式。路径模式的剖面为垂直目标路径，它定义目标高度和速度，是地球上水平位置的函数。

通过使用路径和速度控制模式，系统应该根据下降轨迹所选的性能模式速度计划提供制导，应当提供合适的速度目标、推力指令（或目标）、俯仰指令或者垂直速度指令（或目标），使飞机按照相应的飞行轨迹飞行。另外，系统应该为垂直轨迹的下一个目标高度提供高度指令（或目标）。目标高度是飞行计划高度限制值和机组选择（或许可）高度值的函数。对于经济性能模式，垂直轨迹是经过优化而生成的一条计算路径（高度和速度剖面是到目的地距离的函数），系统应该提供以垂直模式恢复逻辑形式的超速保护，以保证在高度和速度不能同时满足的条件下从路径控制切换到速度控制的制导，在预测到过速或者速度/高度限制冲突，进行模式恢复前先向机组提供提示信息。

如果机组在到达计划的下降顶点前开始下降，系统默认它的提前下降方案。一般情况下，系统制导飞机平缓下降直到切入飞行计划的下降路径，那时就恢复到原来计划的下降剖面。

系统在某个位置应该将目标速度切换到进近速度，这个位置点要么构建在航迹上并在显示器上显示，要么由机组选择进近构型而得到。一旦被选为目标，进近速度应当限制到与飞机当前构型相关的速度以下。

在整个下降阶段的飞行中都要提供垂直偏差信息，它是计算的垂直下降轨迹和真实的飞机高度之间的差。同样，在三维的进近制导时，系统用适于显示的方式提供垂直偏差，即与伪下滑道之间的偏差。

5.2.6.4　符合选择高度

处于垂直制导控制下的飞机不允许在爬升或下降阶段穿越一个选定的高度。在进近操作中，可以不遵守此规则，允许机组预选一个高度许可来执行复飞程序。

选择高度也可以用来执行下降阶段的自动过渡或者巡航阶段的分阶段爬升和下降。

5.2.6.5   终端区域操作的气压高度修正

一般情况下,因为大气系统存在局部气压偏差,所以在终端区域操作中要使用气压高度校准,使得大气压力高度有一个更精确的地面参考值。垂直功能不能因为气压修正值的调整,而产生垂直偏差或者截获相关路径的行为。因此由于气压参考调整产生的高度参考值不连续性应该在指定的高度限制和极限值范围内得到光滑处理。

此外,局部高度参考可以是修正海平面气压(query normal height,QNH),也可以是跑道的气压(query field elevation,QFE)(相应于 QNH,海平面气压调整高度表数值为 0;相应于 QFE,跑道高为 0)。垂直制导应该被告知何种参考正在被使用的信息,以便作适当的调整。

5.2.6.6   速度和高度限制

垂直功能要一直观察在爬升中遇到的速度和高度限制,直到相关的限制点过去,以免飞机加速或上升时超过这些限制值,从这点开始启用下一个限制。在下降阶段遇到的限制也是同样处理,除了速度限制,为了在飞越限制点前满足速度限制的要求必须提供足够的下降距离。

5.2.6.7   期望到达时间(RTA)

从第一个 RTA 开始,如果后面的时间点不能满足则时间引导将报警。RTA 控制运算法则在特定的点上不断地监视预计到达时间(estimated time of arrival,ETA)并调整速度来满足 RTA。为了减少油门操作和提高舒适性,当接近 RTA 航路点时,有一个控制容差来控制敏感的速度调节。

系统应该提供控制飞机在一个指定时间到达任意一指定点的控制模式。这个功能的精确度应该为航路 ±30 s,终端区域 ±5 s。如果预测发现不能满足 RTA,就要向机组提供有此问题的提示,要连续重新评估制导,以满足 RTA 的需求。在地面上时,系统要计算能满足 RTA 航路点要求的起飞时间窗口。所有的 RTA 计算应该考虑速度包线限制以及飞行计划所有的限制,设计 RTA 控制范围来减少油门的活动。

这个功能必须满足符合 RTCA DO-219 的 ATC 数据链传输的 RTA 限制。

系统可以做 RTA 预测,提供飞机到达一个航路点最早和最晚的时间。当然在预测 RTA 的可行性时还要考虑燃油备份。

5.2.7   飞行管理系统在各飞行阶段的功能

5.2.7.1   起飞

飞机从跑道上滑跑起飞直到收回起落架进入阶梯爬升之前称为飞行的起飞阶段。

起飞阶段的过程和 FMC 主要模块的工作情况为,首先由驾驶员启动机上各系统,通过 MCDU 设置飞行计划相关信息。飞行管理系统应用软件中的飞行计划模块根据导航数据库和性能数据库的查询以及计算,生成飞行计划。

性能计算模块根据机场信息、起飞程序和飞机性能参数计算起飞参数 V_1, V_R, V_2 和起飞过程迎角保护等飞行包线限制信息,并对起飞后的垂直剖面进行优化得到预定航迹。

飞机允许起飞之后,发动机点火,推力管理设置自动推力控制方式为推力方式,向自动推力发送具体工作模式为起飞/复飞(TO/GA)模式。驾驶员放开刹车,飞行管理系统应用软件的飞行导引系统根据性能计算给出的起飞程序、参数和预定航迹引导飞机开始滑跑。综合导航系统向飞行导引系统提供起飞程序所需的各种信息以及飞机的航向、位置信息。

飞机在跑道加速至起飞决断速度 V_1 前,加速过程飞行管理系统应用软件未发现异常,则继续加速至抬前轮速度 V_R,发送纵向通道控制指令控制飞机抬前轮,俯仰姿态保持为 $10\sim15°$,离开地面后增大俯仰姿态角,加速至安全起飞速度 V_2,到达收起落架高度后收起起落架。截获减推力高度后,推力管理向自动推力发送具体工作模式为推力爬升(climb, CLB)模式。截获起飞段高度顶点后接入爬升和下降模块进行阶梯爬升。起飞阶段飞行管理系统各功能模块的具体工作如表 5.1 所示。

表 5.1　起飞阶段飞行管理系统各功能模块的具体工作

飞行计划	(1) 驾驶员通过 MCDU 编制完整飞行计划 (2) 输出飞行计划并实时等待驾驶员或按空管要求更新
性能计算	(1) 根据机场信息、起飞程序和飞机性能参数计算起飞参数 V_1, V_R, V_2 (2) 计算起飞过程迎角保护等飞行包线限制信息及减推力爬升点 (3) 计算飞行包线限制信息及优化垂直飞行剖面,计算爬升段接入点
综合导航	(1) 接收机场空管信息,提供起飞机场信息 (2) 提供起飞航道信标,截获各标志速度和高度,提供飞机飞行状态
推力管理	(1) 根据预定航迹信息设置自动推力系统工作方式为推力工作方式,启动自动推力系统的起飞/复飞(TO/GA)模式 (2) 根据预定航迹信息设置自动推力系统工作方式为推力工作方式,启动自动推力系统的推力爬升模式

5.2.7.2　爬升

爬升段的各航段是由若干无限制爬升、有限制爬升、平飞段以及变速段组成的。接入阶梯爬升阶段后,性能计算模块根据性能数据库以及飞行计划信息进行爬升过程的垂直剖面优化,对各航段过渡的转弯段进行水平剖面优化。

飞行导引系统中的爬升/下降模块引导飞机沿优化的垂直剖面阶梯爬升,输出纵向/横侧向控制指令以及速度控制指令。自动驾驶仪根据水平控制指令、垂直控制指令控制飞机沿规定离场航线完成优化的爬升任务。推力管理系统根据速度控制指令和爬升段各阶梯情况选择自动推力的工作方式为推力方式,并启动相应具体模式,计算等表速/马赫数爬升所需的推力值。自动推力系统按推力管理系统的指令工作,实现所需推力。性能计算在这一过程中提供飞行包线保护。

在这一过程中,驾驶员可通过 MCDU 修改当前飞行计划,或者打开垂直剖面信息,设置垂直剖面优化的相关参数。还可以通过设置飞行控制装置(flight control unit,FCU),断开飞行导引对自动驾驶仪和自动推力系统的输出,手动设置航向/滚转和高度/爬升率以及自动推力系统的工作方式。爬升阶段飞行管理系统各功能模块的具体工作如表 5.2 所示。

表 5.2   爬升阶段飞行管理系统各功能模块的具体工作

飞行计划	驾驶员可通过 MCDU 修改离场程序,并实时输出更新的飞行计划
性能计算	优化垂直剖面,计算各阶梯分界点,计算水平剖面过渡航迹,并允许驾驶员通过 MCDU 修改优化的参数设置,输出优化后的预定航迹以及各阶梯飞行要求,计算飞行包线限制信息
综合导航	接收机场空管信息,截获各标志速度和高度,提供飞机飞行状态
推力管理	(1) 根据预定航迹信息设置自动推力系统工作方式为推力工作方式,启动自动推力系统的减推力爬升模式
	(2) 根据预定航迹信息设置自动推力系统工作方式为推力工作方式,启动自动推力系统的油门杆模式或设置最大连续推力(maximum continous thrust,MCT),发送等表速/马赫数爬升所需推力控制值

5.2.7.3   巡航

飞机到达爬升顶点之后,完成离场程序,接入公司航路。进入巡航阶段,自动推力系统设置为速度方式。性能计算模块通过性能数据库和导航设备提供的飞机当前飞行状态进行巡航阶段的分段优化;优化之后的航段为高度层不断上升的阶梯航段;对各航路点转弯处进行水平剖面航机的优化。性能计算模块将优化得到的预定航迹提交飞行导引系统,飞行导引系统根据航段属性与要求分别启动需要的导引模块,包括有时间要求导引模块和无时间要求导引模块,输出纵向/横侧向控制指令以及速度控制指令;控制自动驾驶仪进行优化后的巡航飞行。推力管理模块设置自动推力系统的工作方式为速度方式,并将速度指令发送至自动推力系统。并根据性能计算的性能信息和包线保护信息调整速度控制值。

在这一过程中,驾驶员可以通过 MCDU 修改飞行计划和航迹优化设置,或通过 FCU 手动控制自动驾驶仪和自动推力系统。

5.2.7.4   下降

飞机完成公司航路,到达下降顶点后,进入下降阶段。下降段的各航段是由若干无限制下降、有限制下降、平飞段以及变速段组成的。进入阶梯下降航段之后,性能计算模块根据性能数据库以及飞机的飞行状态对下降过程的垂直剖面进行优化,对各航段过渡的转弯段进行水平剖面优化,并将优化后的预定航迹传送给飞行导引系统。

飞行导引模块的爬升和下降模块执行阶梯下降预定航迹,输出纵向/横侧向控制指令以及速度控制指令。推力管理系统将自动推力系统设定为速度方式或推力方式,发送速度控制指令或启动推力方式的相应模态。

接入降落机场的进场程序后,通过综合导航系统获得机场空管指令以及降落程序时间要求,性能计算模块将时间要求写入实时更新的飞行计划,飞行导引模块的时间控制模块启动,对飞机飞行进行四维制导。下降阶段飞行管理系统各功能模块的具体工作如表5.3所示。

表5.3　下降阶段飞行管理系统各功能模块的具体工作

飞行计划	驾驶员可通过 MCDU 修改进场程序,并实时输出更新的飞行计划
性能计算	(1) 优化垂直剖面,计算各阶梯分界点,计算水平剖面过渡航迹,并允许驾驶员通过 MCDU 修改优化的参数设置,输出优化后的预定航迹以及各阶梯飞行要求,计算飞行包线限制信息。 (2) 将机场空管信息加入预定航迹,制定带有四维导引要求的预定航迹。计算飞行包线限制信息。
综合导航	(1) 截获各标志速度和高度,提供飞机飞行状态。 (2) 接收机场空管信息,提供飞机飞行状态。
推力管理	(1) 根据预定航迹信息设置自动推力系统工作方式为推力工作方式,启动自动推力系统的推力下降(DES)模式,或仍然设置为速度工作方式,发送速度指令。 (2) 根据预定航迹信息设置自动推力系统工作方式为推力工作方式,启动自动推力系统的油门杆模式或设置最大连续推力或慢车(idle),发送等表速/马赫数爬升所需推力控制值,或仍然设置为速度工作方式,发送速度指令。

5.2.7.5　进近

飞机完成进场程序后,到达进近起点,开始进近程序,如图5.8所示。

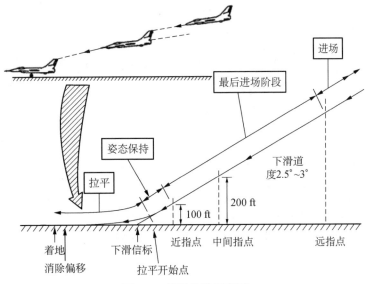

图5.8　进近阶段示意图

自动推力系统仍设置为速度方式,飞行管理系统应用软件 FMC 通过综合导航系统捕获航道信标和下滑道信标并将指令传送给飞行导引系统,飞行导引系统启动自动降落模块,根据 ILS 下滑道信标的下滑坡度产生纵向控制指令,根据航道信标产生横侧向控制指令,控制自动驾驶仪。性能计算模块根据飞机状态、飞行环境和性能信息提供飞行包线保护。推力管理系统根据飞机性能选择自动推力系统的工作方式为速度方式或推力方式的慢车模态。进近阶段飞行管理系统各功能模块的具体工作如表 5.4 所示。

表 5.4 进近阶段飞行管理系统各功能模块的具体工作

飞行计划	驾驶员可通过 MCDU 查看飞行计划和机场信息
性能计算	根据飞机状态,飞行环境如风切变,雷暴等,和飞机性能信息提供飞行包线保护或告警
综合导航	截获 ILS 航道信标和下滑道信标,接收机场空管信息,探测进近过程气象环境情况,提供飞机飞行状态。
推力管理	(1) 根据飞机状态和环境情况设置自动推力系统工作方式为推力工作方式,启动自动推力系统的慢车模式,或仍然设置为速度工作方式,发送速度指令 (2) 设置自动推力系统工作方式为推力工作方式,启动自动推力系统的慢车模式

5.2.7.6 着陆/复飞

飞机沿下滑道进近到达决断高度。通过驾驶员目测或综合导航系统检测,如果飞机不具备着陆条件,则飞行导引系统控制停止进近,通过纵向通道控制指令将飞机拉起,逐渐增加高度。性能计算模块根据飞机性能和飞行状态提供迎角保护等指令保护信息。推力管理系统将自动推力的工作方式设置为推力工作方式,启动起飞/复飞模态(TO/GA)。飞行导引启动复飞引导程序,引导飞机重新进入五边进近程序尝试再次降落。

表 5.5 着陆/复飞阶段飞行管理系统各功能模块的具体工作

飞行计划	(1) 检查是否需要复飞 (2) 在复飞过程驾驶员可通过 MCDU 制定和调整复飞方案 (3) 着陆过程
性能计算	(1) 在着陆过程根据飞机状态和飞机性能信息提供迎角保护等飞行包线保护或告警 (2) 在复飞过程根据飞机状态和飞机性能信息以及综合导航的机场信息提供迎角保护等飞行包线保护信息
综合导航	(1) 检测飞机飞行情况和机场信息,对可否安全降落做出决策 (2) 在复飞过程提供飞机状态和机场空管信息 (3) 截获拉平高度,接收机场空管信息,提供飞机飞行状态

（续表）

推力管理	（1）在着陆过程设置自动推力系统工作方式为推力工作方式，启动自动推力系统的慢车模式 （2）在复飞过程设置自动推力系统工作方式为推力工作方式，启动自动推力系统的起飞/复飞模式（TO/GA） （3）在复飞过程启动自动推力系统的推力爬升模式（CLB）

5.2.8　RNP 功能

RNP 是在新通信、导航和监视技术开发应用条件下产生的新概念，该技术降低了传统导航方式对特定导航设施的依赖，为飞机在确定的航路、空域或区域内运行时，提供所需的导航性能精度，提高导航新技术和新应用对空中交通系统性能和安全性。

RNP 的类型根据航空器至少 95% 的时间能够达到预计导航性能精度的数值来决定。RNP 的核心是使用导航性能精度衡量飞机的导航能力，当飞机在指定空域内满足所需的导航性能要求即被允许在该空域内飞行。

RNP 概念提出的目的是改革以往对机载导航设备的管理方式，对航路空域内运行的飞机做出规定，要求其导航性能与相应空域能力相一致，使空域得到有效利用；同时不再限制机载设备的最佳装备和使用，并据此作为确定飞行安全间隔标准的基本参考。

在实际应用中，RNP 对空域和机载设备均提出要求；对空域特性要求而言，允许飞机在满足相应的导航性能精度条件下在该空域运行；对机载设备而言，RNP 具备以下优点：

（1）减少基于传感器航路建立及相应的程序设计。

（2）避免因导航系统更新而变更运行造成的资金投入。

（3）合理规划航路，提高空域利用率和燃油效率，并减少噪声。

（4）统一的全球导航标准，简化运行认证流程。

6   包线保护系统

6.1   系统架构设计

根据《民用飞机与系统研制指南 ARP4754A》,影响包线保护系统架构的三方面因素:基本需求(如包线保护功能需求、包线保护性能需求、包线保护安全性需求)、系统工程实现(如软件功能驻留、信号接口、配电、布置/布局、电磁防护、通风等)、维修性需求(如可测试、可拆装)。这三者是相互关联,互相影响的,如图 6.1 所示;例如维修性对功能会产生影响,因为智能化的维修会增加功能方面的需求,比如包线保护系统需要增加地面自检测功能。而复杂的逻辑保护功能通常需要复杂的工程设计才能实现,比如增加系统冗余,提供多个交联信号,这些复杂功能一般都需要在地面进行测试以确保功能完备,因而会产生维护相关的需求。以下我们围绕系统架构设计,具体从 7 个方面进行概括性描述。

图 6.1   影响包线保护架构设计的 3 个因素

6.1.1   功能方面的考虑

包线保护功能是系统架构设计的基础,对系统架构影响也是最直接的。从实现层面考虑,我们将包线保护分为三个对应的功能模块:飞机安全保护模块、自动飞行保护模块、飞行管理保护模块。由于这些模块的功能和应用场景不同,系统架构也完全不同,比如实现这些功能的系统或设备不同、与外部交联的系统不同等;另外,从人机功效考虑,系统出现非正常情况,比如系统工作超出了正常限制值,即触发了包线保护,应该给机组提供足够的警示,比如视觉告警、音响告警或触觉告警等,这是系统级需求,而要将其转换为包线保护系统的功能,这也涉及与外部系统交联的架构。为此,三个功能模块也要包含告警需求。这些包线保护需求都是系统架构的设计输入。

6.1.1.1 基于飞行安全的包线保护

飞机迎角直接影响飞机安全。当飞机迎角超过限制值后,会导致飞机失速,影响飞行安全。为此,飞行保护模块将产生相应的控制指令或警告使飞机回到包线范围内,如飞机迎角高于设定的阈值,将会触发失速告警,在显示器上显示"STALL",并伴有"STALL"语音,通过喇叭播放出来。同时失速告警信号发给抖杆马达,驾驶杆将会在抖杆马达的驱动下抖动,给飞行员提供触觉提示。对于高平尾的飞机,如果飞行员没有采取进一步措施,保护模块还会产生进一步的推杆控制逻辑,一方面带动驾驶杆向前运动,另一方面发出抑制平尾向上配平的信号;对于空客飞机来说,采取了包线限制措施,即便将驾驶杆拉到最后位置,飞机的迎角也不会再增加;对于波音飞机来说,如果飞机接近失速告警状态,继续向后拉杆需要1倍的杆力,同时会触发缝翼自动伸出。对于自动驾驶仪接通时,如果遇到飞机失速情况,失速保护模块将会发出信号断开自动驾驶仪。另外,失速保护模块具有A类安全性特点,必须设置内部监控器,实时监控各种情况下失速告警、失速推杆功能正常,在适航安全指标范围内,保证不会出现异常告警和推杆。综上所述,要实现上述显示告警、语音告警、触觉告警、推杆功能等,需要与多个系统进行交联。从信号输出角度看,需要与显示系统、音响系统、推杆系统、抖杆系统进行交联。从信号输入角度看,需要大气系统提供空速信号、惯性导航系统提供姿态信号、起落器系统提供轮载信号、高升力系统提供襟缝翼信号。接收到这些输入信号后,在失速保护模块内部进行复杂的逻辑运算。上述功能描述,可以参见图 6.2 所示的功能对系统架构的影响分析。

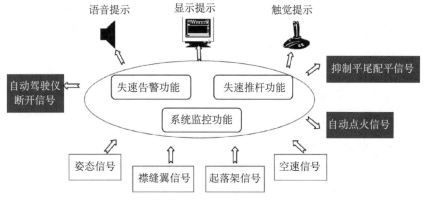

图 6.2 功能对系统架构的影响分析

6.1.1.2 自动飞行保护模块

自动飞行控制保护模块从本质上讲是从飞机操纵稳定性和控制性能考虑,对与飞机运动特征相关的参数进行保护,如飞机俯仰角、滚转角、俯仰角速率、滚转角速率、纵向加速度、侧向加速度、法向加速度、副翼/升降舵失配平角度(如果存在)等。这些保护分布在自动飞行的横侧向控制模式、纵向控制模式、速度控制模式等模块中,这些模式决定了自动飞行包线保护模块应具有的功能,如图 6.3 所示。通过对各个模式关键参数进行保护,不但可以提高各模式或功能的安全工作裕度,而且能够让自动飞行系统发挥较好的控制性能,这主要是因为飞机本体特性只有在一定范围内才具有较好的线性特性。另外,速度影响也要考虑,比如飞机速度对控制特性也有直接影响。低速度时,飞机稳定特性会发生变化,所以在保护模块中也要增加对速度的保护功能,该速度保护与飞行安全保护模块中的速度保护不同,它更偏于保守,是从控制性能的角度去考虑的。另外,自动油门对速度也有直接影响,特殊条件下飞行员需要通过油门杆超控自动油门,通常油门杆移动的速率被用于判断自动油门是否能够被超控,这些功能需求都会影响自动飞行包线保护模块的架构。从上述这些功能模块描述可以看出,自动飞行控制保护模块与系统功能是密切相关的,其实现过程不需要单独增加硬件设备或执行机构,仅是根据保护的参数与相关系统进行交联,在不同飞行阶段通过 EICAS 或 PFD 产生相关的告警,提示飞行员飞机状态或故障指示。另外,保护模块本身也是控制性能实现的基础,通常在架构设计中与自动飞行控制律集成在一起进行设计。

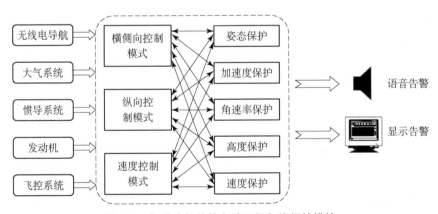

图 6.3　与模式相关的自动飞行包线保护模块

6.1.1.3 航路控制保护模块

相对于自动飞行保护模块,航路保护模块主要针对起飞、爬升、巡航、下降、进近等飞行阶段特点,设置相关的飞行参数使飞机在预期的航路范围内飞行,比如转弯过程设置的转弯坡度范围、爬升阶段限制爬升速率范围,巡航阶段限定飞行速度范围等。这些限定的参数能够让飞机在安全性、经济性、舒适性方面达到更好的平衡。为了实现航路保护功能,我们需要在不同飞行阶段引入不同控制参数作为模块的输入,比如在巡航阶段与大气系统实现交联,利用空速和垂直速度作为逻辑的输入条件,实现对巡航速度控制;在转弯过程中与系统进行交联,将滚转角作为逻辑的输入条件,与设定阈值实时比较,以获得最佳的航路控制性能。可以看出,与自动飞行保护模块类似,飞行管理保护模块与系统功能密切相关,共同驻留在同一硬件设备中。另外,该保护模块通常不需要在主显示或 EICAS 上增加告警。

6.1.2　性能方面的考虑

性能需求对系统架构的影响主要体现在包线保护的控制逻辑和阈值方面,不同的阈值或逻辑导致的飞机操纵性能是不同的。由于逻辑或者阈值的改变属于算法或软件更改层面,对系统架构设计来说是隐性的,但可能对系统架构设计中的软件架构设计带来影响,比如监控器的设计。在包线保护系统工作情况下,性能要求越高,通常包线保护的算法更加复杂,或阈值设计需要考虑的情况更加多。

对于包线保护模块来说,不同飞行状态下飞机性能需求不同。以迎角保护为例,结冰状态和非结冰状态时,飞机操稳特性存在差异,迎角设定的阈值是不同的,因此,包线保护模块架构中要考虑阈值的多样性。另外,为了满足失速改出时负过载要求,针对不同襟缝翼构型,可能存在不同的失速推杆算法(对高平尾飞机而言)。

对于自动飞行保护模块来说,性能需求主要体现在两方面:在飞机正常飞行时,通过对重要参数设定合适的限制值,自动飞行控制系统能够在线性范围内工作,获取最佳的控制性能,比如通过设定滚转角、角速率及加速度限制值,使飞机姿态不会出现大的超调。不同的性能需求会要求不同的控制律结构,同时配以不同的参数限制组合;另一方面,在非正常情况下,比如超出自动飞行包线范围,此时飞机不会出现超出飞行员控制能力的姿态变化,又如驾驶杆上的失配平达到一定值,自动驾驶仪断开后,飞机姿态也是可控的。

对航路控制模块来说,我们需要从经济性和舒适性等指标对其进行考虑。经济性主要取决飞机燃油消耗,而燃油消耗与飞行速度、爬升剖面、航路计算等子功能相关,所有这些功能与速度、高度、爬升率、下降率等参数相关。为了实现经济性,该模块需要结合定义的经济性指标对这些参数进行约束(限制)。而舒适性是从乘客的体验等方面进行考虑,如飞行中的转弯坡度、爬升梯度、下降梯度等,这些与飞机滚转角、俯仰角、下降率等有关,需要在飞行试验中结合乘客感受进行定义。

6.1.3　安全性方面的考虑

在 ARP4754 中描述了飞机级安全性需求向系统级或设备级分解的过程,比如在飞机级功能危害性分析中,其对系统功能丧失产生的影响等级有相应的要求。通常这些要求分为 5 级:灾难性、危害性、重大的、较少的、无影响。不同的安全性需求对系统设计架构也有直接影响。系统安全性需求主要解决两方面问题,一是由于系统或设备的可靠性,导致自身的功能不正常或无法给其他设备继续提供有效信号;二是系统或设备提供的信号不正常,但没有被监控到,同时没有相应的告警,给出错误的信号或非指令性结果。要解决这两种情况下存在的问题,在系统架构设计中我们要采用系统冗余设计、增加监控器或改进信号选择方法等方式。

由于飞行安全保护模块为飞机结构和气动特性提供保护,是飞机最基本、最重要的包线保护,一旦该模块出现问题,例如发出非指令性动作或在重要飞行阶段功能丧失,对飞机的危害较大。从飞机级功能危害性考虑,通常分配该模块的安全等级也比较高。因此,对于失速告警和失速辨识两个主要功能来说,系统架构设计通常采用至少两套设备或计算模块的配置方式,如图 6.4 中虚线框表示,如果安全等级更高,甚至需要配置 3 套。另外,对于安全性保护模块来说,其提供功能的丧失通常还分为带通告和不带通告两种情况,由于失速告警和失速辨识安全性等级较高,一旦失效,需要通过主显示器及机组警报系统(crew alert system,CAS)告警上的故障指示信息提示飞行员关注。因此,在系统架构设计中,告警系统与失速保护模块设计要综合考虑,这在一定程度上可以减少系统配置的余度需求。对于安全性级别较高的系统,必须增加监控器设计,监控器的功能主要是进行循环冗余校验(cyclic redundancy check,CRC)校验、指令方向及幅值等相关检查,避免错误指令信号发出。通常失速告警和失速辨识发出的信号都是高安全级别的,必须增加校验。另外,对于失速告警和辨识功能比较重要的外部信号,通常每一套设备采用同侧信号,但有时可能使用多套系统提供同一个信号,或者采用不同传感器提供的不同信号;比如空速信号经常作为空地转换逻辑使用,但当空速无效时,需要采用轮载

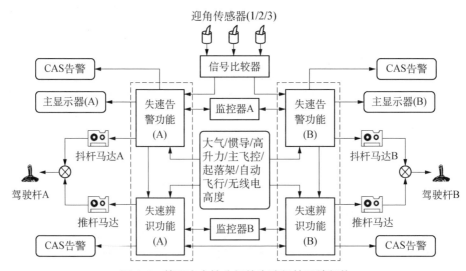

图 6.4　基于安全性分析的失速保护系统架构

信号进行判断。如果对一致性有要求或同步性有要求,那么还要采用双侧冗余信号或通过交叉信号的方式传输。对信号有高完整性要求,那么我们还要对交联系统提出高完整性需求,比如襟缝翼信号对失速告警和辨识的门限值定义有重要影响,通常需要高完整性信号,因此高升力系统需要提供高完整性数据。

对于自动飞行保护模块来说,其包线设置目的是给自动飞行控制系统的功能和性能提供保障,使其输出的指令正常、可控,满足飞机级功能和性能的要求。通常,在工程实现(硬件和软件)上,自动飞行保护模块与系统功能集成在一起设计。基于ARP 4761 进行安全性分析时,模块也需要从飞机级功能危害性到系统进行分解,根据自动飞行各功能的危害性等级确定安全性指标。根据分配的指标,保护模块架构可以分为带失效通告和未带失效通告的两种不同类型安全架构。不带通告的告警,通常其危害性级别不高,功能失效对飞机操纵影响不大,这种不需设计监控器,一般在系统功能环节中增加相关阈值保护即可。带通告的告警设计,通常对应的功能危害级别较高,需要增加监控器,对输入信号、输出的控制指令进行监控,如同包线保护模块一样,一旦失效,指令不会发出错误指令,同时相关的 CAS 告警会出现,在自动飞行系统的功能模块中,通常危害安全级别较高是自动驾驶内环控制(俯仰、横滚、偏航)及相关的伺服执行机构。由于他们输出的指令直接控制飞机的操纵舵面,对飞行安全有重大影响,必须增加监控器对指令进行监控。对于一般的外环控制导引模式、飞行指引等,控制律中不会增加阈值监控,并且这些指令不直接控制飞机舵面,飞行中飞行员还可以通过显示器上的姿态、高度、速度、垂直速度等信息判断飞行状态。因此,一般不增加专门的监控器设计。

与安全性保护模块和自动飞行保护模块不同,飞行管理保护模块对于系统的安全等级比较低,而该模块的输入参数可靠性等级通常比模块自身都要高(默认民机线路连接可靠性也高),比如速度、高度来自 ADC,坡度信号来自航姿或惯导系统。因此,对于保护逻辑中的参数通常无须进行监控。因此,对于该部分保护模块,我们无须增加专门的监控器对参数进行判断或比较,在系统架构中与功能模块一起设计即可。但对于有些系统设计,我们可能会将航路控制保护和飞行控制保护模块一起实施,因此存在参数监控一起实施的情况。如空客飞行导引和飞行管理功能应用驻留在同一个计算机中,与其对应的保护模块也驻留在同一个计算机中。

6.1.4　软硬件配置方面考虑

系统软硬件配置是系统功能、性能、安全性等在工程方面实现的前提和基础,对系统架构设计有直接影响,这些影响主要体现在系统架构中软件硬件冗余的数量和相似性,比如选择几个计算机或同一设备中采用几套板卡。通过 6.1.1 节可以看出,3 个包线保护功能各自具有不同的保护特点,实施过程软硬件配置是不同的。

基于 6.1.3 节的安全性分析,可以看出飞行安全包线保护模块的安全性等级比较高,需要至少两套独立的计算机或硬件模块驻留功能逻辑。以前的机型多采用分布式设计架构,很多功能都是独立驻留在一套计算机或设备中。飞机安全保护模块通常驻留在两套独立的失速保护计算机中,这个计算机的软件和硬件仅支持失速保护功能,不驻留其他功能,如 CRJ700 飞机就采取了这种模式。另外,也有部分飞机采用将失速保护功能与其他功能部署在同一个计算模块或计算机中。通常这些功能与失速保护功能具有同样的安全等级,采取这种架构具有以下好处:①硬件安全等级是一样,对应的硬件设备的环境鉴定试验是相同的,因此这些功能可以驻留在同一板卡或计算机内,节省硬件资源。②与外部系统交联时,由于用到的交联信号或系统都是一样的,保持交联架构简单。③在软件开发方面,由于属于同一安全级别,均需要按照 DO-178 A 级软件开发要求实施,软件开发的架构是相似的,如需要开发软件监控器等,软件审核和认证也是类似的,可以节约软件审查和资源。比如波音 B737 飞机,失速保护和偏航阻尼器属于同一个安全等级功能模块,它们驻留在同一个计算机中。

对于自动飞行和飞行管理两个包线保护模块来说,其是为系统功能服务的,监控系统每个功能的工作状况,确保其不会对飞机产生不利影响,满足飞机级安全性需求。因此,在通常设计中,我们将这些保护模块与系统功能集成在一起设计,驻留在同一个计算机模块或设备中,软件开发也采用相同的软件开发标准,比如基于DO-178 Level A。这样,无须单独采用软硬件资源,可以节约的成本。在 A380 的设计中,还考虑了自动飞行和飞行管理两个系统交联的密切程度(从控制角度来看,自动飞行相当于是内环控制,飞行管理相当于是外环控制)以及外部交联系统的一致性(都采用大气、惯导、高升力、起落架等系统发出的信号),将两者集成在一个硬件设备中,更大地节省了硬件资源。

6.1.5 物理安装方面考虑

与软硬件配置分析类似,物理安装对系统架构也有影响。主要体现在相关传感器在机身的布局、计算机硬件设备布置。其中传感器布局对系统性能和安全性有直接影响,比如飞机安全保护模块的迎角测量装置,如果位置布置的不好,影响迎角测量准确性。特别是迎角位置与大气探头或结冰传感器等存在气流干涉时,在一些特定迎角飞行时,风标周围的流场会被扰动,影响测量的准确性。另外,当飞机进行横侧向机动时,两侧迎角传感器测量的角度存在偏差。如果这些不准确的迎角信号输入至失速保护计算机,会产生虚警甚至没有告警的情况,让飞行员出现错误判断,可能导致进程速度过大或真正失速情况,对飞机性能和飞行安全产生不利影响。因此,迎角传感器的位置选择必须综合外围其他探头的安装情况,通过风洞试验,进行不同飞行状态的测试(不同迎角、侧滑角),确定每个气流测量装置的最佳位置。另外,计算机设备在电子舱布置的优劣对飞机安全性有直接影响。如果布置位置不佳,可能存在区域安全性问题,如附件存在危险源(转子爆破、液压油泄露等),导致安全性分析无法通过。这些情况在电子设备布置时都要考虑到,特别是对于安全等级要求比较高的设备。

6.1.6 信号接口方面考虑

信号接口主要是指总线信号或离散信号,这些信号连接形式对系统架构产生影响,主要体现在两个方面:系统内部之间的信号连接和系统与外部系统之间的信号交联。前者是指相对于具有冗余架构的系统,其内部包含相似或相同的设备,从安全性角度,需要对彼此信号进行交叉检查或利用。比如飞机安全保护模块存在两套完全的计算机,为了保证失速辨识的一致性,双方需要彼此监控对方发出的失速辨识状态,只有双方都确认收到了辨识信号后,才会对外发出准确的失速辨识信号。另外,双方还会用到对侧测量的迎角信号。对侧迎角信号可以用于信号选择算法,如平均或取中值。自动飞行控制系统,也存在类似的情况,当自动飞行控制系统要发出控制指令之前,必须接收对侧或另一套计算机(或驻留应用)输出的控制,当两侧控制值的差在监控的范围内,控制指令才会输出,否则产生告警(如果存在 3 套,可以取中值)。对于系统与外部系统存在交联的情况,通常是指外部系统提供给 3 个包线保护模块所需的信号以及 3 个系统之间的传输信号,通常这些信号是 ARINC 429 信号,而外部系统包括几乎所有的机载传感系统,如大气系统、惯性导航系统、襟缝翼系统、起落架系统、无线电导航等。

6.1.7 维修性方面考虑

维修方面主要是指系统或设备在飞机上的安装具有较好的维护性,一般体现在故障易定位、设备易接近或拆装。其中故障易定位对系统架构影响比较明显。例如,飞机安全保护模块,由于安全性级别较高,容易影响派遣,因此一旦发生故障,要能够及时识别出并快速进行故障排除。如果飞机安全保护模块采用单独的硬件驻留架构,除了对传感器进行故障诊断外,还需要对计算机设备故障诊断设计。因此将迎角传感器和计算组件的故障位输入到专业的故障诊断计算机中,通过故障方程设计,可以诊断出设备故障类型,对飞机的派遣影响情况进行分析,或为设备更换提供依据。可以看出,这种维修性需求对维护计算机提出了需求,衍生出与维护计算机的 ICD 接口。这些都会对系统架构产生影响。另外,对于自动飞行包线保护模块和飞行管理保护模块来说,由于与对应的系统驻留在同一硬件模块或计算机中,相关的维护需求主要是各自系统的功能失效维护需求,不再为包线保护模块设置单独的维护性需求。

6.2 系统功能设计

6.1 节从 7 个方面对包线保护系统架构的影响进行了分析,为建立一个完整可实现的系统架构奠定基础。本节重点从功能、性能及安全性对系统架构的影响出发,对 3 个包线保护模块进行详细描述。其中关于性能方面,本书不给出具体值,因为具体的参数与飞机特性相关,而是重点描述需要考虑哪些参数,以及这些参数的数值范围定义应考虑哪些方面。

6.2.1　飞行安全保护模块

6.2.1.1　失速警告

1) 失速警告目的

在飞机直线和转弯飞行中,为防止襟翼和起落架在任一正常位置时无意中造成失速,必须给驾驶员以有效的清晰可辨的具有足够余量的失速警告。

2) 实现方式

警告可以通过飞机固有的气动力品质来实现,也可以借助在预期要发生失速的飞行状态下能做出清晰可辨的警告装置(如振杆器)来实现。

在通过飞机固有气动力品质来实现失速警告时,每个飞行员对于发生失速时飞机的气动特征的反应不完全一致,采用该方式较难实现警告有效、清晰可辨且具有足够余量的要求。民用飞机一般采用机载警告装置来提供失速警告。

3) 警告形式

根据民航规章条款要求"仅用要求驾驶舱内机组人员给予注意的目视失速警告装置是不可接受的",因此,仅提供需驾驶员通过眼睛感知的失速警告指示(如仪表显示或灯光闪烁)是不可接受的,可以提供语音、模拟飞机抖振(抖杆)方式或语音与视觉组合等方式的失速警告,无论哪种警告形式,失速警告应清晰可辨。常见的失速警告组合有如下几种:音响警告、触觉警告、音响＋触觉＋视觉组合方式,如图 6.5 所示,比如空客飞机仅提供了音响警告形式,而波音或巴西航空公司的飞机仅采用了模拟飞机抖振的触觉警告形式。飞机制造商可以根据各自驾驶舱警告的设计理念来设计合适的失速警告。

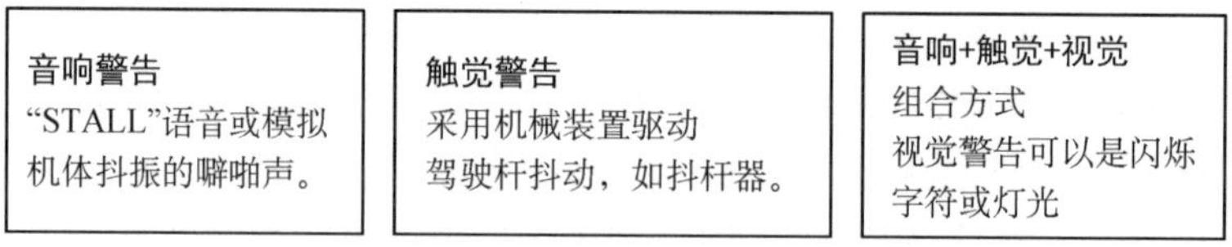

音响警告	触觉警告	音响+触觉+视觉
"STALL"语音或模拟机体抖振的噼啪声	采用机械装置驱动驾驶杆抖动,如抖杆器。	组合方式 视觉警告可以是闪烁字符或灯光

图 6.5　失速警告的形式

飞机在空中所处的环境是极其恶劣的,有时会遇到结冰的情况,在机翼出现冰积聚后,飞机更容易失速,因此还需考虑通常结冰条件下的失速警告,而且结冰和非结冰条件下的失速警告方式应一致。

4) 警告裕量

飞机失速是由于流经机翼上的气流发生了分离,导致飞机升力曲线随着飞机迎角增大出现迅速衰减的现象。失速发生后，飞机升力不能再平衡重力，飞机开始出现下坠。因此，失速警告出现之后，飞行员需要使飞机低头阻止飞机迎角进一步增大，以免飞机进入失速状态。为使飞行员不需要特殊的飞行技巧便能将飞机改出失速，失速警告出现的时刻相对飞机真正失速之间要有足够的安全余量，通常通过警告裕量来表示，如图 6.6 所示。根据条款，失速警告速度距离失速速度的裕量要满足 CCAR 25.207(d)条款要求。

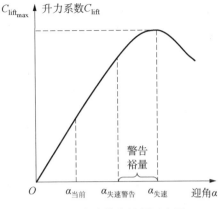

图 6.6　失速警告裕量示意图

5) 失速警告功能设计

失速警告功能的逻辑运算由失速保护计算机或失速管理计算机完成，为能给飞机安全提供有效的保护，失速保护计算机需根据飞机襟缝翼和起落架位置组合，并综合考虑飞机飞行环境和飞行状态等信息进行实时运算，当飞机飞行迎角达到警告阈值时，失速保护计算机驱动警告装置发出失速警告。典型的失速警告功能设计框图如图 6.7 所示。

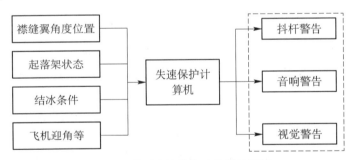

图 6.7　典型失速警告功能设计框图

6) 失速警告系统的接通和断开

飞机处于飞行状态的任一时刻，失速警告系统均应接通，比如从主起落架离地到飞机落地期间，失速警告系统均应正常工作。但是，在飞机起飞抬轮结束前，失速警告功能中与迎角变化率相关的警告提前逻辑可以被抑制。

失速警告系统工作状态的接通一般由空/地逻辑电路完成，它需要在前起落架/或主起落架减震系统支柱安全开关收到空中工作方式信号后使失速警告功能进入接通工作状态。抬前轮时的俯仰角界限也可以用于接通失速警告功能。如果在飞机离地和初始爬升阶段发生失速将很有可能导致灾难性的后果。这些类型的警告功能接通方案可以在飞机离地和初始爬升阶段提供失速警告保护。在起飞滑跑中，如果迎角传感器风标安装有误差,失速警告接通逻辑还可以防止发出骚扰性的警报。但是使用经验表明,在离地点附近接通的失速警告功能由于因系统故障或失效而发出的虚警曾导致驾驶员中断起飞。在某些情况下,由于飞机能量很高,中断起飞会导致飞机冲出跑道。因此,应使可能导致在离地点附近虚警的系统故障和失效尽可能在起飞阶段的早期暴露出来,可以在触发失速保护系统接通和断开的空/地逻辑中引入飞机速度信号,在飞机离地之前接通失速警告功能。

7) 失速警告系统的故障检测与指示

《飞机飞行手册》使用程序一章给出一种在起飞前能充分判定失速警告功能是否正常工作的方法,可以通过为系统设计自检测程序,在航前进行系统自检测,进而判定系统是否正常工作。

当与失速警告系统工作有关的系统发生故障时,给出警告。只要切实可行,这种警告可以适用于系统的所有故障形式。

6.2.1.2　失速识别

1) 失速识别目的

阻止飞机迎角继续增加,向驾驶员提供清晰可辨的飞机失速现象。

2) 实现方式

当迎角达到最大升力曲线对应的迎角时,如果飞机继续抬头迎角继续增大时,飞机升力开始衰减,飞机将进入失速状态,飞机进入失速时有如下一些固有气动特征。

(1) 俯仰操纵达到后止动位置后,全拉杆保持一段时间,俯仰姿态不出现进一步增大的趋势;对于转弯失速,一旦俯仰操纵达到后止动位置,同时伴随不能立刻控制的滚转运动。

(2) 不能即刻阻止的、非指令的、不会混淆的、容易辨认的机头下沉。

(3) 飞机出现固有的、严重的和强烈的抖振,该抖振足够强烈并能有效地制止速度进一步减小。此时的抖振制止减速的能力必须比通常与失速警告有关的初始抖振要强烈得多。比如某大型运输机在襟翼收上时出现"制止性抖振",此时抖振强度使飞行员无法读出驾驶舱仪表指示,飞行员如果还要进一步增加迎角,需要很大的努力。

但采用飞机失速时固有的气动特性作为失速指示一般不够清晰且比较危险,无法满足失速条款要求。对于近代的高速后掠翼并采用先进翼型的运输类飞机,在失速机动中,飞机机头下沉或抖振发生的时刻很难辨别,并且随着不同飞行员驾驶技术而变化。我们通常需要利用失速识别装置来满足 CCAR 25.201(d)条款中失速定义要求。

3) 识别形式

失速识别装置可以阻止飞机迎角继续增加,向驾驶员显示清晰可辨的飞机失速现象,避免飞机进入气动失速状态,进而制止飞机速度进一步减小。失速识别装置有推杆器、迎角限制器或姿态角限制器。

推杆器不但能阻止飞机迎角继续增加,还将产生一个突然的低头操纵输入降低飞机的迎角。这种失速识别装置经常用在高平尾飞机上,以防止高平尾飞机进入深失速后无法改出。

迎角限制器一般用在以迎角包线参数直接作为控制目标的飞机上(如空客飞机)。当飞机迎角接近失速识别装置启动迎角时,迎角限制器将使得操纵驾驶杆所需的操纵力越来越大,进而阻止飞行员继续拉杆增加迎角。

姿态角限制器限制舵面的操纵效率,当飞行员持续拉杆时,飞机的俯仰角进一步增大的趋势越来越小。

4) 失速识别功能设计

飞机失速的那一点可能随飞机形态(如襟翼、起落架、重心和重量)变化,在任何情况下,对于所有可能的组合,迎角必须增大到上述一个或多个特性为止。

对于有人工防失速装置的飞机,失速点就是人工防失速装置的启动点。防失速装置能强有力地和有效地制止速度进一步减小。因此,失速识别功能逻辑需要考虑襟缝翼、起落架、重量重心等飞机状态,实时监测飞机迎角是否达到当前状态下的失速迎角。失速识别功能一般驻留在失速保护计算机或失速管理计算机中。当探测到飞机迎角达到失速点时,失速保护计算机将发出指令驱动推杆器使飞机低头或发出控制信号给驾驶杆力系统、升降舵控制系统阻止飞机迎角或俯仰姿态进一步增加。典型的失速识别功能设计框图如图 6.8 所示。

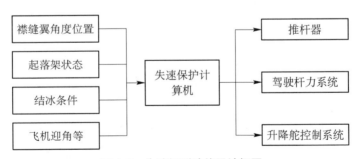

图 6.8　失速识别功能设计框图

5) 失速识别系统的接通和断开

在飞机处于飞行状态的任一时刻,失速识别系统均应接通。

失速识别系统应自动地接通工作状态,并可以与失速警告系统使用同一地/空感知系统。在飞机起飞抬前轮过程中,失速识别系统可以不工作,但主起落架一离地就应立即接通。对于既有失速警告系统又有失速识别系统的飞机,只要当需要时失速识别系统不工作的概率不大于 10^{-4}/fh,失速警告系统工作时触发失速识别系统接通是允许的。

在某些飞行状态下,如果失速的可能性极小,或失速识别系统无意中工作会对继续安全飞行构成威胁,可以使失速识别系统自动断开。比如在高空速、过载急剧减少(一般为 0.5g)以及当驾驶员在飞行指引仪引导下改出风切变时,可以断开失速识别系统。

应提供一种使失速识别系统迅速停止工作的装置,并且使驾驶员容易使用。该装置应在飞行的所有时间都是有效的,并应有能力防止失速识别系统对纵向操纵系统产生任何输入。它也应该有能力撤销已经应用的,或者来自正常工作或故障条件的输入。

如果为了表明飞机在某一种或几种形态下符合 CCAR - 25 部的失速要求采用失速识别装置系统,那就没有必要使用失速识别系统用于可以不用它演示符合性的那些形态下的失速识别。和失速警告不一样,失速点,不论是空气动力的还是人为诱导的,代表的是超出该飞机实际使用包线的一个边界端点,因此,没有必要用同一方式为所有的襟翼及起落架形态提供失速点。此外,系统复杂性增加后,更容易受故障和失效的影响,因此也不会把失速识别系统用于不需要该系统的构型形态下。

6) 失速识别系统的故障检测与指示

应提供一种在起飞前能充分判定失速识别系统正常工作的方法,该方法可以是判断失速警告系统是否正常工作的同样的自检测程序。

在空勤人员使失速识别系统停止工作后,驾驶舱内应给出明确且特别的指示,只要该系统停止工作这一指示就应一直保持。可通过灯光指示或 CAS 信息提醒空勤人员失速识别系统处于断开状态。

6.2.2　自动飞行保护功能

自动飞行控制安全保护模块与自动飞行各工种模式密切相关。自动飞行保护模块必须通过合理的逻辑和监控门限设置,使系统提供的导引指令始终在设定范围内,按照该导引指令飞行,会确保飞机在安全范围内获得最佳操纵性能。另外,当这些模式产生的输出给自动驾驶仪,或与自动油门耦合时,自动驾驶仪和自动油门功能也要设定相关的监控阈值。当出现异常指令、颠簸等,自动驾驶和自动油门能够自动断开,同时伴有相关的告警,给飞行员足够的反应时间,而不是任由自动飞行控制系统将飞机导引至不安全的状态,比如出现大的姿态变化、高度损失、速度变化耦合。本节将结合自动飞行控制系统的各种工作模式,从安全性角度考虑,将自动飞行控制保护模块分为 3 大类,即横侧向保护、垂直方向保护、速度保护;需要说明的是,自动驾驶仪的保护概念涉及横侧向和纵向的控制,因此分别放到横侧向和垂直方向保护中进行描述,但对于部分机型,自动驾驶仪还包含了伺服机构,这些设备直接参与了横侧向和纵向控制,其硬件和软件也有相关的包线保护设置,比如在硬件中增加保护电路限制最大输出电流,在软件中增加伺服最大速率输出,通过这些保护达到系统对其 Level A 的要求。考虑到这部分内容不具有共通性,并且这些保护的概念都是设备层级的,因此不在本书中进行讨论。另外,自动驾驶仪的设计通常还包括了监控器设计。其主要目的也是用于姿态、加速度、角速率等参数监控,但监控的阈值范围通常都大于自动驾驶仪指令限制范围,由于其保护原理类似,对于监控器这部分内容也不再进行一一介绍。与此相类似的,自动油门放到速度保护概念中进行描述,其设备层级的保护概念不在本书中讨论。

6.2.2.1　横侧向保护

横侧向包线保护主要是指飞机在自动飞行系统控制下,飞机的滚转角、滚转角速率、侧向加速度、航道截获角等参数能保持在限定的范围内,确保飞机安全飞行并实现其性能指标。根据 6.2.2 节,横侧向包线保护与自动飞行横侧向模式密切相关,以下将结合这些横侧向模式对包线保护的设计进行介绍。

1) 滚转角限制

滚转是飞行过程中飞行员或自动驾驶系统经常采取的动作,飞机此时的受力将发生变化,如图 6.9 所示。

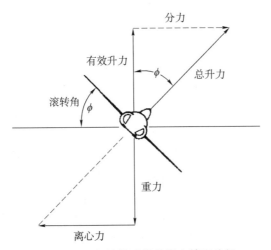

图 6.9　飞机滚转过程的受力情况分析

采用滚转角保护是自动飞行保护模块中最基本、最常用的保护方式,其主要有两个目的:第一,自动飞行系统故障或特定飞行情况下,为了能够给飞行员操控飞机时提供机动裕度,需要对滚转角度进行限制;第二,考虑到乘客的舒适性,不能让飞机坡度过大。在具体实现过程中,滚转角保护与横侧向控制模式及飞行条件相关。

滚转角限制与横侧向模式相关:自动飞行所有的横侧向模式控制律设计中都有滚转保护限制,如滚转模式、起飞复飞模式、航向选择/保持模式、背航道捕获/追踪模式、VOR 捕获/追踪模式、LOC 捕获/追踪模式、大航迹圆保持模式与飞行管理交联模式。正常情况下，为了给系统提供最大的控制权限，使飞机具有更大的机动能力进行自动飞行，在 AC‐25‐7C 中，建议滚转角限制为 35°。具体实施中，针对上述横侧向模式又分为直接滚转指令限制和间接滚转指令限制。直接指令限制是指滚转模式输出的指令不能超过限定阈值。由于该模式直接给出滚转指令至自动驾驶仪，滚转指令不能超过自动驾驶仪在横侧向的最大滚转限制值。通常，能够产生直接指令的是滚转角保持模式，该模式的指令限制值就是自动驾驶仪最大滚转限制值。一些小飞机，如公务机或军用飞机，设置了滚转角保持模式。在该模式下，自动驾驶仪直接控制滚转角，通过减少偏差和超调，实现精确的滚转角，能够发挥飞机最大机动性能，并在一定程度上减轻飞行员负担。需要特别说明的是，该模式及其他控制飞机转弯的模式，其产生的最大滚转角度必须要考虑飞机的横侧向稳定特性。如图 6.10 所示，图中不同的滚转角导致的失速风险不同，滚转角越大，失速风险由低(low)到高(high)逐步增大。

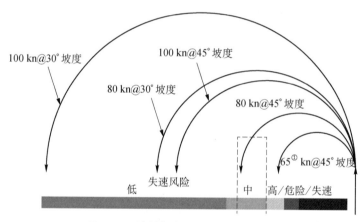

图 6.10　滚转与失速风险的对应关系

　　如果为了简化设计，仅设置一个固定门限值，那么就要从最保守的构型下考虑，同时在后续验证中要对所有的构型进行评估该门限值的有效性。如果要充分发挥自动驾驶仪的控制特性，可以根据不同构型或飞行条件，设置不同的门限值。通常，内部滚转指令给出的滚转角门限值比外部滚转指令较大。然而，滚转模式在大型的民用飞机中已经很少使用，主要原因是该模式直接产生滚转角控制指令，只是对飞机横侧向改变的动态控制，不能给出飞机所需要的具体导引目标，如航迹、航向或地面台方位的追踪等。间接滚转指令是指非滚转模式以外的横侧向导引，如起飞/复飞横侧向控制、航向保持、VOR 捕获/保持、LOC 捕获/保持及与飞行管理交联的横侧向控制等，当这些模式工作时，只要飞机按照横侧向导引指令飞行，在横侧向产生相应的滚转，就能够实现目标捕获，并维持稳定的追踪性能。比如起飞/复飞过程中,横侧向控制通常采用航向或航迹(跟踪地面台)模式。由于此时飞机飞行高度较低,考虑到安全性,在航向或航迹追踪过程中,采用较小的滚转角,避免大角度转弯过程可能带来的机翼擦地或其他不安全因素,同时也保证了飞机爬升性能。对于VOR追踪模式来说,由于该模式通常发生在下降或进近过程,并且VOR台主要在航路中使用(少量的用于机场非精密近近),航路比较开阔,此时飞机飞行高度相对高,滚转角限制值设置相对较大,如15°,这既能满足航路转弯需要,同时避免高空过大角度转弯产生大过载,对乘客甚至飞机结构产生不利影响。但对于低空飞行来说,空域资源相对比较紧张,又加上部分机场采取RNP运营要求,飞机需要在规定时间和限定路径内飞行,因此飞机必须具备较好的机动能力。具体地说,飞机应具备大角度转弯能力,使飞机能够快速接近目标航向或航道,不出现大的过调。比如飞机进近过程,在捕获LOC时,不能出现大的偏离,否则,对于一些存在两条平行航道的机场,这种偏离可能造成进近冲突,引起事故症候。因此,在这些模式中也需要增大滚转角度,如C130在LNAV模式下采用的滚转限制值为32°。需要说明的是,一般情况下外部横侧向控制的滚转指令限制值通常要小于滚转模式下的值。如果飞机低速特性设计存在不佳,需要很大的进场速度。那么为了满足在约束的进场航路条件下运行,在TF航段,飞机不得不需要大的滚转角实施转弯,因此横侧向控制不得不采用大滚转角限制值,如图6.11所示。通常,相对于较小重量的飞机,大重量飞机滚转角限制值比较大。但其低速特性设计得比较好的话,同样的转弯限制也可以满足TF航段运营要求。另外,对于一些特定的模式,如Half-bank模式,由于该模式在高高度工作,空速较大,为了确保机动过程过载较小,需减少滚转角度。

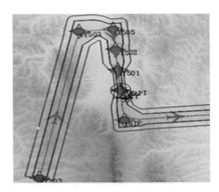

图6.11　RNP AR保护区

　　2)滚转角速率限制

　　从物理含义看,滚转角表示飞机横侧向的姿态,属于静态的姿态指示。滚转角速率则代表飞机在横侧向的滚转过程,属于动态的姿态变化过程,无论是自动飞行还是人工飞行,都要对飞机滚转角速率进行监控,这样可以确保飞机横侧向稳定性、飞行员操纵裕度及乘客舒适性。

　　具体实现方面,与滚转角保护不同,角速率监控并没有包含在横侧向导引模式控制律中,这主要是因为:第一,对于每个横侧向模式控制律,只要给定合适的滚转角,就可以实现该模式的目标值,无需再对滚转速率进行限制;第二,从上述描述看,滚转角速率属于动态变化过程,这种动态过程的监控主要是给执行方使用的,而不是各种横侧向模式,比如人工飞行时给飞行员使用,自动飞行时给自动驾驶仪使用。

基于上述描述可以看出,滚转角速率保护通常部署在自动驾驶仪和飞行指引中。虽然两者设计过程中都包含了滚转角速率保护功能,但实现的机制存在差异。下面分别进行介绍。

自动驾驶仪中的滚转角速率限制:在民机自动飞行系统设计中,各个横侧向导引模式解算出来的指令直接输出到自动驾驶仪的滚转控制通道,该通道输出指令驱动副翼舵面偏转,使飞机按照指令形成滚转,如图 6.12(a)所示基于滚转角速率的闭环控制模型。例如飞机转弯过程,不同的转弯速率对应的载荷不同。转弯速率越大,载荷越高,乘客的舒适性越差,如图 6.12(b)所示。

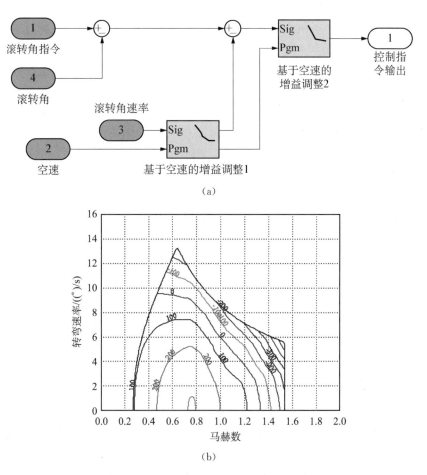

(a)

(b)

图 6.12　基于滚转角速率的模型和影响

(a) 基于滚转角速率的闭环控制模型　(b) 转弯速率对应的过载影响

在此过程,自动驾驶仪实时对滚转角速率进行监控。即设置一个固定门限值,使飞机滚转过程始终在一个安全范围内。如果受到扰动或其他非正常操作,导致飞机滚转角速率过大,超过固定门限值,自动驾驶仪将会断开。从而为飞行员提供更高的操纵裕度。

　　飞行指引中的滚转角速率限制:从以上描述可以看出,自动驾驶仪的滚转角速率保护是对飞机的滚转角速率实施监控,一旦超过设定的门限值将断开系统,是一种被动的保护方式。与自动驾驶仪不同的是,飞行指引的滚转角速率保护是一种主动的保护方式,即飞行指引仪接收到各横侧向导引模式结算出来的滚转角指令后,以限定的速率驱动指引杆到期望的位置。

　　从飞行员跟随指令到飞机响应,中间经历了眼睛观察、手操纵、杆盘位移等非线性环节转换。因此,滚转变化指令在显示器上改变的速度,即 FD 滚转变化率限制值需要根据上述环节特点来确定。需要说明的是,FD 的滚转变化率不是由自动驾驶仪滚转通道计算得到的,而是在显示器内通过平滑滤波处理计算得到的,换句话说,是基于飞行员在横侧向通道操纵飞机姿态变化的动力学特性,显示器给出与之匹配的 FD 变化特性。FD 转换关系需要根据飞行动态评估、测试,才能最终确定下来。当人工驾驶时,飞行员可以参照此滚转指令变化趋势转动驾驶盘,跟踪指令杆运动,使飞机转到期望的滚转角度,避免让飞行员没有指引变化趋势而出现过快或过慢的操纵驾驶盘。尽管飞行指引和自动驾驶仪中的滚转角速率限制机制不同,但限制值设置是一样的。这样可以保证人工飞行和自动飞行情况下,飞机都是以固定的滚转角速率趋向目标滚转值。民用飞机设计过程中,兼顾乘客舒适性和飞机操纵稳定性,一般将滚转角速率设置为 $4°\sim5°/s$。该门限具体值设定也要参考飞机特性。

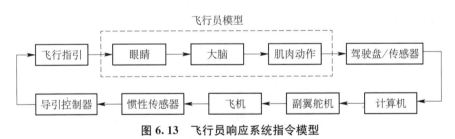

图 6.13　飞行员响应系统指令模型

3) 侧向加速度限制

　　侧向加速度也是表征飞机横侧向机动能力的特征量。不同于滚转角和滚转角速率,它是对飞机受力变化的直接反应,因此它是一种更为直接、更为快速的动态特性体现。在飞机遭受到诸如扰动、舵面失配平或发动机一发失效等情况,飞机横侧向的受力不对称,飞机就会产生侧向加速度。飞机运动过程随着阻力增加,受力平衡,飞机侧向加速度逐渐减少,最终飞机稳定在某种状态,如稳定侧滑,如图 6.14 所示。

　　民机设计过程,由于带侧向加速度飞行存在不利影响,对于侧向加速度有着严格的控制指标。这些不利影响具体表现为以下几个方面:

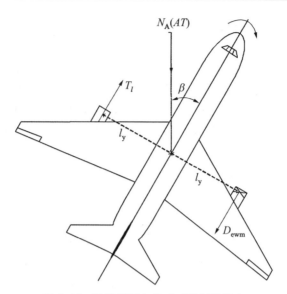

图 6.14　飞机横侧向机动时的侧滑状态

（1）增加油耗。如果飞机横侧向控制特性不佳，在上述情况下飞机存在侧向加速度，对于这种纵向飞行时，还存在侧向运动的情况，飞机侧向运动产生阻力比较大，需要更多的推力维持当前飞机轨迹和速度，因此会导致油耗增加。

（2）增加飞行员工作负荷。在人工飞行情况下，为了减少飞机侧向加速度，飞行员要通过侧滑仪（主飞行显示器上的小方框，如图 6.15 所示）进行判断，而侧向加速度变化通常较快，需要飞行员在驾驶杆盘上的控制动作也要快，飞行员工作负荷较大，而且控制效果也不好。因为从理论上来讲，要修正侧向加速度，除了观察侧向

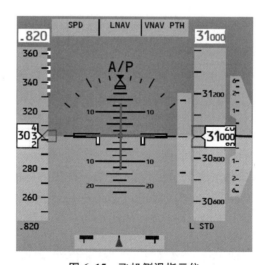

图 6.15　飞机侧滑指示仪

加速度本身外,需要根据滚转角速率、飞机舵面失效、发动机失效等情况进行综合判断,发出控制指令去修正,难度很大。

（3）导致轨迹偏离,引起航路冲突。特别对于低空飞行阶段,如果需要飞行员人工飞行,按照上述(2)提到的情况,飞机可能由于侧向加速度存在,导致飞机偏离预定航线。对于空域资源比较紧张或飞机运营较多的机场,航路要求通常比较严格,比如目前很多机场在运行的 RNP APCH 或 RNP AR 程序。这种航迹偏离的情况会引起航路冲突,产生安全隐患。

（4）导致乘客感觉不舒适。侧向加速度过大,乘客会有不舒服的感受。综上考虑,为了改善飞行品质,需要对有害的侧向加速度进行限制。实际工程应用中,由于加速度信息都是由惯性器件直接测量得到,虽然这些信号会经过滤波处理,但仍包含很多非本体运动信息,如机体振动、阵风扰动,如图 6.16 所示。

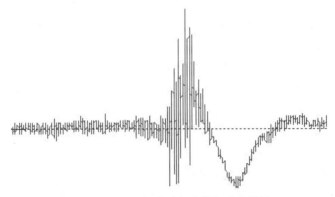

图 6.16　飞机机动过程中的加速度信号

因此,针对侧向加速度信号特点,我们需要采用一种不同于滚转角速率和滚转角的处理方法,即不能设定固定阈值,将侧向加速度信号与阈值实时比较,而是将侧向加速度作为一个反馈控制律输入至横侧向控制律中,该控制律中还需采用其他的控制参量联合进行修正,以满足横侧向控制的各个指标。如在偏航阻尼器设计中,采用侧向加速度、滚转角、滚转角速率、偏航角速率等主要参数作为反馈量,通过这些反馈输入,提高偏航阻尼器的协调转弯和抑制荷兰滚性能。其中协调转弯过程中的侧滑就是通过侧向加速度输入进行抑制的。一般转弯进入过程侧向加速度最大,设计目标值不超过 $0.025g$,转弯保持过程,侧向加速度不超过 $0.015g$。需要说明的是,这些指标通常都是建立在平稳气象条件下,是多次飞行的数据统计结果。

4）横侧向航路截获限制

本章节关于航路捕获的描述包含两个层面:面向系统包线保护和面向飞行技术限制。系统包线保护层面是指自动飞行控制系统的航路截获模式正常工作时,所需要建立的稳定截获信号,图 6.17 表示跑道附件航向信标台的信号辐射范围,理论上飞机只有进入上述范围后才能接收到有效的方位信标信号。

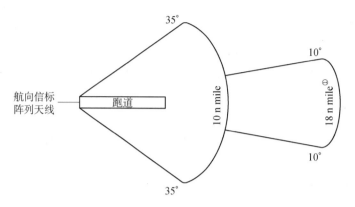

图 6.17　跑道航向信标阵列天线的信号辐射范围

如果信号不稳定或飞机范围较远，接收信号的连续性或抗干扰能力差，那么航路模式无法获得有效的反馈信号，如果对这些信号不进行处理，直接输入到航路控制器中，那么可能导致飞机航路控制不稳定，甚至可能偏离航路，导致航路截获错误，与其他飞机航路产生冲突，引起飞行安全性问题。为了保证航路截获模式正常工作，我们需要建立一个最低工作门限值，将一些不稳定的信号或弱信号滤除，使其不会进入航路控制器中，从而确保航路截获模式计算的控制指令是有效的。这个限制值通常在控制律中设计，相对比较简单。而飞行技术层面的限制，主要是让机载系统能够获取有效的导航台信号，为航路截获模式提供有效输入。以下我们重点介绍该方面的航路截获方法。在讨论之前，需要介绍一下民用飞机的航路截获的相关概念。民用飞机在航线飞行过程中，通常分为自主导航和非自主导航两类。自主导航是指基于惯性导航系统的导航模式，这种导航方式不需要地面设备，仅靠飞机自身机载设备提供位置信息；而非自主导航主要是基于地面导航设施进行导航，需要机载接收机收到地面设施的信号，进行位置结算。这些地面设施包括 VOR 台、LOC 航向台、基于 GPS 的卫星追踪、NDB、背航道台。本节提到的航路截获限制主要是针对非自主导航方式。通常，航线飞行员通过飞行管理系统或飞行控制面板选择相关的导航模式，这些模式包括：航路追踪模式、航道追踪模式、精密进近 LOC 航向信标追踪模式、VOR 台追踪模式。当模式选定后，飞机上相应的机载天线会自动接收地面台发射的信号。但地面设备台的信号辐射能力与设备自身功率密切相关，其作用边界通常是一定的（通过航空飞行校验确定），并且机载天线和设备也有自己的灵敏度，飞机在追踪地面台过程中，必须保持一个合适的距离和角度，使得飞机天线能够接收到有效信号。而距离和角度这两个因素是相辅相成的，共同作用对信号接收产生影响。如果飞机距离导航台较远，在导航台辐射功率和范围一定的情况下，此时又采用较大的截获角飞向导航台，比如大于 $90°$，机载设备可能接收不到有效信号,即便能够接收到信号,如果信号断断续续,那么也会影响自动飞行导航模式的正常工作。

在实际飞行过程中,当进近速度一定的情况下,要截获相对 VOR 台的某条航路,其截获角度和距离是关键。通常与 VOR 台的距离可以通过与 VOR 台相配对的 DME 台测定。假如已知飞机当前航路和期望航路的角度差,可以粗略估算飞机距离目标航路的距离,距离 VOR 台越远,那么与期望航路的距离也越远。当距离 VOR 台较远的时候,通常会采用最短路径、最快方式截获目标航路,即采用 $90°$ 的截获角,即飞机航向沿垂直于目标航路飞行,该角度也是航路截获的最大角度,如果超过该角度,不但不能快速截获航路,而且造成很大的时间、油耗损失及空域冲突(除非是背航道飞行)。需要说明的是,虽然这种航路截获方式比较快,路径短,在航路较为繁忙的空域可能会提高效率,但真正到 VOR 台的距离没有减少多少,即对飞机来说,可能不会减少油耗;另外,如果飞机飞行速度较大,可能出现航路截获超调情况,航路超调情况对于精密进近过程,如 LOC 捕获,影响最为明显,会导致航路冲突。因此,为了提高飞行效率,我们需要根据当前飞行速度、飞行距离选择合适的截获角度,如图 6.18 所示。

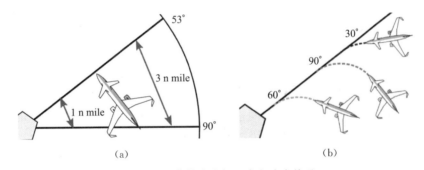

图 6.18   截获方式与距离和速度关系

相较 $90°$ 截获,采用 $30°$ 的截获角度,飞机可以采用更小的转弯机动动作更快速地靠近 VOR 台,采用该截获角度飞行可以避免出现航路超调,但其缺点是截获期望航路的时间是最长的。这对于空域较为繁忙的区域可能会形成航路冲突。$30°$ 航路截获方式一般用于距离目标航路较近或飞行速度较大情况。介于两者之间是图 6-18(b)中所示 $60°$ 航路截获。该角度综合了飞机速度、距目标航路距离以及不出现航路截获超调情况。在实际飞行中,可以根据上述原理,适当增加或减少截获角度。另外,需要特别说明的是,如果要精密跟踪某个 VOR 航道,即不出现明显偏离,那么需要飞行员限制更小的截获角度飞行,比如 $3°$。

6.2.2.2   垂直方向保护

垂直方向包线保护主要是指飞机在自动飞行系统控制下,飞机的俯仰角、俯仰角速率、垂直加速度、下滑道截获角等参数能保持在限定的范围内,确保飞机安全飞行并实现其性能指标。根据 6.2.2 节,垂直方向包线保护与自动飞行垂直方向模式密切相关,以下将结合这些垂直向模式对包线保护的设计进行介绍。

具体实现过程中,俯仰角保护与垂直向控制模式相关。垂直方向包线保护主要是指在自动飞行系统控制下,飞机的俯仰角、俯仰角速率、法向加速度、垂直速度、高度、垂直下滑航路等参数保持在系统限定范围内,飞机可以安全飞行并确保性能指标。根据 6.2.2 节,垂直方向包线保护与自动飞行垂直方向模式密切相关,以下将结合这些模式对包线保护的设计进行介绍。需要说明的是,迎角保护也属于垂直方向保护,但涉及飞机安全等级更高的保护,不在本章节讨论,而是放在基于安全性保护的章节中。

1) 俯仰角限制

与滚转角限制类似,俯仰角保护也是自动飞行保护模块中最基本、最常用的保护方式,其主要目的是:第一,在自动飞行系统故障或特定飞行情况下,能够给飞行员操控飞机提供机动裕度,保证飞行安全;第二,考虑到乘客的舒适性,不能让飞机俯仰角过大,需要限制系统输出的俯仰角。需要说明的是,虽然滚转限制和俯仰角限制是对飞机安全进行保障,但与滚转角限制存在两点差异:第一,俯仰角是对纵向通道的直接控制,与飞机气动失速直接相关,而且还影响飞机爬升性能,因此该通道俯仰角设置比滚转通道考虑的情况复杂;第二,由于俯仰角与飞机气动特性,飞行环境,如速度、高度、爬升梯度等相关,俯仰角上限和下限设置也存在不同。

俯仰角上限设置:俯仰角保护与垂直向控制模式相关。其中俯仰模式属于直接指令限制模式,而起飞复飞模式、风切变规避模式、垂直速度保持、紧急下降、高度保持、GS 追踪、高度层改变等属于间接指令限制。与滚转模式类似,俯仰角保持模式直接输出俯仰指令,该指令不能超过自动驾驶仪在垂直向的最大限制值。换句话说,该模式的指令限制值就是自动驾驶仪最大俯仰限制值。一些小飞机,如公务机或军用飞机,设置了俯仰角模式。在该模式下,自动驾驶仪直接控制俯仰角,通过减少偏差和超调,实现精确的俯仰角控制,能够发挥飞机最大机动性能,并在一定程度上减轻飞行员负担。该模式中最大角度设置通常要考虑到飞机的稳定特性。不同飞机构型(重量、重心、襟缝翼位置、起落架收放)、速度、高度等条件下,飞机升力特性是不同的,如图 6.19 所示。

为了简化设计,如果仅设置一个固定门限值,那么就要考虑最保守的构型,同时后续验证中要对所有的构型进行评估,确认该门限值的有效性。如果要充分发挥自动驾驶仪的控制特性,可以根据不同构型或飞行条件,设置不同的门限值。通常,内部俯仰指令给出的俯仰门限值比其他指令较大。然而,俯仰模式在大型民用飞机中已经很少使用,主要原因是该模式直接产生俯仰角控制指令,只是对飞机在某个俯仰角的稳定控制,不是飞机所需要的导引目标,比如保持高度、垂直速度、GS 追踪等。与俯仰模式的控制方式不同,外部模式为了实现其性能指标要求,需要给出不

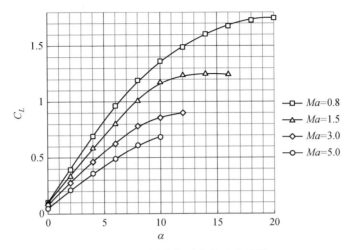

图 6.19 不同迎角对应的升力系数

同的指令要求。其中起飞模式所使用的俯仰角限制通常较大,这主要是因为起飞模式用于起飞阶段,为了保证各种构型下获取稳定的速度和爬升梯度,有时需要很大的俯仰角度(如小重量)。在 AC-1329-1B 中,建议的最大俯仰角上限值 20°。该角度限制是从正常的运营包线来考虑,主要基于多数机型和乘客舒适度进行考虑。实际应用中,也有部分机型采取的俯仰角上限值超过 20°,这主要与飞机性能及发动机特性有关。如起飞模式下,对于小重量情况,如果采用的起飞推力较大(非灵活起飞推力),为了保持 V_2+X 的目标速度,不得不给出更大的俯仰角,用势能消耗更大的动能来维持目标速度。针对这种情况,要给出的俯仰角限制值必须考虑最极端构型情况,如小重量、低温、平原机场等。然而如果按照上述真正严酷条件进行试验,那么给出的俯仰角可能很大,加上飞行员的技术误差(比如跟踪超调),那么可能导致飞机实际俯仰角大于显示器显示的范围,使飞机主显示器进入基本画面状态(失去姿态指示,仅有天地线等基本信息)。另外,起飞过程,如果初始俯仰角指令较大,飞行员一般会采用较大的拉杆速率追踪指引杆,此时如存在侧风扰动,飞行员进行侧向修正过程会导致两侧迎角不一致,由此触发一侧出现失速告警的情况。因此,起飞模式下俯仰角上限设置通常不会采取工程中最为严苛条件及将跟踪速度目标(追踪)作为唯一考核指标来设置俯仰角限制,而是综合失速告警、飞行员操纵、乘客感受、飞机构型、重量、运营环境、显示画面等条件,进行权衡设定。一般俯仰角上限设定不超过 30°。起飞模式的俯仰角限制值也是垂直方向所有模式中采用的最大限制值。

除此之外,风切变规避导引所采用的俯仰角限制值也比较大,比如图 6.20 飞机遭遇风切变时俯仰角变化的过程。根据风切变特点,微暴气流在低空形成四周扩展的大气流场,当飞机进入该区域后,飞机初始遇到的是抬升气流,飞机速度会增加,此时飞行员会通过收油门或打开减速板等方式减少空速以保证进场速度。然而,随后飞机进入顺风气流,飞机速度会急速下降,此时飞行员必须采取机动摆脱该状态,否则会引起触地危险。为此需要提供适当俯仰角指令,指引飞行员快速爬升。根据波音公司的设计理念,如果飞机下沉率比较大,超过 1 200 ft/min,那么规避导引模式与起飞模式相同,即提供基于速度的导引方式。该模式下俯仰角是不断变化的,其最大限制值是 30°。由于目标速度相对较少,此时飞机可以提供更高的俯仰角爬升,同时满足飞机在最小安全速度下保证爬升梯度的要求。如果下沉率小于 600 in①/min,则采用固定俯仰角(15°)进行限制提供爬升性能,即对于相对较小的风切变,可以采用适中的俯仰角,如果在 600~1 200 in/min 之间,则采取两者加权的方式进行处理。在整个过程中,波音的自动推力系统都是先于风切变告警系统工作,即当风切变告警发生时,自动推力已经达到了起飞复飞所需推力值。对于其他的系统设计,有的是基于能量守恒的原理进行控制律设计,但不管怎样,都规定了俯仰角限制值,以保证规避过程中不会导致不安全的状态。然而,需要说明的是,在风切变规避过程中,采用大的俯仰角可能触发失速告警。这个是允许的,但这种告警只能是间歇性,不能持续的告警。相对于起飞和风切变规避导引模式,其他垂直模式对于俯仰角上限的需求都比较小,控制律中不再单独增加俯仰角限制,具体所需的俯仰角取决于各个模式控制律解算,但一般都小于 15°,在这里不再一一介绍。

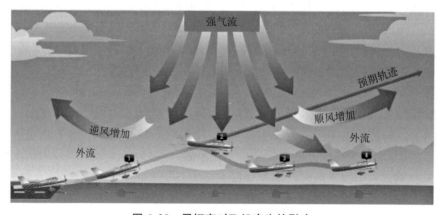

图 6.20　风切变对飞机产生的影响

俯仰角下限设置:与俯仰角上限相对应,自动飞行系统还设置了下限保护。由于飞机上仰和下俯过程的飞行特性存在差异,因此下限保护和上限保护的角度值并非一致。飞机下俯过程,是飞机增速的过程,下俯角度越大,增速越大,俯仰角在不同高度下,对飞机的影响不尽相同。高度越低,飞机处于不安全情况的概率越高。

---

① 1 in=2.54 cm。

即便在一个比较高的高度，如果飞机下俯角度过大，也会使乘客产生明显的不舒适，而且飞机增速会过快，改出过程又会存在较大负载，而且飞机可能会存在偏离航道情况。在 AC-1329-1B 中，建议最大俯仰角下限值-10°。事实上在自动飞行系统设计过程中，一般俯仰角下限值小于 10°。与俯仰角上限值设计类似，俯仰模式作为直接指令限制，其下限值即为自动驾驶仪的下限值。对于其他外部垂直模式，如飞行高度层改变(flight level change，FLC)、高度保持、下滑道(GS)追踪等，控制律中不再单独增加俯仰角限制，具体所需的俯仰角取决于各个模式控制律解算，解算过程与控制律设计相关，不属于本书包线研究范畴，因此不再一一介绍。考虑到飞行场景和安全性相关因素，这里主要介绍复飞模式。当发生复飞时，如果复飞时速度小于目标速度，为了达到比较大的目标速度(如 $V_{REF}+5$)，那么飞机会采取推杆低头动作，以较小的俯仰角进行增速，此时飞机会继续下降，如果飞机高度较低，可能引起飞机触地。针对这种场景，我们在复飞控制律模式设计中要设计俯仰角下限。该下限设计既要考虑飞机下降率，又要考虑实际增速。如果下限设计太大，那么飞机增速过程不能保证。

2) 俯仰角速率限制

与滚角速率定义类似，俯仰角速率代表飞机在法向的俯仰过程，属于动态的姿态变化过程。而且飞机在俯仰方向的变化与飞机提前失速密切相关，一般飞机设计都增加了提前保护功能，如在显示上增加了俯仰变化限制指示符，如图 6.21 中的箭头所示。

如果飞机俯仰角速率过大，该符号出现得早并且变化得快，代表飞机正在快速接近失速告警状态。因此，无论是自动飞行还是人工飞行，都要对飞机俯仰角速率进行监控，这样可以确保飞机法向稳定性。具体实现方面，与俯仰角保护不同，角速率监控并

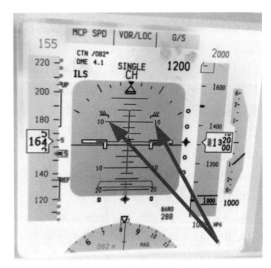

图 6.21 俯仰角限制指示符

没有包含在垂直向导引模式控制律中，这主要是因为：第一，对于每个垂直向模式控制律，只要给定合适的俯仰角，就可以实现该模式的目标值，如高度追踪、下滑道改变、垂直速度追踪等，无需再对俯仰率进行限制；第二，从上述描述看，俯仰角速率属于动态变化过程，这种动态过程的监控主要是给执行方使用的，而不是各种垂直向模式，比如人工飞行时给飞行员使用，自动飞行时给自动驾驶仪使用。基于上述描述可以看出，俯仰角速率保护通常部署在自动驾驶仪和飞行指引中。虽然两者设

计过程中都包含了俯仰角速率保护功能,但实现的机制存在差异。

自动驾驶仪中的俯仰角速率限制:在民机自动飞行系统设计中,各个纵向导引模式解算出来的指令直接输出到自动驾驶仪的俯仰控制通道,该通道输出指令驱动升降舵面偏转,使飞机按照指令形成俯仰,如图6.22所示。

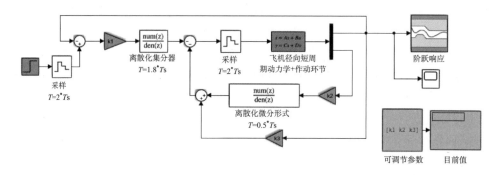

图6.22　基于俯仰控制律的闭环反馈(Copyright 2002—2014 The MathWorks,Inc.)

在此过程中,自动驾驶仪实时对俯仰角速率进行监控。即设置一个固定门限值,使飞机俯仰过程始终在一个安全范围内。如果受到扰动或其他非正常操作,导致飞机俯仰角速率过大,超过固定门限值,自动驾驶仪将会断开,从而为飞行员提供更高的操纵裕度。需要说明的是,俯仰角速率门限值比滚转角速率门限值小,主要是因为滚转角工作范围要比俯仰角工作范围大。通常俯仰角速率门限值是$3°/s$。另外,对于包含了自动配平功能自动驾驶仪来说,如果自动驾驶仪在俯仰通道控制升降舵偏转过程中,自动配平功能没能及时释放升降舵恢复到中立位置,那么它将会发出一个告警信息,提示飞行员平尾没有配平到位。此时存在一个风险:即AP如果突然脱开,飞机可能产生一个比较明显的姿态变化。为此,在自动驾驶仪的俯仰通道的自动配平功能中设置一个监控门限值,即当平尾没有正常工作导致升降舵运动到某个位置时,将发出告警。

飞行指引中的俯仰角速率限制:从以上描述可以看出,自动驾驶仪的俯仰角速率保护是对飞机的俯仰角速率实施监控,一旦超过设定的门限值将断开系统,是一种被动的保护方式。与自动驾驶仪不同的是,飞行指引的俯仰角速率保护是一种主动的保护方式,即飞行指引仪接收到各垂直向导引模式解算出来的俯仰角指令后,以限定的速率驱动指引杆到期望的位置。需要说明的是,从飞行员跟随指令到飞机响应,中间经历了眼睛观察、手操纵、杆位移等非线性环节转换。因此,俯仰变化指令在显示器上改变的速度,即FD俯仰变化率限制值需要根据上述环节特点来确定。需要说明的是,FD的俯仰变化率不是由自动驾驶仪俯仰通道计算得到的,而是在显示器内通过平滑滤波处理计算得到的,换句话说,是基于飞行员在俯仰通道操纵飞机姿态变化的动力学特性,显示器给出与之匹配的FD变化特性。FD显示的俯仰变化具体转换关系需要根据飞行动态评估,才能最终确定下来。当人工驾驶时,飞行员可以参照此俯仰指令变化趋势控制驾驶杆,使飞机转到期望的俯仰角度,避免让飞行员看不到指引变化趋势而出现过快或过慢地操纵驾驶杆,如图 6.23 所示。

图 6.23　飞行员跟随飞行指引驾驶飞机

3) 法向加速度限制

法向加速度也是表征飞机垂直向机动能力的特征量。不同于俯仰角和俯仰角速率,由于它是对飞机受力变化的直接反应,因此它是一种更为直接、更为快速的动态特性体现。在飞机遭受到诸如颠簸、风切变、双发失效或拉杆实施俯仰大机动等情况,飞机垂直方向的受力不等于重力,飞机就会产生法向加速度。当扰动消失,如果飞机动力学特性是稳定收敛的,在飞行员操纵或自动飞行系统控制下,飞机在法向上的受力将逐渐趋于平衡,能够恢复到初始稳定状态。根据民用飞机设计经验,法向加速度设计应小于 0.2g,这个要求值虽然比侧向加速度要求较大,但在运营过程中,乘客不会感觉到不舒适。然而从安全角度考虑,飞行过程中不应该产生过大的加速度,否则不但影响乘客舒适度,更重要的是对飞行会产生不利影响。为此民机设计过程要限制法向加速度,如图 6.24 就是某型飞机的法向加速度设计包线。

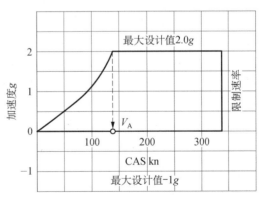

图 6.24　某型飞机的法向加速度设计包线

通常过载包线设计主要从两个方面考虑:

第一,与人工飞行相关的操纵。正常运营条件下,飞行员不会实施大的驾驶杆操纵,飞机俯仰角变化平缓,飞机法向加速度很低。然而遇到上述提到的异常情况,飞行员要执行大机动动作,使飞机改出不利条件,可能需要大的驾驶杆操纵输入,由此产生大俯仰角和法向加速度,如图 6.25 所示飞机拉杆爬升过程产生的加速度过程。飞机正在高速俯冲下降,飞行员为了减少速度,同时使飞机拉升起来,猛然向后拉杆,飞机俯仰角会快速增大,此时飞机减速很快,在垂直方向产生大的加速度,这种过载的急剧变化,会对机体结构产生不利影响,甚至直接损坏操纵面。为此,在飞行控制系统中,飞机都增加了杆力平滑算法和相应的限制值,即便飞行员猛的拉杆,飞机也不会产生大的俯仰变化,从而避免大过载出现。具体限制值需要结合纵向控制律设计。

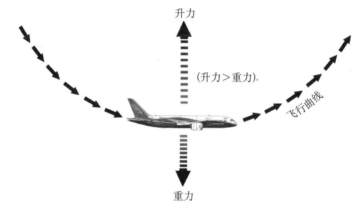

图 6.25　飞机大俯仰拉升时产生的过载过程

第二,与自动飞行控制系统相关的操纵。该情况下主要包括两种情形:与垂直导引模式和自动驾驶仪相关的法向加速度限制。对于垂直导引中的起飞模式,系统设置了法向加速度限制。该参数不直接参与控制律计算,主要用于参数监控。即飞行员参照起飞指引飞行,如果飞机实际过载超过设定法向加速度门限值,起飞指引模式将会减少相应俯仰指引指令。对于其他垂直模式也存在类似情况。与垂直导引模式类似,自动驾驶仪也设置了相应的法向加速度限制。但与前者不同的是,该门限值较大。这主要是因为,自动驾驶仪接通要考虑运营的实际情况,即运营过程中,飞机可能遭受颠簸等扰动情况,如果自动驾驶仪设置的门限值较小,自动驾驶仪会频繁断开,给飞行员带来一定工作负荷。与侧向加速度类似,实际工程应用中,由于加速度信息都是由惯性器件直接测量得到,需要对这些信号进行滤波处理,然后才能用于阈值比较计算。

4) 垂直速度限制

垂直速度主要是指爬升和下降过程中高度变化快慢的能力。在低空爬升时,垂直速度的大小直接反映了飞机爬升梯度。CCAR 25.121 明确规定了在速度 V_2 的定常爬升梯度,对于双发飞机不得小于 2.4%,对于三发飞机不得小于 2.7%,对于四发飞机不得小于 3.0%。可以看出,该项指标与飞机运行的机场和载客能力等指标密切相关。而决定飞机爬升垂直速度的是飞机推重比。飞机推重比越大,爬升垂直速度越大,燃油消耗越多,反之越小。与军用飞机设计不同的是,民用飞机不是追求更高的机动性和快速爬升能力,换句话说不是爬升速度越大越好,而是要从飞机性能和节省燃油角度综合考虑。例如,部分机场海拔比较高,同时周边有明显障碍物的情况,而飞机运营环境也包括这类高原山区机场,那么设计过程中必须考虑爬升性能及载客能力。通常,在这类机场运营,首先要保证爬升性能,在此基础上可能会适当减少载客量。通过这样调整,可以保证飞机的推重比,从而确保飞机的爬升性能,如图 6.26 所示。

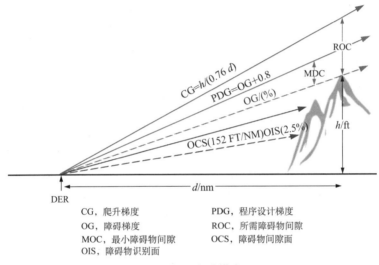

$$CG=h/(0.76\,d)$$
$$PDG=OG+0.8$$
$$OG/(\%)$$
$$OCS(152\ FT/NM)\quad OIS(2.5\%)$$

CG,爬升梯度	PDG,程序设计梯度
OG,障碍梯度	ROC,所需障碍物间隙
MOC,最小障碍物间隙	OCS,障碍物间隙面
OIS,障碍物识别面	

图 6.26 爬升梯度

在自动飞行系统中,垂直速度限制一般分为最大限制和最小限制。最大限制包括飞行控制面板可选择的最大垂直速度值、显示器显示的最大垂直速度以及垂直模式中的最大限制值。一般飞行控制面板给出的最大限制值大于 PFD 显示和垂直模式中定影的限制值,因为前者主要是表示模式面板的最大量程,而实际飞机下降或爬升过程通常不需要采取这么大的垂直速度。显示器和垂直模式主要是从运营角度考虑,如乘客的舒适性,并考虑飞机在紧急下降情况,给出自动飞行的最大垂直速度。一般显示器给出的垂直速度不大于 15 000 ft/min(显示刻度量程和实际数字显示还不一样,显示数字较大一些)。我们重点介绍与垂直模式相关的垂直速度最大限制。在这些模式中,起飞复飞模式通过俯仰角及时间限制,可以保证飞机爬升梯度,无需再设定垂直速度相关限制。对于高度追踪来说,由于高度捕获模式和高度保持模式控制律不同,在高度捕获模式完成后需要转换为高度保持模式,因此需要设定一个转换条件。其中一个重要指标就是垂直速度(另外还有高度误差及相应的保持时间),一般在此设定的垂直速度最大值为 500 ft/min,只有垂直速度小于该参数才能进入高度保持阶段。对于 FLC 模式来说,在 FLC 控制律计算中,实际采用的垂直速度是高度偏差计算的垂直速度命令值,高度层改变越大,对应的垂直速度越大,其上限值通常不超过 VS 模式中使用的最大上限值。对于 VS 模式来说,由于垂直速度直接作为控制律的目标输入,从乘客舒适度考虑,垂直速度最大限制值一般在 5 000 ft/min 左右。但紧急情况下,需要使用更大的下降率。有的飞机设计了紧急下降模式。在该模式下,飞机下俯增速,同时减速板打开,维持最大的飞行速度 V_{MO} 下降,此时下降速率由于高度的改变可能存在差异。一般在 6 000 ft/min 左右,但下降的前提是该下降率形成的法向过载和气动载荷不会对结构件产生破坏。上述讨论的是垂直速度最大限制。但在有些垂直模式中还有最小垂直速度限制,如飞行高度层改变。由于高度层改变过程中通常需要维持当前空速,如果改变过程空速调整较小,对于下降过程,飞机为了维持当前空速,下俯角度较小,垂直速度也会很小,飞机趋于目标高度的时间会大大增加。为了避免这种情况,设置了最小垂直速度门限值。即在该模式下,如果维持目标速度所需的垂直速度小于 250 ft/min,则按照 250 ft/min 下降。另外,需要补充说明的是,由于垂直速度是从静压孔解算出来的,通常会包含噪声以及左右侧滑时两侧静压源存在的偏差。其中后者对于静压影响最大。目前针对静压补偿有两种方法:一是对静压位置进行优化,同时增加相应的侧向补偿修正,获取较好的静压值,从而计算得到的垂直速度较为准确;二是基于惯性测量对垂直速度进行修正。该方法利用法向加速度数据积分计算得到惯性垂直速度,然后与大气测量的垂直速度进行加权计算。

5) 高度保护限制

在民用飞机设计中,基于发动机性能、飞机气动布局、重量等参数,定义了飞机本体的高度范围,如图 6.27 所示。

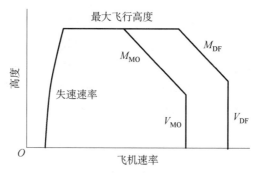

图 6.27 飞机高度包线示意图

对于自动飞行控制系统,从安全和运营角度考虑,其高度包线通常小于飞机本体高度。在实际系统设计中,通常分为最大高度限制和最低高度限制。对于前者,在自动飞行系统中没有高度保护限制。即飞行员能够在高度包线范围内设置尽可能大的高度。对于最小高度保护而言,通常设置一个跟高度相关的门限值。如果低于设定的门限,则该模式不会工作。如半坡保持模式,需要设定一个模式转换高度,即当高度大于 31 000 ft 时,半坡保持模式会自动启动。需要说明的是,考虑到高度显示的滞后特性,需要设置一个偏置 $offset$。即爬升阶段大于 $31\,000-offset$,即可触发。下降过程,高度大约 $31\,000+offset$ 即从半坡模式改出。另外,对于自动驾驶仪来说,存在最小使用高度限制。即起飞阶段,自动驾驶仪在低高度不能接通。如波音飞机设置为 200 ft。如此设计主要考虑低空接通自动驾驶仪带来安全影响。如气象条件不稳定时,在低高度接通自动驾驶仪,如果因颠簸或设备自身故障导致自动驾驶仪断开,此时飞机可能出现姿态变化或高度损失的情况。虽然在 AC 1329B 中描述了自动驾驶仪断开时不应该有大的姿态和高度损失。但在超低空时发生断开情况对飞行安全有重大影响,为此必须设定高度限制。对于自动驾驶仪来说,其最小使用高度通常根据飞机特性及最差故障条件下确定的高度损失(与 50 ft 比较,选其中大者)来确定。飞机特性主要是指飞机的翼展影响。对于大飞机来说,其翼展较大,如 B777 翼展近 70 m,自动驾驶仪的最小接通高度必须大于其翼展。对于 FLC 模式来说,从安全性角度考虑,也存在一个使用的最小接通高度和最大使用高度范围。因为低高度接通 FLC 时,会受到一些特殊气象影响以及模式自身的高度调整,导致高度出现超调现象,存在过航路冲突,乃至引起不安全问题。因此增加一个最低使用高度限制,一般在 1 500 ft 左右。对于最大高度限制,主要是结合 AFM 手册中关于最大使用高度限制。当飞行员设定值超出 AFM 高度限制值时,FLC 执行内部设定的最大高度限制值作为参考值。

　　6)垂直下滑航路保护限制

　　与横侧向航路保护限制类似,垂直下滑航路保护的描述也包含两个层面:面向系统包线保护和面向飞行技术限制。关于面向系统包线保护层面的说明,我们已经在横侧向航路保护限制方面进行了描述,不再进行赘述。以下从飞行技术层面的限制,主要是让机载系统能够获取有效的导航台信号,为垂直航路截获模式提供有效输入。在垂直导航模式中,具有垂直航向截获典型特征就是下滑道捕获功能。以下我们重点介绍截获 GS 的方法。

　　GS 航道是两个不同频率(90 Hz 和 150 Hz)的信号通过调制后,在机载接收机端形成的调制差。理论上经过校验的零调制差对应 3°下滑道线,如图 6.28(a)所示。然而地面设备台的信号辐射能力与设备自身功率密切相关,其作用边界通常是一定的(通过航空飞行校验确定),并且机载天线和设备也有自己的灵敏度,飞机在追踪地面台过程中,必须保持一个合适的距离和角度,使得飞机天线能够接收到有效信号。通常下滑道在 2°~5°范围内,其有效作用距离为 10 n mile。如果飞机距离导航台距离较远,在导航台辐射功率和范围一定的情况下,机载设备可能接收不到有效信号,即使能够接收到信号,如果信号断断续续,那么也会影响自动飞行导航模式的正常工作,如图 6.28(b)所示,飞机 GS 捕获过程出现的波动情况。

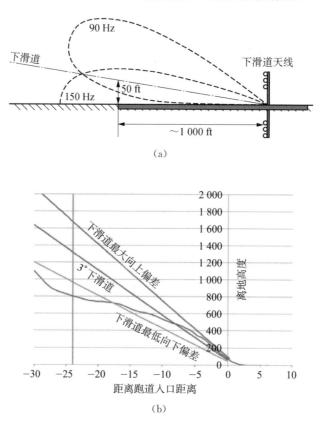

(a)

(b)

图 6.28　GS 信号工作的原理和捕获过程出现的偏差

(a) GS 信号工作原理　(b) GS 捕获过程出现偏差

可以看出,建立稳定的航路与地面台发射功率、机载接收机灵敏度、飞机距离和角度、周边环境等密切相关。由于本书介绍的内容与飞行管理、自动飞行相关,因此本章节主要讨论与飞行技术相关的内容——截获高度和距离,并以此为方向展开研究。进一步需要说明的是,航路截获限制与自动飞行系统的其他包线保护概念有所不同,前者不是在系统内设计一个参数限制,让飞机无法截获到有效的信号,而是从飞机技术角度出发,即为了实现稳定导航信号的接收,截获到航路,要求飞行员在一定距离范围内,按照最小截获角度去飞行,这是一种主动包线保护的概念。而后者是在系统内设计一个限制值,在系统工作时,飞机无法超过限制参数,实现被动包线保护。对应 GS 下滑台,其功率作用范围一般在 10 n mile 左右,有效的下滑道辐射范围为 2°~5°之间。在下降过程中,飞机应该严格按照设定的航路计划飞行,如图 6.29 所示。

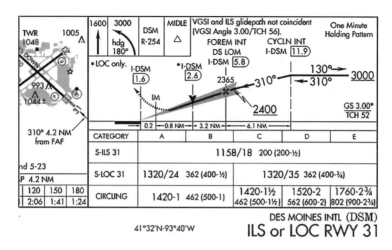

图 6.29　飞机精密进近过程①

在接近精密进近区域后,飞机会自动激活精密进近中的航向捕获模式,此时在横侧向方向飞机朝着目标机场飞行,在垂直方向,飞机按照设定的高度继续下降,正常情况下,执行的航路计划应该是本场的仪表进近程序,在计划中设置了相应的高度。如果按照正常飞行路线,飞机可以下降到适当的高度并完成下滑道的捕获。然而下降过程中,飞机可能遭遇不稳定的气象条件或航路冲突,可能偏离预设垂直航路。这时有两种情况可以执行:如果已经捕获下滑道,此时飞机遭遇干扰后偏离下滑道,如果偏离较大将无法截获有效 GS 信号,则需要重新调整。此时带来的风险是,由于高度受限,在捕获下滑道的过程中需要重新调整高度和速度,工作负荷较大。如果高度很低的话,这种情况通常需要执行复飞。如果还未捕获 GS 信号,飞机高度较高,那么飞行员相对有足够的时间调整高度和速度,以重新捕获 GS 信号。

　　7) 高速和低速保护限制

　　对于飞机本体来说,AFM 中明确了飞机的速度包线。从安全性设计考虑,自动飞行系统对飞机速度采取了进一步保护。需要说明的是,该保护是在飞机本体包线之上的,即自动飞行系统包线保护的范围比飞机本体小,采取的是保守保护。在 AC1329 中专门提到了速度保护设计。虽然自动飞行系统的自动油门可以对速度进行控制,但并没有对速度进行约束或限制。当飞行员设置较大速度或自动油门自身故障等导致飞机速度较高时,自动油门无法对速度进行限制,换句话说,飞机速度可能超出速度包线,虽然在 PFD 上会有相应的超速告警,在飞机本体包线设计中也有失速告警提示,但在自动飞行正常控制的情况下,对于速度控制没有相关的保护措施不满足设计要求。因此在自动飞行导引模式中设置了高速保护和低速保护功能。

---

① 杰普森航图。

该功能不同于上述提到的包线保护功能,不仅是一个阈值的设定,更重要的是将该阈值引入到控制律设计中,通过给出相应的导引指令,直接实现速度的包线保护。以下我们分别介绍自动飞行的高速保护和低速保护功能。高速保护是指飞机速度不能超过设定的门限值。该门限值与 AFM 中定义的 V_{max} 和 Ma_{max} 相关。一旦超过速度限制,高速保护模式从当前的模式改出,即转换为高度层改变模式,并将产生抬头指令,通过爬升减少飞机速度,直到速度小于某个规定的值,这个速度阈值通常比 V_{max} 和 Ma_{max} 要小一些。对于高速保护模式来说,一般该模式工作在高高度空域,带来的问题就是飞机会产生高度层改变,对于高高度来说,可能属于 RVSM 运营的区域,飞机因超速需要爬高可能带来航路冲突。因此,在有些设计中采取保守设计,将飞机是否改出超速状态不由系统自动执行,而将决策权交给飞行员。即,该模式工作仅给出速度保护的导引提示和在 FMA 区域给出相关的告警显示,并不让飞机自动执行自动爬升,即使是在自动驾驶仪接通的情况下。

对于低速保护功能来说,原理跟高速保护类似。即当飞机实际速度超过某个设定的低速保护阈值时,飞机将从速度保持模式切换到低速保护模式,通过产生低头动作,让飞机向下俯冲产生速度增量,直到速度超过设定的最小速度加上一个偏置量。需要说明的是,低速保护的门限值设置不同于高速保护(采用 V_{max} 和 Ma_{max} 作为超速门限值),低速保护的门限值不直接采用失速告警速度,而是设置一个比失速告警要大的门限值,通常是 $1.23V_{SR}$。这里主要考虑是低速带来的安全影响比超速要大。因为低速通常发生在低空,飞机高度较低出现低速时,飞行员机动的空间相对较小。同样,低速保护也会带来航路飞行问题。特别在低空捕获 GS 后,如果发生低速,低速保护模式产生飞机低头动作,飞机由此可能产生偏离航线的飞行。对于提到的 GS 捕获功能,其有效包线范围较小,很可能捕获不到 GS 信号。如果增速时间过长,可能完全偏离 GS 航道,容易引发复飞情况。为此,系统设计过程中,我们必须考虑 GS 模式被超控后的设计状态,即一旦 GS 被超控,切换为低速模式,那么 GS 仍要处于预位状态,一旦能够捕获 GS 信号,马上切换到 GS 模式。

6.2.3　飞行管理保护功能

从第 3 章介绍看,飞行管理系统功能实现了横向和纵向两个维度的飞行剖面管理。其管理的飞行阶段可以包括起飞、爬升、巡航、下降乃至落地。现代民用飞机,从飞行员负荷减轻角度考虑,加强了自动飞行和飞行管理功能的交联,换句话说,自动飞行系统的模式都可以在飞行管理系统控制下工作。自动飞行系统就是飞行管理系统的一个内部环路,而飞机就是内环路中的控制对象。从交联关系看,飞行中飞机本体和自动飞行的安全问题也映射到飞行管理系统中,飞行管理系统必须设置相关的保护功能,才能使得整个飞行包线安全。相对于飞行安全保护功能和自动飞行保护模块,飞行管理保护功能是针对飞机在整个航线运营过程中遇到的飞行情况进行保护,属于航线运行安全的保护。这个保护概念是大外环概念,是建立在飞机本体安全保护和自动飞行保护基础之上的。换句话说,如果没有实现飞机本体安全保护和自动飞行包线保护功能,飞行管理保护功能是无法实现的。通常,飞行管理保护功能是从运营角度考虑的,其主要目的是在繁忙空域,解决潜在的飞行冲突,最大化利用空域资源,提高运营效率。因此,飞行管理保护功能的使用必须紧密结合航线运营要求。特别是近几年 RNAV 和 RNP 运行的强力推广,对于运营空域做了明确要求,这些要求主要体现在飞行高度限制、速度限制、垂直速度限制及由此具备的飞机转弯能力等。以下将从这 4 个方面对飞行管理的包线保护进行描述。

1) 飞行高度限制

飞行管理中的高度限制不同于 AFM 中定义的高度限制和自动飞行高度限制功能。后两者是狭义的高度限制,是针对飞机本体而言的,即为了飞行安全,根据飞机本体特性,将飞机限制在某个范围内飞行,通常只设置上限和下限。飞行管理高度限制则不同,它是基于 RNP 进行空域管理,其目的不仅是从飞行安全角度考虑,而且还从运营效率提高、航路冲突规避、最大化利用空域资源等角度去考虑。从第 3章飞行管理系统功能介绍可以看出,在垂直方向上起飞到落地全飞行阶段,系统采取两个维度对飞行剖面进行管理。对于航线中的航路点来说,如果该航路点处于航路中不同飞行阶段,对应的高度限制也是不同的。飞行过程中,如果飞机高度超出了设定范围,那么飞行管理系统将会产生相应的警告,如图 6.30 所示。

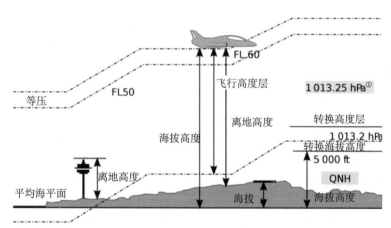

图 6.30　飞机精密进近过程
FL50 —5 000 ft 高度层　FL60 —6 000 ft 高度层　QNH —修正海平面气压

以下我们分几种情况介绍飞行管理系统中的高度限制。如果航路点处于巡航阶段,那它的高度限制通常没有规定,而是以该空域特点而定。如对于一些高海拔

---

① 1 hPa＝100 Pa。

或有高山的地方,为了避免地形产生的气流影响,需要飞机在高海拔运行,考虑到山峰引起的气流可以影响 2 000 ft 以上的飞机,所以巡航高度至少要经过山区最高峰 2 000 ft 以上。在此基础上,如果该区域还是 RVSM 区域,那么必须满足 RVSM 限制要求,即±1 000 ft 要求,因此在预设巡航高度分别增加和减少 1 000 ft,设定高度上限和下限。如果该航路点在航线中属于下降阶段,在下降阶段,飞行可能平飞或下降经过该航路点上空。考虑到该航路点本身属于繁忙机场的空域,附近会存在较多的正在进近的飞机,那么下降阶段经过该航路点时,飞行高度必须设定一个下限,即飞行高度达到该高度时必须改为平飞。此下限值通常根据机场的繁忙程度而定。如果该航路点在航线中属于进近阶段,而进近阶段本身就是非常繁忙的阶段,也就是说该航路点附近存在较多的进近飞机,无论是在横向还是纵向,都面临空域紧张的情况,因此必须明确该航路点的高度范围。另外,考虑到航路点附近可能存在较多的山区或其他障碍物,我们还需要根据这些地形特点设置该航路点的高度范围。通常,这些高度范围有上限和下限,上限的目的是确保飞机没有偏离下垂直剖面太多,引起不必要的飞行冲突,下限是为了避免下降过快,航道偏离及可能触发地形告警等信息。飞行过程中,当采用 FMS 作为垂直方向导引模式的输入源时,这些高度范围作为自动飞行高度保持功能的最大限制输入,从而实现在设定高度范围内保持相关高度。如果航线飞行过程中,飞行员调整高度超出设定的范围,在飞行管理系统中将会产生相关告警,提示飞行员预设高度超出航路高度限制范围。

2) 速度限制

在 AFM 手册和自动飞行系统中也包含了速度限制功能。这些速度限制是从飞机本体保护来考虑的。飞行管理的速度限制功能包括 4 个方面:①与飞机本体的最大速度范围保持一致,即给飞行管理提供的输入不能超过 V_{MO} 和 Ma_{MO},这就要求在飞行管理计算机接口部分,如 CDU,增加速度限制页面,即任何飞行阶段在飞行管理中设定的速度都不能超过飞机本体的最大值。②与飞机构型相关的速度限制。比如不同襟缝翼构型,存在不同的速度限制。这主要与襟缝翼系统强度有关。该速度限制可以在飞行管理系统中实施。③与飞行阶段相关的速度限制:飞行管理的一个重要功能就是实现对不同飞行阶段的速度管理,因此有必要对各飞行阶段速度进行限制。比如起飞复飞阶段,对于速度参考值限制,与起飞性能有关。④与飞行航路相关的速度限制。这些限制主要考虑航路管制和运营要求,具体表现在以下几个方面:ⓐ节省燃油:为了减少飞行油耗,需要根据飞机重量、风速、风向影响,控制飞机的速度,为此需要在不同飞行阶段设定不同的速度范围;ⓑ航路管制:在航路繁忙区域,前后飞机要保持合适的距离,为此限定了速度范围。特别是进场离场阶段,飞行航班较多,两架飞机的时间间隔需要控制好,必须要控制住飞行速度。除非发生紧急情况,通常进场速度都是在规定范围内的。ⓒ与到达时间相关的速度限制。航路运营过程中,根据航路管制要求,需要飞机在预定的时间到达下一个航路点,为此必须确定飞行速度,通常预计到达时间都是以分钟来计时的,因此需要设定速度范围,如图 6.31 所示。

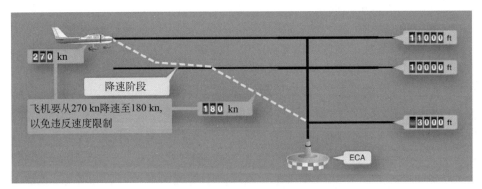

图 6.31 飞机精密进近过程

需要说明的是,由于设定的速度是空速,并非地速,因此我们必须考虑空中气流影响,实时对目标速度进行修正。如果顺风,那么设定的速度上限和下限应该都根据顺风量进行修正,减少相应的修正量。反之,应增加相应的逆风修正。

3) 垂直速度保护限制

根据第 3 章飞行管理功能的介绍,在垂直剖面上飞机从当前高度飞向另一个高度时,必须产生爬升或下降动作,因此需要飞行管理系统给出相应的垂直速度指令。该指令将作为飞行管理垂直方向导引模式的目标值。一旦选择了相关导引模式,该导引模式将使用飞行管理设定的垂直速度控制飞机朝目标高度改变。需要说明的是,选择不同的导引模式,垂直速度目标值使用的方式存在差异。通常,垂直导引模式中采用的导引模式包括 Vpath,FLC,VS 等。对于 Vpath 来说,飞行管理系统给出下滑角指令,path 模式按照此指令执行。如果飞行管理在人机接口界面提供了垂直速度输入功能,该垂直速度不作为参考指令,而是作为飞机下滑过程中使用的最大和最小限制值,即追踪 path 过程,使用的垂直速度不能超过此门限值,也不能下降太慢,小于设定门限值。对于 FLC 模式,它是根据当前高度和目标高度差,计算出垂直速度指令值,同时要追踪设定的目标速度,在此过程中,垂直速度是一个变化的值。如果追踪目标速度过程中垂直速度小于 250 ft/min,那么将采用 250 ft/min。因此,当飞行管理系统选择 FLC 模式时,无须通过人机界面设置最小垂直速度,仅需设置最大垂直速度。对于 VS 模式来说,当飞行管理选择该模式时,VS 控制律直接采用来自飞行管理的垂直速度指令作为参考值。当飞行员通过飞行管理人机接口输入垂直速度,该值作为 VS 模式下的限制值。通常,该值分为最大限制值和最小限制值。飞行员所输入的最大值一般参考飞行手册限制而定,不能超过飞机实际爬升或下降能力。而下限值飞行员不会设定,而是由飞行管理系统自动设定。从实际运营角度考虑,我们通常要设定一个最小值,这个最小值能够反映出飞机高度发生变化时,飞机具有能够朝目标高度改变的趋势。一般飞行管理系统设定的最小垂直速度和 FLC 中设定的最小垂直速度一致。

4) 转弯角度限制

在自动飞行系统的横侧向保护功能中,我们介绍了滚转角、滚转角速率、侧向加速度保护限制及与飞行技术相关的航道截获限制等。相对自动飞行系统来说,飞行管理系统是对外环的控制,不是对飞机本体的直接控制。换句话说,自动飞行系统是属于内环控制,飞行管理系统是外环控制。后者是通过前者实现飞机在横侧向剖面和垂直剖面的飞行轨迹控制。因此,自动飞行系统横侧向的多个参数保护,不需要在飞行管理系统横侧向包线包含中重复设计,而只要找出一个最直接反应横侧向控制能力的参数即可,滚转角是飞机转弯过程中直接使用到的控制参数,它能够直接反应飞机横侧向变化,为此飞行管理系统的横侧向包线保护设计中仅设计滚转角包线保护功能。通过该功能,使飞机在预定的航向或航道飞行时,不会因为飞机转弯角度过大,引发乘客不舒适或飞行安全因素,同时不会因为转弯角度过小,导致转弯能力不足,引起航路偏离或冲突。为此需要设计合理的转换角度范围,避免上述问题。通常,飞行管理系统根据转弯大小给出转弯角度固定值。即小的航向变化,给出较小的转弯角度,大的航向改变会给出大的转弯角度。同时,在转弯过程中,这些固定的转弯角度也会根据风速、航向变化、真空速等参数进行修正。但考虑到与自动飞行系统的关联,飞行管理系统中的滚转角度限制与自动飞行各横侧向模式有关,换句话说,自动飞行各模式中的转弯角度最大值也是飞行管理系统的最大限制值。比如若进近过程中选择 LOC 截获模式,其最大角度限制就是 LOC 模式下的最大角度限制值,一般为 25° 左右。另外,当飞机在高空飞行时,如果超过限制的飞行高度,此时自动飞行系统会进入半坡控制模式。即飞行过程中,如果飞机改变航向,无论航向改变多少,此时飞行管理给出的最大坡度限制值就会是半坡模式的限制值。一般该值较小,大概 10° 左右,这主要是考虑高空转弯时速度较大,大角度转弯会带来较大过载,会使乘客产生不舒适感。并且大转弯可能会对机体机构产生不利影响。虽然在飞行管理系统中没有提及转弯角速率限制,但一般转弯角速率都设置为一个固定的值,通常是 3°/s。

7 关键系统集成技术

7.1 概述

随着航空电子技术的发展,各机载系统的功能也日益扩展并自动化、智能化,因此系统间的交联也日益复杂与重要。在航电系统中,自动飞行控制系统、飞行管理系统、包线保护系统、导航传感器、显示系统之间的交联尤为紧密,甚至于在某些系统架构的设计中,这些系统均作为飞行导引系统的一个组成部分来考虑。而一些航电系统的功能,诸如 CATⅢ类运行、RNP 运行等还需要在飞机级层面上进行功能的综合集成。

自动飞行系统仅从实现模式功能的需求上分析,需要以下典型的输入信号:空速、高度、俯仰角、横滚角、飞行轨迹角、航向、横向加速度、纵向加速度、法向加速度、地速、大气静温或总温、飞行导引系统接通和断开的离散量、飞行导引控制板的输入、伺服作动器的输出信号、预选目标值(如空速、高度等)、伺服作动器和/或舵面的位置或速率等;而其典型的输出信号有:飞行导引系统接通和断开的离散量、指令数据的显示(如飞行指引仪指令杆)、伺服作动器的输入信号、模式选择的显示、预选目标值的显示等。因此仅从自动飞行系统的模式功能层面看,典型的系统集成框图如图 7.1 所示。

如果从实现飞机的飞行任务的角度分析,自动飞行系统还需要与飞控系统、飞行管理系统等以及特殊的飞行环境相交联。从飞机的运行环境层面看,自动飞行系统在飞机运行环境中的位置如图 7.2 所示。因此,自动飞行系统的设计并不是单纯地考虑模式的功能,而应在飞机的运行环境中综合设计并完善模式的功能、模式逻辑和性能,实现系统级和飞机级的集成。

飞行管理系统将导航、制导、控制、动力以及其他信息高度综合,实现飞机最佳性能的飞行。其综合的飞机信息比自动飞行系统更加复杂,实现其功能所需的参与系统也更加全面,而在 RNP 运行中,由于安全性的需求,还对系统的最低配置提出了要求。

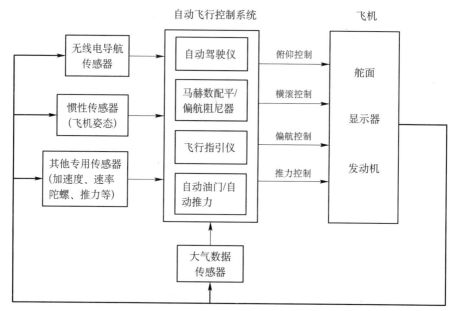

图 7.1　自动飞行系统功能实现架构

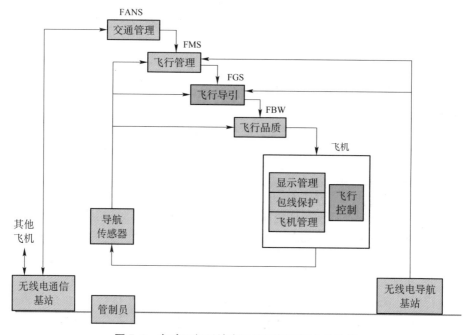

图 7.2　自动飞行系统在飞机运行环境中的位置

以 RNP 运行功能为例,功能实现对机载系统要求的典型架构如图 7.3 所示。

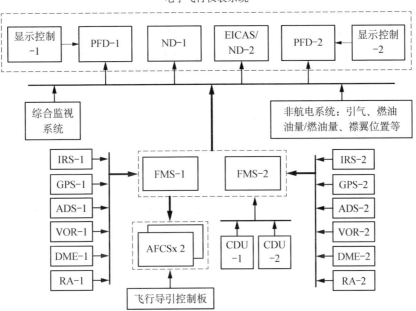

图 7.3 RNP APCH 实现架构

RNP 运行涉及的系统主要有:2 套 FMS 功能软件、2 套惯性基准系统(IRS)、2 套全球定位系统(GPS)、2 套大气数据系统(ADS)、2 套甚高频全向信标(VOR)、2 套测距器(DME)、2 套无线电高度表(RA)、2 套满足飞机 FTE 指标分配要求的自动飞行控制系统(系统架构需满足 RNP 安全性评估要求)、2 套控制显示装置(CDU)、电子飞行仪表系统(EFIS)以及 EFIS 和 AFCS 控制输入设备。

总之,现代商用飞机由于设备的综合化、运行环境的智能化和自由飞行的发展趋势,系统设计必须在飞机级层面进行功能集成,否则不可能设计出一款商业成功的飞机。

7.2 飞行导引集成

自动飞行系统作为商用客机飞行中人机接口的重要系统,是连接顶层飞行计划管理和飞机操控舵面的中间控制系统,自动飞行系统需要与多个系统进行交联,同时随着电传飞控系统和集成模块化航电技术的发展,自动飞行系统更多地通过软件实现功能,这样就涉及与多个系统的集成设计,系统集成可以提高运行效率,节省计算资源,进而可以由于减少计算设备而减少全机的重量。

基于自动飞行在整个飞行中的位置,自动飞行需要与其交联的系统进行集成设计的考虑,自动飞行与飞行管理系统进行集成就可以形成飞行管理导引系统,这也是当前空客主流飞机自动飞行系统集成设计方向,同时飞行导引系统与自动油门进行集成,将自动油门的控制模式与飞行导引的模式进行相关,同时飞行导引系统也会与飞机的飞行包线进行综合考虑实现对自动飞行时的飞行包线监控。

7.2.1　飞行导引系统与飞行管理系统及导航系统的集成

飞行导引系统作为飞行管理系统和主飞行控制系统的中间系统,在导引和导航的概念上飞行管理系统和飞行导引系统应该是高度集成。

在 20 世纪 60 年代发展了较为全面的自动飞行控制系统后,80 年代波音公司最早开始在商用客机上引入飞行管理系统的概念,将自动飞行的概念从之前的自动飞行控制提升到自动航线、性能规划和自动控制操纵的集成体,在引入飞行管理和电子飞行仪表系统后集成度更加提高。

飞行管理的引入同时也引入了新的导引方式和新的算法,同时功能分配更加合理,消除了功能重叠,简化了重复使用的设计,飞行管理系统和飞行导引的集成如图 7.4 所示。

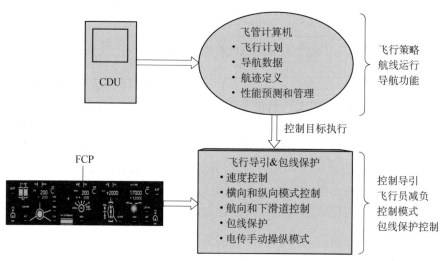

图 7.4　飞行管理系统和飞行导引的集成

7.2.2　飞行导引系统和飞行员交互设计

飞行导引系统与飞行员的操纵直接相关,不同的飞行导引模式控制不同的飞行轨迹,进而完成不同的飞行任务,飞行导引系统可以接收飞行管理系统的飞行规划指令,同时也可以由飞行员按照临时的飞行任务直接输入高度、空速和导引模式等指令进行短期的自动飞行。而对飞行模式的选择、飞行状态的反馈以及在故障和失效状态下的反馈都需要系统与飞行员进行实时的交互,所以飞行导引系统与飞行员交互是集成设计中的重要内容,交互界面会影响飞行员的工作负荷、选择模式的准确性、飞行状态的偏差预知,进而影响飞行的安全性。

目前自动飞行控制系统包含很多不同的功能和模式,以便飞行员灵活操控飞机。这些模式从全手动操控到全自动操控都有。它们可以减少飞行员的驾驶工作量并提高经济效益从而提高驾驶舱的自动化水平,但同时也产生了一类特殊的人机交互问题。这些人机交互问题常常被称作"突发性自动操作"。这些现象一般包括对自动飞行控制系统执行状态的混淆,特别是工作模式的混淆,以及飞机随之发生的机动。近期发生的 5 起致命航班事故,或多或少都涉及这类人机交互问题。

航线飞行员在使用模式和暗状态管理航班时遇到的问题在商业航空组织中已经给予了讨论和关注。事实上,航空公司通过设计具体的训练模型,开发详细的程序和清晰地说明使用飞行驾驶自动化的原理来解决这些问题。然而,从空难事故和大量飞行员对事故的报告中表明模式命令的混淆仍然是人机交互系统中的常见问题。而且模式混淆这个问题在新的自动系统在研发和投入使用中逐步变得明显。

最近几十年来,有一些高度自动化驾驶舱的商业飞机发生民航事故。在所有这些事故中,飞机的软件和硬件功能都完好无损,但是作为一个整体的相关联的系统来说已经失效了或者处于错误的工作状态。这些航空事故的共同原因是部分飞行机组对自动飞行控制系统工作状态的混淆。

以下是自 20 世纪 80 年代初以来,一些与自动飞行系统相关的航空事故案例。

1972 年 12 月一架 L-1011 飞机在迈阿密上空发生空难,其原因是机组正关注一个明显的起落架故障,而飞机处于驾驶盘操纵模式,一个施加在驾驶盘上的不大的力使高度保持断开,但是高度音响告警没有被机组听到,导致致命空难。

1985 年 2 月一架中华航空公司的波音 B747SP 飞机,在自动飞行系统工作的情况下,由于外侧一个发动机失效,自动驾驶仪试图补偿由此导致的飞机姿态变化,直到达到了控制极限,而此时机组断开了自动驾驶仪,飞机姿态突然变化并高速坠落,自动驾驶仪的行为掩盖了失去控制的征兆。

1985 年 7 月一架空客 A320 飞机以 3°的飞行路径角飞行,但是飞机处于垂直速度模式,导致飞机几乎提前着陆在跑道之外。

1989 年 1 月一架 KAR 航空公司的空客 A300 飞机在以 ILS 进近时,起飞/复飞控制杆被无意中按下,导致飞机突然发生机头向上的姿态变化,直到飞行员通过手动重新配平才纠正飞机姿态。

1989 年 6 月一架波音 B767 飞机在波士顿机场进行自动驾驶仪 ILS 进近时,飞机飞过了航向信标捕获点,机组从进近模式切换到航向选择模式准备重新捕获航向信标,并且断开了自动驾驶仪使用飞行指引仪。因为下滑道没有被捕获,而且纵向导引模式为垂直速度模式,并执行 1 800 ft/min 的下降,最后近地告警和塔台发出告警,飞机在 500 ft 高度复飞。

1990 年一架空客 A320 飞机在圣地亚哥下降时,飞行员错误地设置垂直速度为 3 000 ft/min 代替了 3°的飞行路径角。错误被及时发现,但是飞机仍以低于包线和最低下降高度的状态下降。

1991 年一架空客 A310 飞机在莫斯科上空时,机组使自动驾驶仪接通到复飞模式,导致自动驾驶仪操纵飞机使机头向上,飞行员使用升降舵使机头向下,当模式转换到高度捕获模式时,自动驾驶仪断开,当处于复飞模式时,强制断开自动驾驶仪没有被抑制。最后飞机超出了配平极限,在机组重新控制飞机前飞机发生了激烈的俯仰震荡(类似于 1994 年名古屋 A300 飞机事故)。

1993 年一架法航的波音 B747 - 400 飞机在塔希提岛进行进近时使用 VNAV 进近并且接通自动油门,但自动驾驶仪断开。由于错过了进近捕获点,VNAV 执行复飞并且自动油门提供相应的推力。一段时间后,机组手动减少推力到慢车位并且保持推力手柄在慢车位。在触地前 2 s,一个发动机推力手柄被放了几乎最大推力位置并保持在此位置,其他的发动机可以获得反推。扰流板由于其中一个推力手柄不在慢车位而没有被自动打开,而机组不能手动打开扰流板,在飞机速度减小的过程中,机组失去了对飞机方向的控制,飞机最后冲出跑道右侧。

1994 年一架波音 B757 - 200 飞机在曼彻斯特机场起飞后不久,高度捕获模式被激活,自动油门减小了推力,而飞行指引仪指令俯仰向上,在机组使机头向下恢复飞行前飞机的空速一度下降到 V_2。

1994 年 9 月一架空客 A310 - 300 飞机在巴黎上空进近时,空速超过了襟翼限制速度而导致飞行模式转换到飞行高度层改变,自动油门增加推力并使飞机产生机头向上的配平,而此时自动驾驶仪没有接通。机组试图通过操作升降舵使飞机机头向下保持原来的下降路径,由于无法抵消机头向上的配平而导致飞机失速,但飞行员最后改出了失速。

所有以上的航空事故或空难都与飞行导引模式的使用有关,所以飞行导引系统的人机交互设计需要考虑操纵的便捷性、防差错功能、显示区域位置合理可视、飞行导引模式控制方式和飞行员意识方式一致性问题。

飞行导引主要用于实现飞机短周期的导引控制,飞行导引系统根据当前选择的飞行方式和飞行参数,在俯仰与横滚通道,由导引计算模块计算出飞机的导引目标和实际飞行的差再输给内环控制模块,进而计算出俯仰角和滚转角指令发送给升降舵和副翼进行舵面的控制,实现预选的飞行目标。

商用客机的自动飞行控制系统的基本功能包含垂直导引、水平导引和推力控制 3 个方面,并且在各个飞行阶段(起飞、巡航、下滑、复飞等)对应着多种工作模式,国外成熟机型的自动飞行系统的工作模式多达几十种,且对应各自的飞行包线,在前面章节我们已经对此进行了相应的说明。

纵向和横向导引与推力控制的各个工作模式之间,存在非常复杂的模式转换与逻辑关系,当前对飞行导引的模式开发一般运用于复杂系统建模的虚拟原型(virtual prototype,VP)技术,采用 Statemate 等软件平台,对自动飞行系统进行工作模式与逻辑研究,以建立一种正式的(formal)系统描述方式、可执行验证的自动飞行系统规范(见图 7.5)。

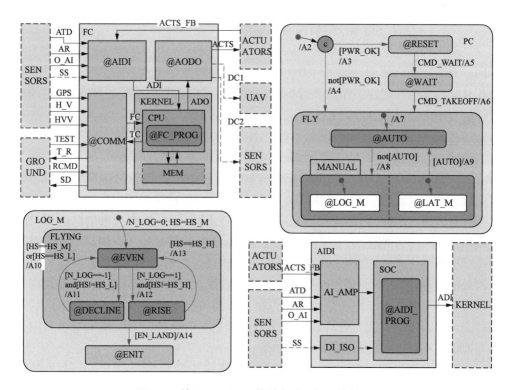

图 7.5　基于 Statemate 的某自动飞行系统的 VP

基于系统工程提出的自动飞行导引模式定义,我们开展工作模式的建模,此工作可以在 Statemate 平台上用功能结构图(activity chart)、离散状态图(state chart)和连续系统图(continuous diagram)进行可视化、可执行验证的描述。同样基于 Statemate 平台我们进行自动飞行工作模式的独立分析,全部工作模式的层次性、系统化完整验证,全部模式之间的逻辑切换与约束条件的设计与验证。基于Statemate 平台我们再使用C++ 语言可以实现对自动飞行工作模式的运行控制权显示、模式告警的设计与验证,探讨实现模式清晰切换的技术和条件。

在全模式工作情况下,运用 Statemate 的正规化方法我们对多种模式工作的安全性作分析与评估,彻底消除模式定义、切换、约束中的缺陷,提高自动飞行与操作的安全性。

处理自动飞行工作模式与电传(FBW)操纵系统之间的关系,需要验证自动飞行工作模式与 FBW 的增稳、余度、工作模式(正常/降级/直接)等特性之间的关系,使用 VP 方法立足于自动飞行系统的定层级运行规范的建立与验证,较之传统意义的"仿真"更接近于工程,可用于指导具体的工程软硬件设计,机载系统软件设计还需要 RTCA/DO-178B 等标准或规范的支撑,也是飞行导引系统实现过程中需要考虑的内容。

7.2.2.1　自动飞行系统的模式通告集成

自动飞行系统操纵和响应的不同取决于处于飞行导引激活状态的飞行模式的不同。为了正确地使用自动飞行系统,飞行员必须知道处于什么激活模式并了解该模式对应的操纵和响应。制约飞行机组知道和了解自动飞行系统的模式,并应该在设计过程中考虑以下几方面:

1) 模式通告的显著性考虑

自动飞行系统必须可以显示多个模式专题标志(如 VNAV PATH, VNAV ALT, ALT* ,G/S, LOC, THR HOLD, SPD),并可以让飞行机组判断出哪种模式是处于激活状态或者发生了模式的更改,包括有些在转换过程中出现很短时间的状态。对商用飞机而言,模式通告基本都显示在 PFD 上。模式通告信息需要与同样出现在 PFD 上的通常更为明显的姿态、速度、高度的图像显示有明显的不同以引起飞行机组的注意;除非模式改变发生时机组成员正在看着显示器,否则即使提供了额外的提示,如在新的模式四周画一个框或者使用几秒的闪光显示,模式改变还是很容易被忽视。由于同一个模式通告在不同的情况下可能表示不同的飞机状态或行为,因此,当前模式通告所表示的含义可能是不明确的,为此,模式通告可用信息有时候还不够,还必须是明显和明确的。

指示及告警的设计须以减少机组人员的错误及误解为目标。指示和告警的表示形式须和指示给机组人员的任务和步骤相符合,并且能够提供完成这些任务的必要信息。这些指示必须在界面上位置明确、逻辑分明且前后一致,并且驾驶员可以在任何可能的灯光条件下在任一驾驶位上辨认出这些指示。指示的颜色、字体、字体尺寸、位置、排列、移动、图像排版以及其他如恒亮或闪烁等特性都须以加强系统有效性为目的。指示以及告警在应用于系统时,须保持相似的形式。

2) 监控模式信息的方式

早期的驾驶舱仪表使用的标准仪器扫描模式现在已经不适用于现代商用飞机玻璃驾驶舱显示器。对于这些新的显示器,尤其是在连续监控模式信息方面,还没有出现什么能与标准仪器扫描模式相媲美的技术。对于如何才能最好地保持对激活模式的感知,有如下建议:在模式发生转换时,飞行机组间大声说出所有模式改变,而有些制造商和运营商认为这种方法机组难以负担而且是不必要的,存在使人分心的可能性。

为了保证机组人员对飞行导引系统的运行及操作及时了解,建议飞行导引界面提供的诸如控制、指示、告警及显示信息的充分性及有效性通过飞行试验或者实验室仿真试验进行评估,而这些仿真和飞行试验也可以作为基础评估的认知任务分析。

3) 模式命名法和显示的差异设计

飞行机组界面上预期完成相似目标的模式可能因为采用不同的命名法而有不同的名字。例如,空客 A320 上的"open descent"模式与波音、道格拉斯、Fokker 以及空客其他一些型号飞机上的"FLC"模式执行的功能非常相似。尽管命名法不同,这些模式的运行方式基本相同:当自动驾驶仪提供俯仰命令到升降舵飞一个指定的空速时,推力保持为一个预先决定的常值。

在一些飞机上使用的与飞行管理系统相关的垂直导航模式被称为"VNAV",而在其他飞机上,这些模式被称为"profile"(PROF)或者"managed navigation"。在不同飞机上,飞行模式通告周围的框代表的含义也不尽相同。甚至不同制造商对模式选择器所在面板的命名也不同,空客称之为飞行控制单元(FCU),波音称之为模式控制板,道格拉斯称之为飞行控制板,Fokker 称之为飞行模式板。

飞机模式通告的排列也有显著的不同。在一些飞机上,如波音的 B747,当前模式显示在 PFD 顶部水平排列的 3 个区域内;在其他飞机上,模式信息分开在 4 个或5 个区域中,可能出现在 PFD 或者一个单独的模式通告显示器上;也有模式信息垂直地显示在 PFD 的下侧左右两边角落。不仅仅是信息所在区域的位置和数量不同,这些差异也反映出对于信息应该怎样分组的不同观点。

在非常规情形下,飞行员在一种不同于现在正在飞的飞机上发展出的本能反应可能会导致不正确的操作。

对模式的命名应该基于飞行导引系统模式要完成的主要功能,同时需要参考当前主流机型的通用命名法,考虑到机组培训的通用性和易于接受的特点,对反馈信息的分组可以参考以下两种建议:

(1) 反馈飞行机组什么模式正在控制飞机速度、飞行路线剖面和垂直剖面的方向。

(2) 将信息分类成自动油门的状态、垂直通道和横向通道状态区域。

4) 预期完成相同目标的模式在实际执行上的差异考虑

为了实现两个高度约束之间的飞行,一架飞机可能飞两个高度约束之间的线性航迹,而另一架飞机可能保持在第一个约束的高度直到采用无推力的下降到第二个约束。这种设计执行的差异不仅出现在不同的制造商之间,同一个制造商生产的不同飞机类型之间也会出现。因为不同飞机类型可能飞出不同的飞行航迹,因此,模式工作方式的微妙差异不仅会造成飞行机组和空管的困扰,对运行手续和空中交通批准的设计也有明显的影响。

不是直接由于飞行机组的动作而产生的模式改变更有可能会被忽略或者引起困惑。这些非直接的模式改变可能是预先程序指令、超过当前模式的设计或飞行包线参数的结果,或者它们代表了飞行机组选择的模式之间的转变状态。因为非直接的模式改变既不涉及模式改变发生时飞行机组的输入,也不涉及确认,所以飞行机组可能不知道已经发生了模式改变。模式改变可能导致飞行机组的预期和飞机实际动作之间产生显著的差异。

在设计模式的工作方式时应该考虑模式对飞机的实际飞行的控制逻辑,并同时考虑在故障情况下当前工作模式的控制行为。在模式转换设计中我们需要考虑飞行管理航线的设计,空域和航线设计以及不同模式间的转换对飞机控制参数的影响,同时应该考虑飞行模式的转换给飞行机组准确的提醒。

5)飞行导引模式数量的考虑

数量众多的模式增加了运营商和飞行员的训练负担和界面的复杂性,从而导致飞行机组出错的风险增加。但也不应该由此而随便减少模式的数量。

飞行导引模式数量应该考虑运行环境、不同运营商和不同运行程序的多样需求,并不是一个运营商需要,甚至是想要所有这些模式,应该综合考虑不同运营商的多样要求,每个独立的模式是否被一个或更多的运营商认为是必需的和值得要的。

同时,也应该考虑某些转换状态的通告(如高度捕获),因为这些状态不是飞行机组直接可选择的,也不需要机组更多的操作,并且只在很短的时间内激活;让飞行机组保持对任何自动控制状态的认知是重要的,这些状态可能会导致飞机或自动控制系统行为的改变,或者可能导致飞行机组操作的不同响应,故应该考虑保留类似的模式状态。

6)自动飞行模式激活状态的一致性考虑

在一些飞机类型上,按钮模式的选择器点亮或者显示它们已经被选择,而不管被选择的模式是否真正被接通。虽然飞行机组被训练通过参考模式通告(通常在PFD 上)来识别激活的模式,但是一些飞行机组仍会看模式选择板以寻找这种信息,因而容易得到错误的反馈。选择器旋钮和按钮到 PFD 通告的距离导致了飞行员倾向于使用模式选择器去了解激活模式的反馈。

我们在设计模式选择板的通告和 PFD 上的通告时应该考虑通告一致的监控,避免模式选择板和 PFD 上的模式激活状态不一致,并考虑给出一定音量的告警提示。

7.2.2.2 飞行机组和自动控制界面设计的考虑

对于现有飞行机组界面设计不直观存在很多抱怨,飞行机组注意到好的工程解决方案不一定能产生用户友好的设计。相当一部分担忧是对于垂直模式,因为它给飞行机组带来最大的困扰。

飞行机组界面的复杂性导致了机组出错可能性的增加。当自动驾驶仪系统采取的行动与飞行机组将采取的行动不一致时这种可能性就增加了。

我们可以考虑通过训练、标准运行程序、警告、告警让飞行机组避免产生出错,然而,更多的注意力应该放在人机交互界面设计上。只有这样,这些补救方法才能长期有效。

飞行导引系统的人机界面对于保障飞行导引系统操作的安全性、有效性和连贯性而言是至关重要的,应该有效地将飞行导引系统信息传递给机组人员并引起他们的注意。

在设计飞行导引系统飞行机组界面时,应该考虑以下因素:

(1) 飞行模式的命名。

(2) 数据入口协议。

(3) 显示符号表示法。

(4) 起飞/复飞位置、自动油门断开开关、自动飞行系统模式选择板的布局设计。

在不同飞机上,推、拉或旋转选择器的旋钮或按钮将会产生不同的结果。这些变化产生的缺陷是飞行机组在不同飞机类型之间转换时会发现难以克服以前训练形成的习惯。尤其在有压力的情形下,甚至会增加出错的可能。在人机交互界面设计中这些情况也应该考虑。

设计方应该特别关注飞行危机功能的多功能旋钮的使用和有着相似形状、触感、位置和显示的不同自动飞行控制器的使用,比如速度和航向控制旋钮。这些设计特征是与最小化飞行机组出错的可能和提供错误容许量的原则相反的。这些特征会使一个忙碌的飞行机组成员非常容易犯错,而且在飞机的行为足够偏离飞行机组预期之前可能都意识不到。

7.2.2.3 飞行导引故障与失效警告和警戒告警的设计

在很多现代运输类飞机的驾驶员座舱中存在着大量的警告和警戒告警信息以向飞行机组通报潜在的危险情况,采用了许多种利用人类的多数感官去获取飞行机组注意的方法,包括声音、尖角触觉、高音喇叭、钟声、铃、蜂鸣器、语音、噼啪响、文字数字符号信息、闪光灯、闪烁显示、振杆、不同颜色等。这些告警中的很多已经被授权作为安全性问题的结果来管理。

虽然在组合、进行优先级排序和在合适情况下抑制不必要的告警方面已经有了很大的进步,我们也应该考虑警告和警戒的数量以及复杂性增加太大,现存的警告和警戒也许不能总是组合成一致的设计。多样的警告和警戒可能也会相互干扰或者在危机时刻干扰飞行机组的交流。不管是否适用于制造商采用的警告或警戒体系,我们都必须采用一种特殊的警告或警戒,相关适航条款的要求增加了上述问题的发生。要求特殊的不一样警告的强制警告系统的例子包括起飞构型、超速、失速、交通警戒和防撞系统、反应式风切变告警系统。

独特的告警越多,飞行机组记住每种告警含义的难度就越大。这可能导致正好在需要采取及时行动时,飞行机组却是困惑和心烦意乱的。颜色、声音等不适当的使用也有可能导致机组的困惑,因为一些警告和警戒可能是相互矛盾的。自动化程度的增加加上变化的运行环境(例如数据连接、未来空中导航系统、自由飞行)和新的安全性系统(例如预测式风切变)使得对提示、警戒、警告和状态信息合理组合的要求更为迫切。

7.2.2.4　飞行导引状态反馈

以往的调查和事故显示出飞行机组倾向于通过观察预期外的飞机动作(如速度或飞行轨迹偏离、控制预期外的移动)来检测高度自动化的飞机上的预期外的自动控制系统的动作,而不是通过包含自动化状态或构造信息的显示器。因为飞行机组用来检测不理想的自动化系统动作所需的信息已经在驾驶员座舱显示器上可用,因此,这个观察表明现有的反馈机制可能不足以支持及时的错误检查。

一些事件和事故的原因指向了自动飞行系统掩盖系统失效或飞行扰动产生原因的缺陷。当自动飞行系统初始掩盖了飞行中的扰动,然后突然断开或者当它超过控制权限、不能够保持控制时这些缺陷就会显现出来。因为自动驾驶仪掩盖的效应,这些情形可能不会被现有的自动驾驶仪规章要求完全地定位。

提供给飞行机组的反馈类型是随着飞行界面和飞行控制系统的技术进步而改变的。在很多区域,触觉的反馈正在被视觉通告所取代。虽然表现的信息是相同的,但是信息的形式已经发生了改变。

尽管我们已经在上述特殊特征设计方面投入了一些精力,其他的需要引起更多注意、与高度自动化的飞机相关的反馈改变的例子仍然存在。就像在上述引用的例子中一样,它们在相对重要性和潜在影响方面缺乏广泛的共识。

(1) 通过显示器通告,而不是通过控制盘和推力杆移动的触觉感知来获知当前和未来飞行路线的视觉通道得到越来越多的使用。

(2) 可以从运营商那里获悉,自动飞行系统的使用使得飞行员们更加难以分辨其他飞行员的输入和目的,从而增加了飞行机组成员之间口头交流的需要。这些常常影响飞机未来的飞行路线而不是当前的飞行路线,这种操作和影响之间的延迟会引起协调事宜。

(3) 现代自动驾驶仪为了提高乘客的舒适性而使用渐进的飞行路线的设计趋势,这种情况可能会在安静的听觉提示不那么明显的飞行驾驶舱更加恶化。

在检查飞行机组的反馈需要时,其他自动控制问题(如飞行机组满足和过度依赖于自动控制系统)也应该被考虑在内。由于是与难以检测的自动控制系统故障同时发生,有关有效反馈的组成和怎样最好地提供这些反馈的问题还缺乏可靠性数据和广泛的共识。关于不同情形下视觉、听觉、触觉反馈之间如何进行合理的平衡还存在着不同的观点。在理解和客观评价飞行机组反馈需要方面还有工作需要做。

7.2.3 飞行导引系统集成的安全性

飞行导引系统及其功能相对于飞机上其他系统的功能有其自身的特点,但是在复杂的飞机机载系统设计中,飞行导引功能是与其他航电功能紧密结合在一起的。这些系统硬件和软件的集成将会对飞机级安全的评估带来一些影响。

很多复杂机载系统集成设计过程中都会遇到可能会对飞行导引系统的预期功能、性能和安全性的集成设计有帮助的故障情况。

7.2.3.1 共同故障模式与连锁故障模式

飞行导引系统与其他飞机系统的集成有可能会降低两个功能间故障影响的独立性与分割。这种现象特别是硬件与软件资源在不同的系统与功能间共享的情况下尤其能得到体现(例如:飞机数据网络与集成模块化航电这两个结构)。在考虑了飞行导引系统作为一个单独系统的可靠性与完整性之外,我们有必要指出在考虑故障扩展、检测与隔离的情况下,飞行导引系统故障的后果。数个单个系统故障条件的组合导致共同故障或者连锁故障,体现在飞机上的综合后果可能比在单个系统上的后果要更严重。例如:在25.1309条款里定义的"较小"与"较大"故障条件若几个故障同时发生时可能会给飞机带来"危险"的后果。对于隔离故障,特别是隔离组合故障,告警系统能否向机组提供清晰明确信息就显得十分重要。

7.2.3.2 错误风险考虑

复杂与高度集成的航电系统会产生更大的引出错误的风险,伴随着非传统的人机界面,也有可能产生机组操作上的错误。此外,系统的集成会导致发生非预期影响的可能性更高。

7.2.3.3 系统安全分析

当安全信用被用于共享的资源或者分区设计时,它们应该被论证以及被记录在系统安全分析中。当考虑系统功能性故障,分区设计不能被证明提供了足够的隔离时,我们应考虑可能的组合故障模式。多轴主动故障就是一个这种类型的故障,该故障表现在多于一根轴的控制运算规则在同一个处理单元上运算。进一步说,控制方程的功能性集成,例如控制面配平、偏航通道以及稳定性的增强,虽然不是严格意义上的飞行导引系统的一部分,但是仍然应该被考虑。

7.3 起飞复飞导引模式

飞行导引系统提供飞行机组操纵飞机的指令,在起飞复飞关键阶段需要基于飞机起飞和复飞性能提供合适的导引,需要考虑起飞复飞的飞行性能需求,这就要求将飞机级性能需求传递给系统,在系统层面实现高级别的飞机级需求,保证飞机级的需求可以被系统捕获并贯彻。飞机性能需要满足性能的基本条款,导引系统也需要满足系统的条款,将性能需求在系统贯彻后同样需要满足系统性能容差需求,并满足航线运行需求,图7.6为性能和系统各自满足条款的符合性图。

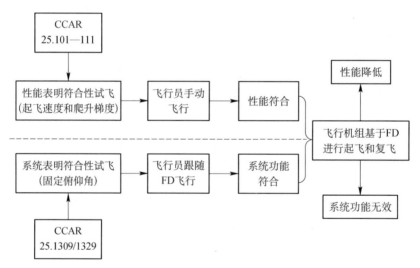

图7.6 起飞复飞性能和系统符合性示意图

性能给出起飞和复飞阶段的性能数据后,我们要将性能的需求转化成需求条件作为起飞复飞模式导引的设计目标,飞机性能和自动飞行需求交联表现在飞行的全包线飞行阶段,起飞复飞是比较典型的飞行阶段。

使用起飞俯仰角导引功能在满足起飞性能要求、保证起飞安全和符合起飞离港程序要求的条件下尽可能地减轻飞行员的负担,航线飞行员已经习惯于期望飞机有准确的起飞导引系统,并给出正确安全的导引指令以给飞行员提供起飞和复飞操作尽可能准确的参考,飞行员只需要跟随飞行指引操纵飞机即可,并在安全高度接通自动驾驶仪转入自动驾驶。

性能需要通过计算分析和飞行试验得到基本的性能数据,系统需要考虑使用性能数据计算导引指令并考虑不同的飞机状态指令的变化,并考虑在合适的时机显示给出指令,图7.7给出了性能和系统需要考虑的问题交联图。

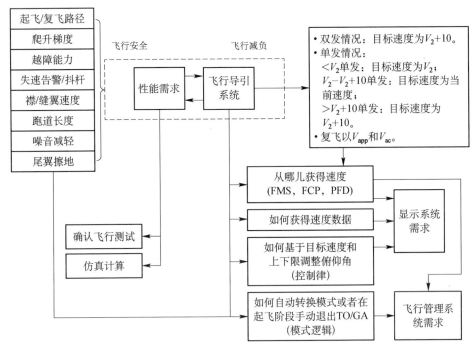

图 7.7 性能和系统需求分析交联

7.3.1 起飞阶段性能需求

起飞阶段是整个飞行剖面的关键阶段,所以条款对起飞阶段的多个性能参数有要求,比如起飞爬升速度、起飞俯仰角限制、起飞航迹、起飞滑跑距离及最小离地速度等,以及运行离港程序等,而起飞阶段的要求在条款中主要针对起飞性能部分。

1) 起飞爬升速度最低要求

● CCAR 25.107 起飞速度

(c) V_2,以校正空速表示,必须由申请人选定,以提供至少为第 25.121(b)条所要求的爬升梯度。但 V_2 不得小于:

(1) V_{2min};

(2) V_R 加上在达到高于起飞表面 10.7 m(35 ft)[①] 高度时所获得的速度增量(按照 25.111(c)(2));和

单发情况下保持单发时刻的速度可以使飞机获得最好的爬升率,图 7.8 为特定襟翼构型下爬升率随空速变化的曲线。不同的飞机最优爬升率相对的空速是不同

---

① 为了全书统一,引文中的单位统一用符号表示。

的,V_2+20 是带起飞襟翼构型最优的爬升速度。它可以在起飞后最短的距离内,获得最大的高度,即爬升梯度是最优的。如果飞机已经达到一个高于 V_2 的速度则不需要增加俯仰角而减小空速到 V_2。

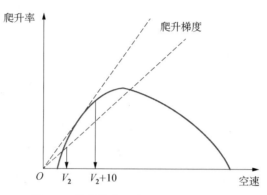

图 7.8   单发状态下爬升梯度/速度曲线

2) 起飞航迹要求

● CCAR 25.111(c)

(2) 飞机在达到高于起飞表面 10.7 m(35 ft)前必须达到 V_2,并且必须以尽可能接近但不小于 V_2 的速度继续起飞,直到飞机高于起飞表面 120 m(400 ft)为止;

此条款中要求 35 ft 前尽可能接近 V_2 但不小于 V_2 的速度起飞。同时在起飞过程中需要考虑越障能力。

3) 起飞爬升梯度要求

● CCAR 25.121 爬升:单发停车

(b) 起落架在收起位置的起飞

在下列条件下,以飞行航迹上起落架完全收起点的起飞形态,和以 25.111 中所采用的形态(无地面效应);

(1) 在速度 V_2 的定常爬升梯度,对于双发飞机不得小于 2.4%,对于三发飞机不得小于 2.7%,对于四发飞机不得小于 3.0%:

4) 起飞俯仰角限制要求

在起飞阶段进行俯仰角限制需要考虑:

(1) 避免触发失速告警。

(2) 使飞行员的视野受限。

(3) 引起乘客不适。

5) 减噪起飞要求

在减噪起飞程序中有对速度的要求,图 7.9 和图 7.10 为 ICAO 推荐的减噪起飞程序。

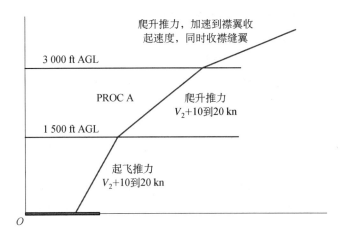

图 7.9 减噪起飞程序 A

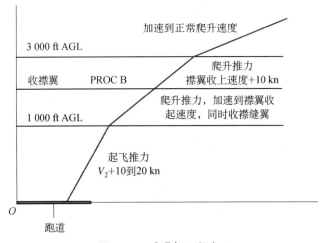

图 7.10 减噪起飞程序 B

7.3.1.2 复飞阶段性能需求

复飞阶段同样是整个飞行剖面的关键阶段,因为复飞激发的时间比较灵活,在进近的任何时候都有可能进行复飞,同时也需要考虑单发的情况,所以复飞阶段对性能也有要求,主要集中在爬升速度和爬升梯度。

1) 复飞进场爬升速度和梯度要求

● CCAR 25.121(d)进场

(1) 定常爬升梯度,对于双发飞机不得小于 2.1%;对于三发飞机不得小于 2.4%,对于四发飞机不得小于 2.7%:

(i) 临界发动机停车,其余发动机处于复飞设置可用功率(推力)状态;

(ii) 最大着陆重量;

(iii) 按照正常着陆程序制定的爬升速度,但不大于 $1.4V_{SR}$;

进场爬升速度应保持在 $1.23V_{SR}$ 与 $1.4V_{SR}$ 之间,基于此速度要求得到导引姿态,同时考虑发动机的推力情况和相关延迟。

2) 复飞着陆爬升速度和梯度要求

● CCAR 25.119 着陆爬升:全发工作

当发动机功率(推力)是将油门操纵杆从最小飞行慢车位置开始移向复飞设置位置后 8 s 时的可用功率(推力),着陆形态的定常爬升梯度不得小于 3.2%:

(a)在非结冰条件下,爬升速度 V_{REF} 由 25.125(b)(2)(i)条款确定;

基于复飞爬升的速度和爬升梯度要求,考虑双发和单发的推力增长情况,计算飞机所需俯仰角,将速度作为俯仰角计算的重要依据,同时考虑机组操作的因素,对俯仰角进行必要的约束。

通常使用的典型约束方案有:激活复飞导引后,设置俯仰角限制,目标速度通常使用 V_{app} 与当前速度的较大者,同时对速度也进行约束,比如双发条件下目标速度不小于 $V_{REF}+5$ kn,且不大于 $V_{REF}+18$ kn,单发条件下目标速度不小于 $V_{REF}+5$ kn,且不大于 $V_{REF}+13$ kn。

7.3.2　起飞复飞模式飞行导引

基于对飞机起飞复飞性能的需求分析,在起飞和复飞阶段速度和爬升梯度是比较重要的参考量。当前主流的支线客机在起飞和复飞阶段基本上使用两种导引方式,一种是固定俯仰角或者变固定俯仰角的导引方式,另一种是基于目标速度的导引方式。

使用固定俯仰角导引方式,一般会通过飞行员操作手册制定合理的起飞操作程序,导引设计较为简单,机组需要关注速度;使用目标速度为基准进行俯仰指令导引,机组操作程序简单,导引设计较为复杂。

1) 固定俯仰角导引

固定俯仰角导引方式一般考虑起飞时飞机重量、外界温度、机场高度等因素,制定不同飞行试验条件,根据试飞结果综合评估分析设置固定俯仰角。对于发动机出现失效情况,该方式也会综合各种试飞条件下的数据获得一个新的固定俯仰角值。当前也有一些支线飞机采取这种起飞固定俯仰角导引方法,比如 CRJ200 支线飞机。

使用固定俯仰角飞行导引,起飞后提供的俯仰角导引更多的是一种辅助参考,飞行员需要根据飞行手册中规定的程序来完成起飞爬升,即不仅仅参考飞行指引仪。因此起飞抬前轮阶段,飞行员需要平稳地抬前轮,并在抬前轮阶段追踪飞行导引生成的固定俯仰角。一旦飞机达到所需的爬升速度,飞行员观察飞行显示器上的速度指示带,根据当前速度大小决定是否需要操纵驾驶杆调整飞机俯仰角,保持合适的空速和建立合适的爬升梯度,该过程至少持续到 400 ft。

　　飞机起飞阶段固定俯仰角的控制方法示意如图 7.11 所示,基于飞机起飞构型状态例如襟缝翼位置、飞机重量、机场气压高度等,系统计算出固定俯仰角值通过飞行指引显示给机组。

图 7.11　固定俯仰角控制方式

　　如果起飞模式阶段飞行员跟踪固定俯仰角导引飞行可以满足起飞性能的要求,那固定俯仰角的导引方式是可以满足适航规章的。

　　2) 基于目标速度导引

　　如果固定俯仰角导引方式不能满足起飞性能要求,则导引系统飞行指令引导飞机平稳获得变化的俯仰姿态以捕获和跟踪一个速度图,图 7.12 是起飞阶段关键速度。

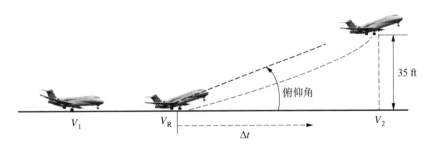

图 7.12　起飞阶段关键速度

　　在飞行导引系统起飞模式控制律中引入空速监控,并引入起飞前飞行员设置的起飞爬升速度($V_2 + X$ kn),将预设空速阈值和实时空速进行比较,当速度达到起飞爬升速度后调整俯仰角以保持基准速度;同时考虑在 FD 指令杆变化时应该平滑避免导致飞行员诱发振荡。

　　以起飞阶段的速度变化为基准形成起飞过程时序图,对不同的状态变化引起的速度变化进行分析,形成导引指令转换的逻辑及模式的转换逻辑。图 7.13 是基于速度变化时刻的时序图。

　　通过分析起飞和复飞阶段的速度变化时序,我们确定不同构型下的目标速度,飞机起飞阶段基于目标速度的控制方法示意如图 7.14 所示,基于飞机起飞构型状态例如襟缝翼位置、飞机重量、机场气压高度等,由飞行管理系统基于性能数据计算出目标速度,并将目标速度发给显示系统和飞行导引系统,激活起飞模式后飞行导引根据逻辑和控制律计算出俯仰角指令发给显示器。

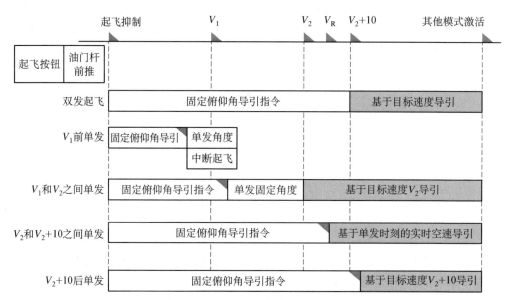

图 7.13　基于速度变化时刻的时序

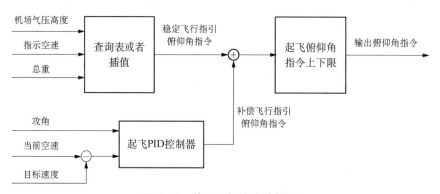

图 7.14　基于目标速度的控制

基于目标速度的控制会根据飞机的状态更改目标速度,也会根据目标速度动态调节俯仰角以跟踪目标速度,实现最优的起飞爬升性能。

不同的导引方式会直接影响机组在起飞复飞阶段的操作和飞机的动态响应,进而影响起飞复飞阶段飞机的安全性,采用什么控制方式要基于飞机性能需求和安全需求,在满足安全的基础上同时不给飞行机组带来额外负荷,则采用研发成本较低的方式更满足市场需求。

7.4　自动飞行控制律与飞机机体振动的耦合

当代高速飞行器带有增益控制律架构的飞行控制系统和机体振动模式会存在

气动耦合,而这种耦合对机体结构和飞行员的操纵品质都有影响,如果耦合度较高就会使机体振动裕度降低,同时降低了结构稳定性裕度,同时影响飞行操控品质和机动性。

自动飞行系统的主要控制指令的输出由控制律完成,而控制律计算需要由传感器输入计算参数,很多传感器都安装在机身或者机体结构上,所以机体结构振动也会将振动信号通过传感器参与控制律的计算,进而影响控制指令。

在工程上要尽可能减少结构和飞行控制系统的耦合度,控制系统工程上常用的办法是在控制环路中增加相关的陷波器,陷波器的设计需要考虑影响飞行操纵品质的低频相位滞后问题。

通常强度颤振通过全机地面共振试验(ground resonance test,GVT)、气动伺服弹性试验(aeroservoelasticity,ASE)及理论分析结果得到自动驾驶仪俯仰轴回路开环频率响应特性;进而可以由自动驾驶仪开环传递函数得到自动驾驶仪俯仰轴回路闭环稳定特性,基于此对自动飞行控制系统的控制律环路中的陷波器进行优化设计。

经过工程处理的控制性能最终需要通过地面共振试验和气动伺服弹性确认其符合强度频率裕度要求,然后根据试验结果对控制律的陷波器方案进行优化和调整,最终需要通过地面和飞行试验验证控制律和机体结构的耦合状态是否满足需求,验证飞机在直至 V_d/Ma_d 的所有速度下均不会出现任何气动伺服弹性不稳定现象,即飞机结构和控制系统无不利耦合。用 ASE 飞行试验的方法可以得到飞机的 ASE 特性及稳定裕度,表明飞机对气动弹性稳定性条款的符合性。

7.4.1 全机地面共振试验

地面共振试验分为有控和无控试验两个部分,有控试验通常指驾驶杆操纵闭环控制律、偏航阻尼器控制律、自动驾驶仪控制律与飞机结构耦合情况的伺服弹性稳定性试验;无控指飞机机体结构的频率、模态测试试验。

其中与自动飞行控制律直接相关的有控状态试验指典型情况的偏航阻尼器、驾驶杆操纵闭环控制律、自动驾驶仪开闭环频响特性试验、闭环脉冲响应试验。

通常自动驾驶仪控制律在环的地面 GVT 试验的简图如图 7.15 所示:

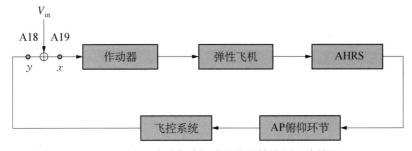

图 7.15 地面试验自动驾驶仪俯仰轴控制系统简图

　　试验时自动驾驶仪接通，系统为闭环状态，在升降舵 PCU 之前注入激励信号 V_{in}，信号类型为正弦扫频信号，信号的幅值在 $0.1°\sim0.5°$ 范围内可调，信号的频率范围为 $0.1\sim30$ Hz，线性扫频，扫频步长为 0.1 Hz，每个频率点重复 3 个周期以上；激励信号驱动升降舵运动，升降舵运动使弹性飞机产生运动，安装在飞机上的 AHRS 感受飞机运动产生自动驾驶仪控制律使用的信号经过飞控系统产生控制指令 y，y 叠加激励信号 V_{in} 产生控制指令 x（$x = y + V_{in}$），控制指令 x 驱动作动器运动，形成飞机自动驾驶仪俯仰轴闭环系统。

　　试验用闭环的方法测试回路总的开环传递函数频响特性，系统总开环传递函数可以表示为 $G1(s) = y/(V_{in} + y) = y/x$，而系统的总开环传递函数以 Nyquist 图和 Bode 图形式给出。

　　在进行地面 GVT 试验时，一般选取增益最大的空速状态进行试验，试验可能不需要覆盖所有的空速范围。典型自动驾驶仪俯仰轴伺服弹性地面试验（没有气动力）空气弹簧支持试验频响特性如图 7.16 所示。

7.4.2　气动伺服弹性验证

　　气动伺服弹性飞行试验通过飞机在空中飞行，除了在舵面加入激励信号外还在飞机机体结构中加入了真实的气动力，更加真实地测试飞机在空中飞行时飞机的 ASE 特性及稳定裕度。

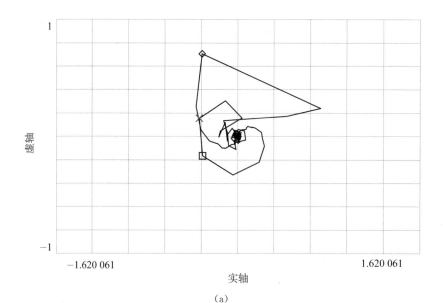

(a)

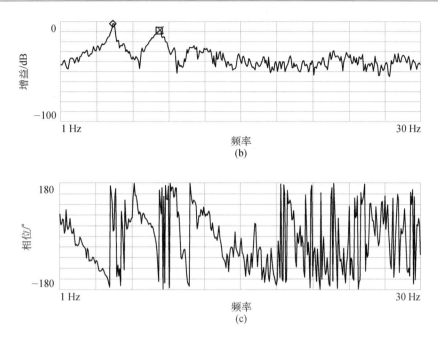

图 7.16 自动驾驶仪俯仰轴频率响应曲线——空气弹簧

通常自动驾驶仪控制律在环的气动伺服弹性试验简图如图 7.18 所示：

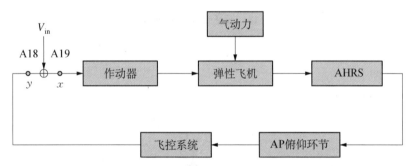

图 7.17 ASE 飞行试验自动驾驶仪俯仰轴控制系统简图

与地面试验类似，试验时自动驾驶仪接通，系统为闭环状态，在升降舵 PCU 之前注入激励信号 V_{in}，信号类型为正弦扫频信号。试验用闭环的方法测试回路总的开环传递函数频响特性，系统总开环传递函数表示为 $G1(s) = y/(V_{in} + y) = y/x$，而系统的总开环传递函数以 Nyquist 图和 Bode 图形式给出。

空气伺服弹性试验选择不同的飞机构型，包括高度、速度和重量参数进行测试，全面反映飞机不同飞行状态下的气动特性。

典型自动驾驶仪俯仰轴伺服弹性地面试验（没有气动力）空气弹簧支持试验频响特性如图 7.18、图 7.19 所示。

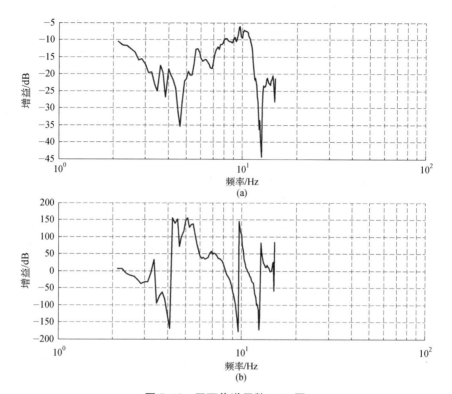

图 7.18　开环传递函数 Bode 图

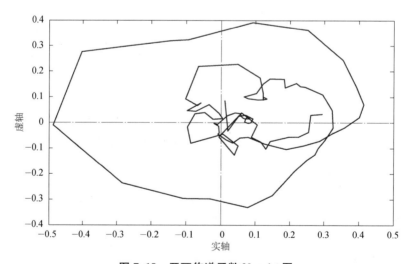

图 7.19　开环传递函数 Nyquist 图

7.4.3　基于伺服弹性的自动飞行控制律设计

自动飞行控制律回路开环频率响应特性和闭环稳定特性可以通过地面振动试

验和气动伺服弹性飞行试验获得，通常自动飞行控制系统通过在内环控制律基于以上试验结果在控制环路俯仰通道或者滚转通道增加陷波器，以改善与结构模态的耦合情况，其中卡尔曼滤波器被广泛使用，也会根据振动试验的频率分析使用核实的陷波器。自动飞行系统俯仰通道分析模型如图 7.20 所示。

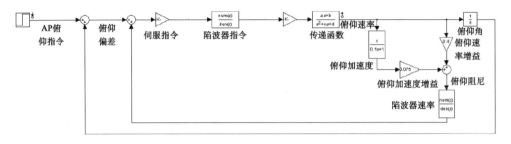

图 7.20　自动飞行俯仰通道模型

在自动驾驶仪控制环路中增加滤波器的性能效果主要通过以下指标评估：

（1）开环频域响应峰值的衰减度。

（2）飞行员操纵范围内的频率裕度（0～3 Hz）的低频相位滞后性，特别是在 1 Hz 频率处的相位滞后。

以下是基于 GVT 和 AES 试验分析出的滤波器中心频率、带宽及陷幅滤波器指标案例。

表 7.1　陷幅滤波器中心频率、带宽及陷幅滤波器指标

中心频率/Hz	带宽/Hz	中心频率陷幅指标/dB	全带宽陷幅指标/dB
5.2	4.7～5.8	−11	−6
9.8	7.9～11.2	−16	−11

基于以上滤波器指标在自动飞行控制律内环俯仰通道上可以增加结构陷幅滤波器，设计的结构陷幅滤波器形式如下（其中离散化过程使用的采样时间为 0.01 s）：

$$D_{\text{notch}}(z) = \frac{1 + b_1 \cdot z^{-1} + b_2 \cdot z^{-2}}{1 + a_1 \cdot z^{-1} + a_2 \cdot z^{-2}}$$

我们可使用激励信号得到具体的激励时间及激励信号类型，然后对相应参数进行傅里叶变换相除可得系统总开环传递函数的频响特性，典型频响特性如图 7.21 所示。

在自动飞行控制律环路中设计滤波器需要考虑多种因素：

（1）特别需要分析与机体短周期低频耦合性能。

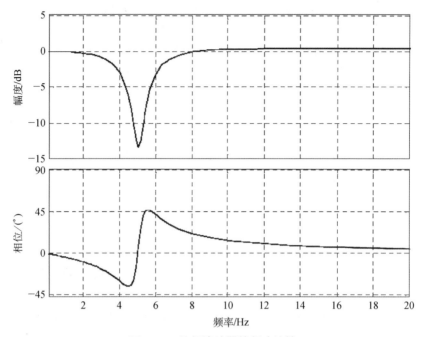

图 7. 21　陷幅滤波器的频响特性

（2）滤波器的设计需要考虑不同的飞机构型的影响，比如重量重心分布、襟翼起落架构型对构型的影响。

根据陷波器频响特性仿真分析可以确定自动飞行控制律的输出响应是否满足设计指标，并通过机上做相关验证试验确认对机体强度需求的满足性。

7.5　风切变规避导引及空中防撞系统自动导引

对于商用客机来说提供运行环境监控功能是很重要的，特别要对容易对飞行安全造成重大影响的特殊气象环境以及飞行中的空域冲突情况关注，这也是商用客机运行的强制要求，运行的具体要求通过 CCAR 121.358 条款发布，要求涡轮动力的飞机应当装备经过批准的机载风切变告警与飞行指引系统，经批准的机载风切变探测和避让系统，或者经批准的这些系统的组合。

此运行要求的主要功能由导航和飞行导引系统集成实现，导航地形感知告警系统（terrain awareness warning system，TAWS）实现风切变探测和告警功能，飞行导引系统在探测到飞机进入风切变后进入风切变规避模式给出导引指令指导飞行员改出规避和脱离风切变环境，同时 TCAS 对空域飞机的冲突也进行监控，把此监控和自动飞行导引集成就可以实现对空域冲突飞机执行自动规避精确控制。

飞机导航系统与飞行导引的集成是实现自动飞行的最基础也是最重要的飞机系统集成。

7.5.1　风切变探测和规避导引

风切变,特别是低空风切变,是导致飞行事故的主要因素,风切变气象形成如图 7.22 所示。国际航空界公认低空风切变是飞机起飞和着陆阶段的一个重要危险因素,被人们称为"无形杀手",且由于它时间短、尺度小、强度大的特点,给探测、预报、飞行等带来了一系列的困难,其造成的严重危害已引起国际航空界的高度重视,如何探测、回避及应对低空风切变以免受或少受其危害成了国际航空领域公认的重大研究课题之一。

图 7.22　风切变气象形成示意图

目前,用于风切变探测的方法主要有两种:第一种是以多普勒气象雷达、激光雷达、红外探测为核心的预测式风切变探测,使用电磁波或光学方法探测飞机前方数千米以内的危险风场,并给出告警信息。这种方法的缺点有两个:由于低空风切变持续时间较短,再加上远程探测精确度的局限性,导致预测式风切变探测的虚警率(不必要的告警)和误警率(危险风切变条件却没有告警)都较高;如果飞机前方空气干燥纯净,则会不利于电磁波或光波探测,导致探测效果变差。第二种方式是当飞机已经处于风切变风场之中,通过机载传感器的空速、攻角、侧滑角、姿态角、高度等信息,通过飞机飞行状态的改变程度来判断风场强度是否超过告警阈值;这种方法的探测准确度较高,缺点是在危险风切变条件下如果未能及时告警,飞行员将不能及时处理,有可能引发灾难性后果。

鉴于风切变条件对飞机带来的严重影响,FAA 自 1971 年起开始研究风切变问题,并成立项目组,协调各种研究活动,目的在于规避风切变。同时,飞机制造商和航空设备提供商也积极投入到风切变探测和规避导引的算法及设备开发当中。随着航空业的发展,针对不同机型的规避导引系统不断涌现。风切变规避导引是当发生风切变告警时,根据飞机自身的飞行状态,提供最优的飞行导引指令,引导飞行员操作飞机尽可能改出风切变环境。

飞机穿越风切变进近的控制主要有两个研究方向,一个是当飞机遭遇警告(warning)级的严重风切变时,飞机应放弃进近着陆,选择复飞(go around)。在低空风切变条件下自动复飞控制主要研究通过油门和升降舵的控制,以及相应的制导策略使飞机最大限度地爬升高度,从低空风切变中改出。另一种是当飞机遭遇警戒(caution)级的普通风切变时,飞行员应注意保持飞机航迹,可以选择继续进近着陆。在低空风切变条件下自动进近着陆控制主要研究通过油门和升降舵的控制,使飞机最大限度地保持预定航迹进近着陆并监控飞机状态。

7.5.1.1 基于能量管理的机载反应式风切变探测

反应式机载风切变探测和告警系统根据飞机风标攻角、空速、升降速率、过载、姿态、角速率等信息来实时计算飞机所感受到的风场强度因子,判断飞机是否处于危害飞行安全的低空风切变风场中,以给出相应级别的风切变飞行条件警告信息。仅仅通过风切变强度因子计算容易导致风切变探测误警率和漏警率偏高,不能给出合理的风切变告警信息,导致不必要的中止进近或飞行危险。本研究报告提出一种基于飞机能量管理的风切变探测和告警算法,综合利用飞机剩余动能和可用重力势能,并结合当前飞行状态,对风切变强度因子进行修正,使修正后的风强度因子更符合飞机的动态能量特征,有效地提高反应式机载风切变探测和告警系统的准确性。

风切变规避导引系统在得到风切变告警(windshear warning)后启动,综合利用飞行指引、语音告警、模式通告和推力控制,协助飞行员发挥飞机最大可用能量,增强飞机脱离风切变环境的能力。本研究报告基于相关适航条款和技术标准的要求,综合考虑人机功效、发挥飞机最大性能和失速/迎角保护的要求,通过适航验证试验,确认该方法能够有效地发挥飞机的最大可用能量,有助于引导飞行员操控飞机脱离风切变飞行环境,提高了飞行安全性。风切变告警和规避导引系统的适航验证需满足相关适航条款的要求,并获得相关适航审查机构的批准。

商用客机的风切变探测/告警和规避导引功能基于多个不同的机载设备和系统,其风切变探测/告警功能和规避导引功能虽驻留于不同的设备中,但其发挥作用的机制紧密相关,风切变探测/告警系统发出风切变告警的时机对于风切变规避导引系统发挥效能至关重要,风切变探测/告警和规避导引系统的系统架构如图 7.23所示。

反应式低空风切变探测是当飞机已经处于风切变风场之中,通过大气数据计算机(air data computer,ADC)提供的空速、攻角、侧滑角,以及惯性参考系统(inertial reference system,IRS)提供的飞机速度与姿态信息,可以解算出当前的迎风风速变化率和垂直空速,通过理论公式或经验公式判断所处低空风切变的危害程度,向飞

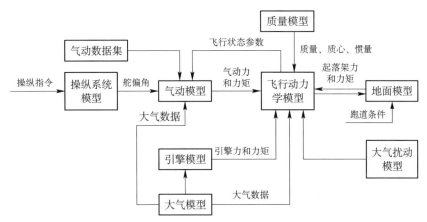

图 7.23　风切变探测/告警和规避导引系统的架构框图

行员发出告警信息。反应式风切变探测的优点是探测准确度较高,虚警率误警率相对预测式风切变比较低。缺点是反应式风切变在告警时已经处于风切变风场中,如果发生误警将引发灾难性的后果。

地形感知告警系统能根据飞机飞行状态和飞行环境,向机组人员发出告警提示避免各种可能引发撞地的危险,其中 mode 7 通过空速、攻角、无线电高度等参数判断飞机是否处于危害飞机安全的低空风切变风场中,并根据危险程度向飞行员发出警戒(caution)或告警(warning),提示飞行员驾驶飞机躲避危险,从而避免撞地。

风切变规避导引系统在得到风切变告警后启动,综合利用飞行指引、语音告警、模式通告和推力控制,协助飞行员发挥飞机最大可用能量,增强飞机脱离风切变环境的能力。风切变规避导引系统的规避导引指令采用规避导引控制律实时计算的方式得出,其效能要求至少不低于采用固定俯仰导引角 15°的方式,且需满足飞行轨迹和攻角保护条件,因此,我们需通过桌面仿真分析表明系统效能的符合性。

风切变告警和规避导引系统的适航验证需满足相关适航条款的要求,并获得相关适航审查机构的批准。本研究梳理了风切变告警和规避导引系统的具体要求,提出了一种综合运用 Simulink 桌面仿真、人在回路(pilot in loop)飞行模拟器仿真、Cooper-Harper 效能评估方法的适航验证方法,通过性能仿真和飞行员主观评价两种途径对系统的适航符合性进行了验证。

1) 风场强度算法

风切变探测最核心的是风场强度的确定和计算,风场强度有不同的算法,基本的算法流程如图 7.24 所示。

当离地高度 $AGL < 1\,500\,\mathrm{ft}$ 时,TAWS 风切变探测功能处于工作状态,通过大气数据计算机提供的空速 V_{AS}、攻角 α、侧滑角 β 以及惯性基准参考系统 IRS 提供的飞机速度和姿态信息,可以解算出当前迎风风速变化率和垂直空速。已知式(7.1):

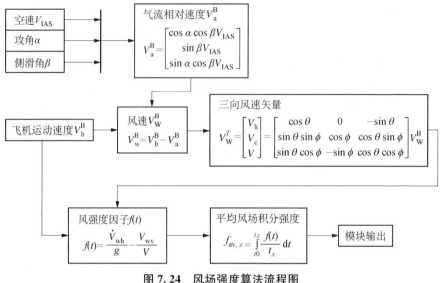

图 7.24　风场强度算法流程图

$$V_W^B = V_b^B - V_a^B \tag{7.1}$$

式中：V_W^B，V_b^B 和 V_a^B 分别为机体坐标系下的风速、飞机运动速度和气流相对速度，如式(7.2)所示。

$$V_a^B = \begin{bmatrix} \cos\alpha\cos\beta V_{IAS} \\ \sin\beta V_{IAS} \\ \sin\alpha\cos\beta V_{IAS} \end{bmatrix} \tag{7.2}$$

由 IRS 测得飞机的俯仰角 θ 和滚转角 ϕ，经坐标系转化可得到飞机航向风速 V_h，侧向风速 V_c 和垂直风速 V_v 如式(7.3)：

$$V_W^T = \begin{bmatrix} V_h \\ V_c \\ V \end{bmatrix} = \begin{bmatrix} \cos\theta & 0 & -\sin\theta \\ \sin\theta\sin\phi & \cos\phi & \cos\theta\sin\phi \\ \sin\theta\cos\phi & -\sin\phi & \cos\theta\cos\phi \end{bmatrix} V_W^B \tag{7.3}$$

当迎头风速变化率 $\dot{V}_h$ 和垂直风速 V_v 超过警戒阈值时，TAWS 风切变探测功能将发出风切变警戒(windshear caution)提示飞行员保持飞行姿态；当迎头风速变化率 $\dot{V}_h$ 和垂直风速 $\dot{V}_v$ 超过告警阈值时，TAWS 风切变探测功能将发出风切变告警，指示飞行员立刻采取措施避免失速坠机。

根据 FAA 提出的风切变危害因子法，根据风速变化率 $\dot{V}_h$ 和垂直风速 V_v 和空速得到式(7.4)。

$$f(t) = \frac{\dot{V}_{wh}}{g} - \frac{V_{wv}}{V} \tag{7.4}$$

式中：$\dot{V}_{wh}$ 是风切变水平分量变化率，单位为 g（重力常数）；V_{wv} 为风切变垂直分量（垂直地面向上为正），则 $f(t)$ 在一段时间内的平均值式（7.5）为

$$f_{av,x} = \int_{t0}^{tx} \frac{f(t)}{t_x} dt \tag{7.5}$$

超过阈值时，探测系统向飞行员发出告警信息：

必须告警区间如式（7.6）：

$$\begin{cases} f_{av,x} \geqslant 0.105 & t_x \geqslant 10 \text{ s} \\ f_{av,x} \geqslant 1.049/t_x & 5 \text{ s} < t_x < 10 \text{ s} \\ f_{av,x} \geqslant 0.210 & t_x \geqslant 5 \text{ s} \end{cases} \tag{7.6}$$

禁止告警区间如式（7.7）所示：

$$f_{av,x} < 0.04 \tag{7.7}$$

在风切变探测设备相关的标准 TSOc - 117A 中，直接给出了风切变告警的区间示意图，如图 7.25 所示。

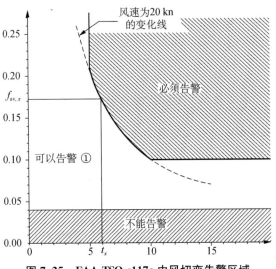

图 7.25 FAA TSO c117a 中风切变告警区域

2）基于能量管理的告警阈值修正

美国联邦航空局发布的 TSO 中关于风切变告警区域判定的风切变危害因子没

有考虑飞机的机动性能、飞机高度影响。事实上，飞机由于型号不同，所处的飞行状态不同，其遭遇风切变时的机动性能也不同，本报告在公式中利用了飞机剩余推力和飞机重量对公式进行修正。

飞机由于所处高度不同，遭遇风切变时的危险程度也不同。若飞机在决断高度(decision height，DH)遭遇告警级别的风切变，飞机几乎没有安全规避的可能，本报告在公式中利用飞机高度对公式进行了修正。

另外，该算法中并没有考虑到风速增加的水平风切变 $\dot{V}_h > 0$，上升气流 $V_v > 0$ 相比风速减小的水平风切变 $\dot{V}_h < 0$ 和下降气流 $V_v < 0$ 对飞机气动特性带来的不同影响，因此我们需要对公式进行适当的修改。当遇到风速增加的水平风切变、上升气流时，一般只给出警戒级别的提示提醒飞行员；当遇到风速减小的水平风切变、下降气流时，一般要给出告警级别的提示提醒飞行员立即操纵飞机规避风切变。

飞机可用能量修正算法流程图如图 7.26 所示。

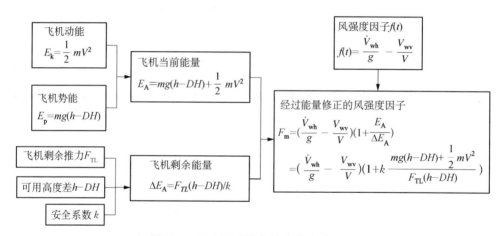

图 7.26 飞机可用能量修正算法流程图

在任一时刻，飞机距离决断高度的总能量 E_A 为

$$E_A = mg\,(h - DH) + \frac{1}{2}mV^2 \tag{7.8}$$

其中：m 为飞机质量，h 为飞机高度，DH 为决断高度，V 为空速。

假设飞机利用剩余推力 F_{TL} 和到达决断高度的距离 $h - DH$ 可以获得的能量为

$$\Delta E_A = F_{TL}(h - DH)/k \tag{7.9}$$

式中：k 为待定的安全系数，那么 ΔE_A 越大，则飞机的安全系数越高，危险因子 F 越小，如式(7.10)所示：

$$F = \left(\frac{\dot{V}_{wh}}{g} - \frac{V_{wv}}{V} \right) \left(1 + \frac{E_A}{\Delta E_A} \right) = \left(\frac{\dot{V}_{wh}}{g} - \frac{V_{wv}}{V} \right) \left[1 + k \frac{mg(h - DH) + \frac{1}{2}mV^2}{F_{TL}(h - DH)} \right]$$

$$(7.10)$$

式中：V_{wh} 为风速水平分量，V_{wv} 为风速，k 为定值，k 越大则危险因子 F 越大，系统更容易报警，飞机则越安全，但会增加无复飞必要的虚警；此外，随着高度 h 的减小，危险因子 F 增大；若可用推力越小，危害因子越大；当前飞机重量越大，危害因子越大。k 可以通过蒙特卡罗仿真实验确定，而且不同的飞机类型可以通过仿真实验确定不同的 k，从而使修正公式适应不同的机型。

3）修正参数的考虑

虚警（insane warning）：低空风切变对飞机的危害没有达到需要复飞的程度，但低空风切变告警系统给出告警提示，导致飞行员不必要的操纵，会降低飞行员对飞机相关功能的信任，给飞机实际运营带来经济损失。

在一定的范围内随机选定飞机的初始参数和低空风切变的参数，对选定的某一 k 值进行 N 次仿真，当低空风切变告警系统发出告警时，飞机不进行复飞，但飞机仍没有进入危险的飞行状态，则计入一次虚警次数。

失警（false warning）：低空风切变对飞机的危害达到需要复飞的程度，但低空风切变告警系统没有给出告警提示，导致飞机坠毁。

在一定的范围内随机选定飞机的初始参数和低空风切变的参数，对选定的某一 k 值进行 N 次仿真，当低空风切变告警系统未发出告警，但飞机仍然进入到了危险的飞行状态，或者直接坠毁，则计入一次失警次数。

基于蒙特卡罗方法的安全系数步骤如下所述。

步骤 1：设定某一 k 值，初始化飞机状态参数，初始化风切变参数；

步骤 2：开始自动 ILS 进近仿真，如果遇到风切变告警，飞机不复飞，若飞机接地点在跑道距离范围内，且飞机进近过程中未出现危险的飞行状态，则认为此次告警为虚警，即认为风切变探测过于灵敏，告警阈值过低。

如果整个进近中未遇到风切变告警，但飞机接地点超出了跑道距离范围，或者飞机进近过程中出现了危险的飞行状态，则认为此时发生了失警，即认为风切变探测过于迟钝，告警阈值过高。

通过综合运用飞机能量方式对风强度因子进行修正，能够结合飞机自身的飞行力学动态特性，得到的风切变环境下的飞行风险评估更加合理，能够有效地提高风切变探测和告警的准确性。

7.5.1.2 风切变规避导引系统的设计准则

风切变规避导引系统一般应用于商用飞机，对于规避导引算法，很多文献作

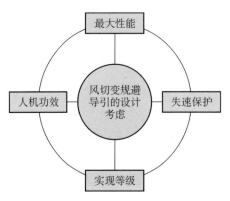

图 7.27 风切变规避导引的设计准则

了研究,但这些研究多数仅从规避导引的算法方面考虑,缺乏对设计准则的系统性研究。现针对商用飞机风切变规避导引,我们给出系统性的设计准则如图 7.27 所示。

1) 人机功效

作为现代飞机的设计理念,人机功效是驾驶舒适性的保证,同时也提高了飞行安全性。风切变规避导引系统的设计,在人机功效方面表现为及时告警并切断自动驾驶仪对飞机的控制,让飞行员接管飞机,并将飞行导引模式的优先级设为最高;为避免分散飞行员的注意力和增加飞行员的精神压力,应消除其他低安全等级的告警。

2) 发挥飞机可用性能

遭遇严重风切变时,飞机的能量会急剧改变,为增加其改出风切变环境的能力,需要尽可能发挥飞机的最大性能,在保证高度不损失的情况下,增加飞机的动能和势能。

3) 失速保护

飞机失速导致飞机升力不足,极易引发坠机危险。风切变规避导引设计时应建立失速迎角限制,保障飞机的飞行安全,避免失速情况的发生。

4) 软硬件实现要求

为保证顶层设计功能的实现和安全等级,需要底层软硬件的设计按照 DO-178B 和 DO-254 的标准进行开发管理,基于安全性分析确定软件设计保证等级至少为 B 级。

7.5.1.3 风切变规避导引功能

风切变规避导引系统与飞机多个系统相联系,典型风切变规避导引系统的交联关系如图 7.28 所示。

风切变规避导引算法的系统性设计准则需综合考虑发挥飞机最大性能、人机功效、失速/攻角保护、实现等级等多方面的因素。风切变飞行导引指引应能够充分发挥飞机的最大可用性能,同时以不引发失速甚至推杆的指引角度尽量降低飞机高度损失。风切变规避导引系统通过多种途径引导和辅助飞行员脱离风切变飞行环境,如图 7.29 所示。

结合设计标准和系统交联图,设计风切变规避导引作用时飞机的响应如下:

1) 迎角边界指示(AOA margin indication, AMI)/俯仰角边界指示(pitch margin indication, PMI)

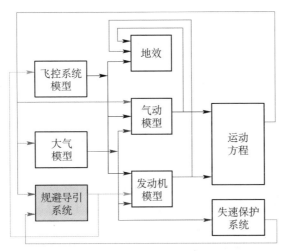

图 7.28　风切变规避导引系统的交联图

当发生风切变告警时,迎角/俯仰角边界指示在风切变告警发生的第一时间显示在主飞行显示器上,提醒飞行员在当前俯仰角状态下,飞机距离失速的迎角边界或最大俯仰角的边界。AMI/PMI 保证飞行员在跟随飞行导引或手动操作飞机时,不超出飞机的最大可操纵俯仰角,避免进入失速。

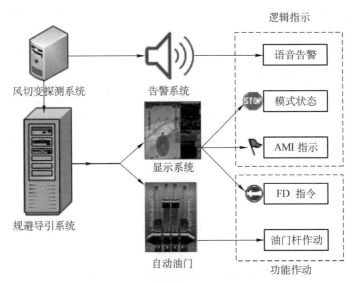

图 7.29　风切变规避导引系统的功能框图

2) 自动驾驶仪断开

自动驾驶仪接通的情况下,发生风切变告警时,自动驾驶仪主动断开,方便飞行员接管飞机。

3) 自动油门推至最大

为保证飞机不损失高度，同时增加飞机的动能和势能，自动油门使用最大推力。

4) 执行复飞

当风切变告警发生时，依据当前飞行状态，给出恰当的俯仰指令，并执行复飞。

7.5.2　空中防撞系统自动规避导引

飞机综合监视可以监控飞机外部运行的空域环境，监控到不利的运行环境就需要进行适当的规避，把监视和规避导引结合起来是实现自动飞行的常规做法，系统间的集成可以执行精确的规避机动避免再次的空域冲突或偏离预定航迹。

当前很多商用客机的交通防撞告警系统（TCAS）提供防撞的探测和告警功能，同时仅仅给出告警，而规避的操作由飞行机组来执行，比如断开自动驾驶仪和飞行指引，更改目标垂直速度选择相关的导引模式等，规避后机组需要重新接通自动飞行导引基于空管的指挥操作飞机。在此种紧急情况下，机组可能由于不熟练的飞行操纵明显增加工作负荷，引起高度较大的偏差甚至产生相反的修正机动。

将 TCAS 探测和飞行导引进行集成就可以实现自动规避和操纵。TCAS 根据探测的数据给出爬升或者下降目标垂直速度并同时显示在姿态显示器上，飞行导引系统转入垂直模式并按照目标垂直速度进行导引并使用自动驾驶仪操纵飞机，飞行指引可以自动激活并给出指引显示，横向导引保持不变，自动推力进入速度控制模式。当 TCAS 探测脱离规避区域后给出相应告警，飞行导引由规避模式转为垂直速度模式以稳定的垂直速度接近目标高度。

综合监视功能和飞行导引功能集成提供的自动规避防撞功能可以大大降低规避过程中的工作负荷和压力，防止机组的过度反应，规避的飞行程序简单。

7.6　所需导航性能

中国民用航空局按照 ICAO 的有关要求和亚太地区实施规划，结合我国实际情况，制定了《中国民航 PBN 实施路线图》，接轨国际标准，推进全面实施。同时，民航明传电报《关于飞机 RNP 机载导航系统选装和改装的通知》（局发明电［2011］321号）中要求"凡 2011 年后下线的运输飞机，飞机的 RNP 精度一般应达到 RNP 0.3"为满足该要求，FMS 在设计之初就考虑必须具备 RNP 能力，包括在进近阶段具备 RNP APCH（RNP-0.3）能力、终端区具备 RNP-1/RNAV-1 能力和航路 RNAV-2 能力。RNP 设计与适航验证技术的总体思路如图 7.30 所示。

按照 ARP 4754A 民用航空复杂电子系统的开发流程，应从需求分析、FMS 系统功能架构设计与研制、FMS 与 RNP 适航验证 3 个主要工作方面展开研究,提出 RNP 试飞验证方法,并进行 RNP 试飞,保证飞机级和系统级的设计满足对 RNP 的要求。

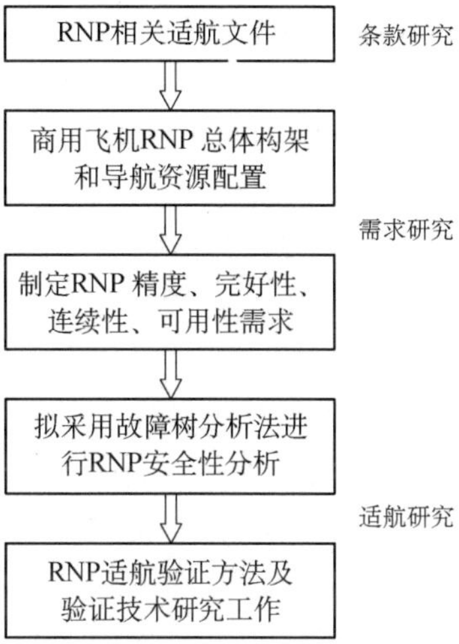

按照 ICAO 的《PBN 手册》和 CAAC《基于性能的导航实施路线图》,同时以进近阶段的指标(RNP‐0.3)的要求为基础,研究制定 PBN 的飞机级需求。RNP 飞机级指标如下:

(1) 在起始进近阶段、中间进近阶段和复飞阶段应具备 RNP‐1 的运行能力。

(2) 在起始进近阶段、中间进近阶段和复飞阶段,在 95% 的飞行时间内,横向 TSE 应小于 1 n mile。

(3) 在最后进近阶段应具备 RNP‐0.3 的运行能力。

图 7.30 RNP 设计与适航验证技术的总体思路

(4) 在最后进近阶段,在 95% 的飞行时间内,横向 TSE 应小于 0.3 n mile。

飞机级需求向 FMS 系统级需求进行分解,以进近阶段的指标 RNP APCH (RNP‐0.3) 的要求作为 FMS 系统需求。通过研究分析,确定了导航系统误差(navigation system error,NSE)、飞行技术误差(flight technical error,FTE)的需求指标以及 RNP 完好性、连续性、可用性指标。

按以上原则将飞机级需求向下分解,系统级指标如下所述。

1) 准确性

根据 DO 283A 的表 2‐6,定义各种 RNP 值下的系统误差分配值,如表 7.2 所示。其中 RNP‐0.3 适用于最后进近阶段;RNP‐1 适用于终端区、起始进近阶段、中间进近阶段和复飞阶段;RNP‐4 适用于偏远地区和洋区。

表 7.2 各种 RNP 值运行下系统误差的分配值(单位: n mile)

RNP 值	AP/FD 状态	TSE	NSE	FTE
0.3	AP	0.3	0.28	0.125
	FD 或者人工		0.08	0.25
1.0	AP 或者 FD	1.0	0.87	0.5
	人工		0.39	0.8
4.0	全状态	4.0	3.49	2.0

2）完好性

由导航设备故障导致 TSE 超过 RNP 值两倍,不大于 $10^{-5}/\text{fh}$;提供错误的信息的概率应小于 $10^{-5}/\text{fh}$。

3）连续性

如果飞行员能够使用其他的导航系统,并能安全地飞往适当的机场降落,失去功能的概率不大于 $10^{-3}/\text{fh}$。

4）可用性

丧失导航能力的概率应小于 $10^{-5}/\text{fh}$。

5）性能监控和告警

在起始进近阶段、中间进近阶段和复飞阶段,如果出现横向 TSE 超过 2 n mile 的概率大于 $10^{-5}/\text{fh}$, RNP 系统(或者飞行员结合 RNP 系统)应提供告警;

在最后进近阶段,如果出现横向 TSE 超过 0.6 n mile 的概率大于 $10^{-5}/\text{fh}$, RNP 系统(或者飞行员结合 RNP 系统)应提供告警。

RNP 功能是以 FMS 为核心,FMS 系统功能在设计时就应考虑 RNP 功能要求,采用基于多传感器的区域导航位置和导引计算方法。

RNP 实现的 FMS 交联架构中,多传感器系统(IRS、GPS、ADS、VOR、DME、RA)为 FMS 提供传感器参数,FMS 计算出飞行指令,由 AFCS 执行,并将导航数据发送到 EFIS 进行显示,各系统直接通过 ARINC429 高速总线交联,而 FMS 和 AFCS 作为综合处理机柜(integrated processing cabinet,IPC)的驻留软件,在 IPC 内部通过数据交换模块(DSM)进行交联。具体交联架构如图 7.31 所示。

现代民用飞机一般为双飞行管理构型,具备姿态与航向基准系统(AHRS)和/或 IRS 两种构型,而 AHRS 不能支持 RNP APCH 运行。因此需要提出针对 ARHS 构型和 IRS 构型的配置建议和相应的限制条件,主要由以下部件及单元构成:

（1）惯性基准系统(IRS)(建议):2 套,提供姿态、航向、速率、加速度和即时地理位置等信息。

（2）全球定位系统(GPS):2 套,提供纬度、经度、航迹角、日期、时间、地速、所用卫星的数量、接收机自主完好性监控等信息。

（3）大气数据系统(ADS):2 套,提供高度、空速和垂直速度等信息。

（4）甚高频全向信标(VOR):2 套,提供飞机相对于地面台的方位信息。

（5）测距器(DME):2 套,提供飞机与选定地面台之间的斜距信息。

（6）无线电高度表(RA):2 套,提供 2 500 ft 以下的飞机离地高度信息。

（7）自动飞行控制系统(AFCS):包括 FD、AP(建议)和自动油门系统(AT)等;AFCS 作为 RNP 的执行机构,需要保证飞机的 FTE 满足 AC 20 - 138D 的要求。

（8）多功能控制和显示装置(MCDU)设备:2 套。可以由集成 MCDU 功能的显示单元代替。MCDU 为 FMS 的人机接口。同时,MCDU 上需要配置专用的页面

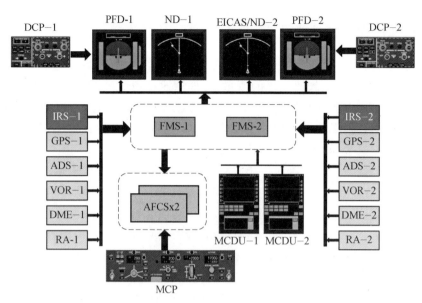

图 7.31　RNP 交联构架图

用于监视 FTE、ANP 和 RNP 值,并且可以显示 RNP 相关告警信息。

　　(9) 电子飞行仪表系统(EFIS):包括主飞行显示器(PFD)、导航显示器(ND)等。EFIS 至少应提供水平偏差指示,用于监视水平 FTE,并且显示 RNP 相关告警信息。

　　(10) EFIS 和 AFCS 控制输入设备:包括显示控制面板(display control panel,DCP)、飞行控制面板(flight control panel,FCP)等。

　　对以上的配置可以简化,包括:

　　(1) 装配 2 套姿态航向基准系统(attitude heading reference system,AHRS)用于替代 IRS。

　　(2) AFCS 可以不具备 AP 功能。

　　在应用以上配置时,我们需要对飞机在进行 RNP APCH 运行时提出限制条件。

　　(1) 当单套 FMS 失效时,飞机将即刻失去 RNP 运行能力。此时,飞行机组需要采取复飞操作并退出 RNP 运行。由于 RNP 运行能力的丧失,飞行机组应采用传统导航进行复飞。

　　(2) RNP-0.3 运行时,在装配 IRS 的情况下,如果 GPS 失效,IRS 可以根据最后时刻准确的 GPS 校准信息,自主解算,为 FMS 提供位置信息,因此飞机可以继续进行短时间的 RNP-0.3 运行。在装配 AHRS 的情况下,由于 AHRS 未具备位置解算能力,当 GPS 失效时,飞机将即刻失去 RNP-0.3 运行能力,飞行机组应采用传统导航进行复飞;RNP-0.3 运行时,若飞机不具备 AP 功能,RNP 运行要求飞行员进行人工驾驶,此时的 FTE 应小于 0.25 n mile,对飞行员的驾驶能力提出了较高的要求。

7.7 低速度保护带功能设计

失速边界是民用飞机航线飞行中绝对禁止逾越的包线,系统通过一些指示信息来时刻提醒飞行员距离失速边界的裕量,比如低速带指示,可以避免飞机进入危险的状态,同时能够减轻飞行操作负担。根据低速带指示,飞行员可以清楚地知道飞机当前可用速度范围,能够支持的机动能力。低速带指示功能设计不仅需要考虑飞机本身性能,还需要符合适航条款相关要求。

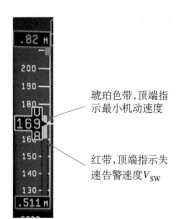

琥珀色带,顶端指示最小机动速度

红带,顶端指示失速告警速度V_{SW}

图 7.32 低速带指示设计示意图

FAA 咨询通告 AC 25 - 11B 中建议的低速带指示包括两类速度,如图 7.32 中所示,一类用于指示机动裕量的最小机动速度指示,比如当速度低于 $1.2V_S$ 时,低速带指示琥珀色;另一类是失速告警速度,比如当速度低于 $1.1V_S$ 时,低速带指示红色。这两类速度的具体定义都和飞机本身失速速度相关。

根据适航规章 CCAR - 25 部要求,失速参考速度 V_{SR} 是飞机其他性能参数定义的基础,因此应确定各类低速带指示速度与 V_{SR} 之间的关系。

按照 CCAR 25.103 条款要求,失速参考速度 V_{SR} 不低于 $1g$ 失速速度,该速度需通过飞行试验确定,飞行条件需要考虑不同襟缝翼位置、起落架状态、重量、重心以及结冰等飞机构型。对于采用人工识别装置(如推杆器)的飞机,V_{SR} 要比人工识别装置启动时的飞机速度大至少 2% 或 2 kn,取其中大者。根据 CCAR 25.207 条款要求,失速告警速度也需要通过飞行试验来确定,并且失速告警速度 V_{SW} 要比失速参考速度 V_{SR} 大至少 3% 或 3 kn,取其中大者。

最小机动速度的设计需要考虑与自动飞行系统低速保护模式的结合。CCAR 25.1329 条款要求飞行导引系统必须具备避免飞机超出正常速度包线的能力。在飞机速度逐渐偏离正常速度包线范围时,必须提供手段以阻止飞行指引系统将飞机导引或控制到不安全的速度。

因此当飞行导引系统在任何模式下接通时,如果推力不足以维持安全的运行速度时,需要激活低速保护功能以避免飞机进入不安全的速度区域。速度保护的激活时刻需要考虑飞行阶段、扰动和阵风等条件,并且要与飞机的速度规划一致。根据给定的襟翼构型,低速保护模式的激活需要与失速告警有一定的余量,且不能导致干扰性的告警。同时需考虑在手册中所定义的以下飞行阶段的发动机全发工作和发动机失效的情况:起飞、离场、爬升、巡航、下降和终端区域运行。在这些飞行阶段,针对给定的襟翼构型,飞机需运行在最小机动速度以上。对于着陆襟翼构型,低速保护模式在大约 $1.13V_{SR}$ 时触发是可以接受的。当飞机速度低于最小机动速度时,为避免低速保护模式将飞机导引至不安全速度区域,可以将飞机目标速度调整到最小机动速度以上 5 kn 左右。

7.8 自动飞行支持 CAT II 运行能力与平视显示器导引

7.8.1 低能见度情况下的飞机进近

当今高密度全天候的航班运行对航空公司至关重要。而在低能见度情况下操作商用航班进近着陆是航班全天候运行的重要一环,同时也对飞行控制和飞行员操作要求最高。虽然对低能见度进近的机场设施和飞行员操作有严格的要求,但在过去 30 年随着自动飞行控制系统的快速发展航班低能见度条件下进近着陆变得可能,而且已经在商业航班上成熟应用。

增加航班的 CAT II 进近运行能力虽然会提高航空公司的成本,但这是保证航班全年度全天候运行的唯一办法,并且会给航空公司带来可观的收益,逐渐增加 CAT II 进近运行能力是现代航空公司要求的基本运行能力。

航班运行 CAT II 进近前需要完成飞行器审定和航空公司运行演示工作以确保在相当高安全性的条件下运行 CAT II 进近,实际上飞机在航线中运行 CAT II 的进近成功率几乎为 100%。

在 CAT II 进近运行前首先必须完成航空器 CAT II 进近审定,其中飞行试验是审定过程中最为重要的环节,包括试飞方法和判断准则的确定以及最后的数据分析方法和分析结果满足判据后才保证机载自动飞行系统在进行 CAT II 进近时是安全的。

自动飞行系统的飞行导引系统是进行 CAT II 进近运行的关键系统,飞行导引给出飞行员操纵飞机的指引,飞行员按此完成低能见度情况下的飞机进近,如果丢失飞行导引,则飞行员几乎不可能完成低能见度的进近,航班将无法降落在预定机场。

根据适航和机载设备的审定计划此功能需要通过飞行试验验证其功能,此报告目的是给出航电系统运行 CAT II 的基本要求和需要完成的验证试验,在验证过程中需要完成的工作和分析方法以及在试飞试验过程中需要满足的条件。

7.8.2 CAT II 进近介绍

当年国际民航组织(International Civil Aviation Organization,ICAO)为推动阶段性全天候着陆系统(all weather landing system)的研发,制定了不同等级的着陆气象标准(category,CAT),如表 7.3 所示。

表 7.3 ICAO 制定的着陆气象标准

能见度类型	DH/ft	RVR/m
Cat I	200	800
Cat II	100	400

（续表）

能见度类型		DH/ft	RVR/m
CatⅢ	A	<50	<200
	B	0 或无决断高度	<100
	C	0	0

　　CATⅡ进近的操作是前方能见度为 400 m（1/4 mile）[①]或跑道视程不小于 350 m，着陆最低标准的决断高度不低于 30 m（100 ft）的条件下进行的进近飞行操作。CATⅡ类盲降系统：飞机在下滑道上，自动驾驶下降至决断高度 30 m，若飞行员目视到跑道，系统即可引导飞机实施着陆，否则就得复飞。

　　CATⅡ进近的运行应该在决断高度前提供足够的视觉参考，以允许进行手动着陆（或者放弃继续进近），但并不意味着着陆一定需要手动进行。决断高度定义示意如图 7.33 所示，跑道视程定义示意如图 7.34 所示。

　　1）ICAO 定义

　　CATⅡ进近是决断高度在 60 m（200 ft）以下但不低于 30 m（100 ft）且跑道视距（RVR）不小于 350 m（1 200 ft）的精密仪表进近和着陆。

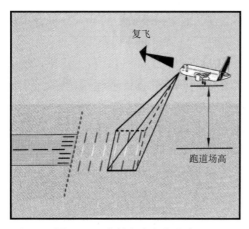

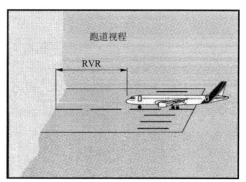

图 7.33　决断高度定义示意　　　　图 7.34　跑道视程定义示意

　　2）FAA 定义

　　CATⅡ进近是决断高度在 200 ft（60 m）以下但不低于 100 ft（30 m），跑道视距（RVR）在2 400 ft 以下但不小于 1 200 ft（350 m）的精密仪表进近和着陆。

---

① 　1 mile＝1.609 km。

3）EASA 定义

CATⅡ进近是决断高度在 200 ft（60 m）以下但不低于 100 ft（30 m），跑道视距（RVR）不小于 300 m（1 000 ft）的精密仪表进近和着陆。

7.8.2.1 机载设备对 CATⅡ的影响

CATⅡ运行与飞机的机载设备相关，主机所在飞机设计初就应该考虑为了满足 CATⅡ运行所应该满足的能力和机载设备的能力，并同时考虑相关的适航验证活动。

1）ACl 20 - 29A 中 CATⅡ对机载设备的要求

FAA 针对 CATⅡ运行有专门的咨询通报，即 AC 120 - 29A CRITERIA FOR APPROVAL OF CATEGORY Ⅰ AND CATEGORY Ⅱ WEATHER MINIMA FOR APPROACH。

AC 120 - 29A 中对机载设备支持 CATⅡ运行给出的建议的最低要求如下所述：

（1）两套独立的导航接收机。

（2）一套自动飞行系统或者飞行导引系统或者两者均具备（建议采用一套自动驾驶仪和至少两套给每个飞行员独立显示的飞行指引系统）。

（3）一套无线电高度表（建议两套给每个驾驶员独立显示的无线电高度表）。

（4）每个飞行员需要一套风挡雨刷。

（5）与飞机进近路径有关的偏差告警系统。

（6）除 FAA 额外批准飞行员的工作负担是可接受的之外，应当提供一套自动油门系统。

根据 AC120 - 29A 中对机载设备支持 CATⅡ进近运行的相关要求，目前支线飞机上航电系统配置有两套甚高频导航系统、两套独立的无线电高度表、一套自动驾驶仪、两套飞行导引系统、两套独立的飞行指引仪、一套自动油门系统、LOC/GS 的横向/垂直偏差指示及失效告警，从系统设计上可以满足 CATⅡ进近的要求。

2）CATⅡ对航电系统的要求

为能实现 CATⅡ运行，航电系统应具备飞行导引系统（包括自动油门）、ILS、DME、指点标系统、无线电高度表。如果使用人工操作的进近，如 VOR 信标的进近（FMS 的进近等），还需要安装 VOR（或 FMS 基本进近路径的定义和导引能力）。

CATⅡ可以使用飞行指引仪人工操作，但一般使用自动驾驶仪实现自动进近。

自动驾驶仪不能使飞机产生不可接受的突变和机动。此项要求可以由自动驾驶仪的故障试验确认，自动驾驶仪的断开不能使飞机产生危险的偏离，飞机的高度损失满足 CATⅡ要求。

飞机在所有构型条件下，从进近路径到触地，飞机都能够安全执行复飞功能。这表示在飞机触地瞬间放弃进近是安全的。

对自动驾驶仪的系统安全性未提出要求,因此目前 ARJ21 失效-消极的(fail-passive)自动驾驶仪可满足 CAT Ⅱ 的要求。Fail-passive 的设计可用于决断高度为 50 ft 的 CAT Ⅲ A 进近。CAT Ⅱ 对系统的失效(不仅仅是自动驾驶仪失效)需要演示,以表明飞机能够安全飞行或着陆。

飞行导引系统的 CAT Ⅱ 功能应满足 AC 120 - 29A 的性能要求。

3) AC - 91 中 CAT Ⅱ 对机载设备的要求

根据 CAAC 飞行标准司 AC - 91 - FS - 2012 - 16《航空器运营人全天候运行要求》附件四"Ⅰ类和Ⅱ类进近的天气最低标准的航空器批准标准和持续适航要求",为满足 CAT Ⅱ 运行,航空器设备所必需的最低要求为:

(1) 两套独立的导航接收机或等效设备,以及将使用的每种类型。

相应的导航传感器可用于支持Ⅱ类仪表进近程序。

当所采用的导航系统、程序、传感器或助航设备信号在与相应的传感器性能结合在一起来改善精度、完整性或可用性性能时,可以采用其来获得各种类型惯性或大气数据系统性能的认证。

a. ILS 的导航传感器:对于 ILS,可以单独地接受各种导航传感器来支持Ⅱ类运行。ILS 航向道和下滑道信号是目前用于确定偏离最低Ⅱ类运行所预期航迹的主要方法。

b. 必须为每个驾驶员提供外、中和内指点标的适当指点标信息或等效信息的显示。局方可以基于适当的 DME 的使用来批准适当替代Ⅱ类指点标。

c. 对于计划飞行航路或计划备降场,应当具备适当、可利用的 ADF 能力或等效的能力。例如,对于 ILS 程序,应当至少有 1 个 ADF 可利用,除非运营人不使用带有被用作进近过渡或中断进近复飞助航点的 NDB 设施的 ILS 程序,或如果运营人获得并使用能够提供等效或好于 ADF/NDB 性能的经批准的 RNAV 能力。对于仪表程序,任何替代 ADF/NDB 使用的其他 RNAV 能力应当由局方来确定对于该运营人是可接受的。

(2) 满足下述要求的一种适当的自动飞行控制系统,或人工飞行指引系统或两者的组合(如飞行指引仪)。

a. 按照 AC - 91 - FS - 2012 - 16 附录 2 标准设计(提供了对自动驾驶仪、飞行指引仪、自动油门的要求)的一个系统或系统组合。

b. 建议为每个驾驶员提供至少 1 套自动驾驶仪(AFGS)和至少两套独立显示的飞行指引系统。只有在系统间实施了适当的对比监控并能够及时完成到备份系统的转换,同时为飞行机组提供了适当警示的情况下,为两名驾驶员同时提供相同信息并且第二套系统处于"热备份状态"的双套系统是可以接受的。

对于基于仅使用自动驾驶的Ⅱ类运行,除非局方另有批准,应当为每个驾驶员提供适合授权最低标准的飞行指引或指令引导信息,必须要求实施Ⅱ类运行的航空器为一个以上驾驶员安装至少双重独立的系统。

（3）每个驾驶员的无线电高度表显示（注：建议为每个驾驶员提供至少带有一个显示的 2 个独立的无线电高度表）。

应当在每个要求的驾驶员工作位置处提供易于理解并适当区别的决断高度（高）咨询指示以及无线电高度显示和指点标指示（内指点标、中指点标和外指点标），或等效指示。

建议采用无线电高度自动语音告警（自动呼叫、语音呼叫等），或进近着陆最低标准的呼叫，或着陆最低标准的呼叫，这些语音呼叫应当与相关航空器的设计原理一致。但是，所采用的任何自动呼叫的音量和频率不应妨碍必要的飞行机组通信或正常的机组协同程序。建议的呼叫包括下述适当的告警或音调。

a. 在 500 ft（无线电高度），接近最低标准和在最低标准之上。

b. 在拉平期间的高度呼叫，例如在"50"ft，"30"ft 和"10"ft，或在与航空器拉平特性相适应的高度。

如果使用低高度无线电高度呼叫，应当在拉平，或在高于接近地区实施的延伸拉平期间适当地给出高于正常下降率的状态。如果在其他告警与运营人经批准的程序和最低标准一致，并且不妨碍机组通信情况下，在得到局方的批准后，可予以采用。

（4）飞行仪表和警示能够准确地描绘出与进近航迹、高度、姿态和速度相关的航空器方位的相应信息，有助于及时地探测发现故障、进近期间不正常的横向或垂直偏移，或过大的横向偏差，并向驾驶员发出警示。

a. 必须为每个要求的驾驶员（负责飞行操纵的驾驶员和未负责飞行操纵的驾驶员）提供姿态指示仪、电子姿态显示指示器（electronic attitude display indicator，EADI）或主飞行显示，或等效的能够指示高度、气压高度、空速和垂直速度的机电仪表，以及每一位要求的驾驶员可获取的适当的备用姿态信息。

b. 必须为每个要求的驾驶员提供水平状态指示器、电子水平状态指示器、无方向性信标或其他等效的导航显示，该显示能够提供适当、可靠并且易于理解的与 I 类着陆和中断进近程序相关的正常和非正常状况下的横向状态信息。

c. 仪表和面板的布局必须符合可接受的飞行驾驶舱设计原则（如，基本的 T 形式、传统的空速高度刻度）。

d. 对于每个要求的飞行机组成员，所提供的状态信息/导航显示的位置和编排必须适当，所采用的显示图像或模式必须标有适当比例的刻度并且易于理解。

e. 必须提供适当的与最终进近航道和特定下滑道相关的冗余横向航道偏移信息，以及在适用时，相应的冗余垂直航道偏移信息。

（a）必须在 PFD、EADI、姿态显示指示器（attitude display indicator，ADI）或等效的显示上为每一位飞行员单独提供横向和垂直偏移信息。

（b）必须在每个 PFD、EADI、ADI 或等效的装置上提供横向偏移的扩展刻度信息以确认相对于预期的飞行航道和着陆跑道的航空器位置（比如对于 ILS，1 点的全刻度灵敏度）。

f. 应当提供与所采用的指引系统、导航传感器以及任何相关航空器系统相匹配的（如自动驾驶仪、飞行指引仪、电气系统）适当的系统状态和故障指示。

g. 通告显示必须清楚、明确并与正在使用中的飞行控制模式适当关联。模式通告标牌不应当按照着陆最低标准的分类进行确定。例如，进近、2 级着陆、3 级着陆、单系统着陆、双系统着陆是可接受的模式通告标牌，反之，"Ⅱ类"、"Ⅲ类"等不应使用。

（5）除非局方基于可接受的驾驶员工作负荷的验证另行予以批准，否则应当提供自动油门系统。

4）CATⅡ对机载系统等级的要求

根据 CAAC 飞行标准司 AC - 91 - FS - 2012 - 16《航空器运营人全天候运行要求》第 5.2.5 节"机载系统批准"的要求"对于已经取得型号合格证的航空器，如果该机型的型号数据单（type certificate data sheet，TCDS）、经局方批准的飞机飞行手册（AFM）或其他等效的文件中包括了该机型符合本通告规定Ⅱ类运行标准、规范或其他等效标准、规范的说明（比如：符合 FAA AC 120 - 29 的要求），则可以直接批准该型号飞机的机载设备适用于相应的Ⅱ类运行，无需按照本通告的要求重新进行评估和审批"。符合 AC - 91 - FS - 2012 - 16《航空器运营人全天候运行要求》规定Ⅱ类运行标准的机载设备，适用于相应型号飞机的Ⅱ类运行。

7.8.3　CATⅡ进近功能的应用

自动飞行控制系统 CATⅡ进近飞行试验是验证其控制性能符合性的重要手段，本书给出了 CATⅡ进近对航向偏差和下滑道偏差跟踪的成功率计算方法，同时提出了自动飞行系统 CATⅡ进近试飞的试飞方法和步骤并按此试飞方法进行了飞行试验。通过分析自动飞行系统对航向偏差和下滑道偏差的控制性能以及成功率计算，我们验证了自动飞行系统 CATⅡ进近性能的安全性和符合性。

飞行试验和分析同时也表明此种飞行试验和分析方法的有效性。一般工程设计使用连续计算方法计算航向偏差和下滑道偏差跟踪的成功率，在航空公司运行过程中如果自动飞行系统 CATⅡ进近的验证使用通过或失效方法确认其成功率更加具有可操作性。

此种成功率计算方法和相应的试飞方法也可以扩展应用到自动飞行系统 CATⅠ进近验证中。

完成了系统验证，真正航班运营 CATⅡ进近前还需要运营方进行相关的适航符合性工作，包括飞行机组的训练，飞行程序指定及维修保障；机场方也需要达到适航的符合性。各方的条件满足后,就可以进行 CAT II 运行了。低能见度运行批准流程如图 7.35 所示。

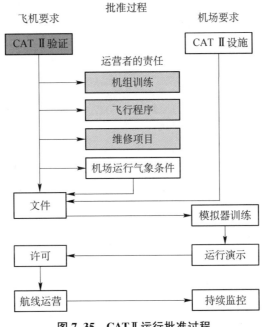

图 7.35　CAT II 运行批准过程

7.8.3.1　进近着陆过程中的平视显示器导引

随着航空显示技术的快速发展,20 世纪 80 年代开始军用战斗机的平视显示器(HUD)技术引入商用飞机中,商用飞机的平显跟军用的差别在于使用的功能和飞行阶段不同,商用客机主要在低能见度条件下起飞和进近着陆阶段使用平显加强的导引和监控能力。

平显系统对进近阶段的作用对不同飞机来说不同,对于装有自动着陆功能的飞机可以使用 HUD 进行监控,对于没有自动着陆功能的飞机可以使用 HUD 作为主要的 CAT IIIa 导引装置,在低能见度条件下可以使用 HUD 的导引操纵飞机,降低决断高度,提高飞机低能见度条件下的运行能力,图 7.36 为真实飞机低能见度下HUD 的显示。

使用 HUD 进行起飞和进近着陆的导引有如下优点:

(1) 增加飞行员的情景意识。

(2) 提供进近的稳定性。

(3) 提高着陆的准确性。

(4) HUD 也可以作为 EVS,SVS 和 SGS 的扩展平台增强地面运行和障碍物意识。

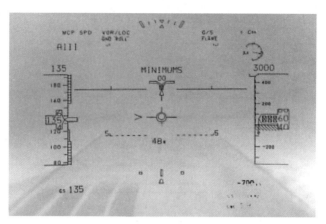

图 7.36　低能见度下使用 HUD 进行着陆的驾驶舱视景

低能见度下，运行 HUD 可以扩展运行能力，降低起飞最低能见度限制，在 CAT I 类型的机场实现 CAT II 的进近。

1) HUD 提供的导引功能

HUD 可以提供和主飞行显示器(HDD)相同的显示内容和格式，包括重要的告警信息和重要的姿态、空速和高度信息，以及最重要的导引、航迹符和飞行模式通告。

HUD 提供的主要显示信息如图 7.37 所示。

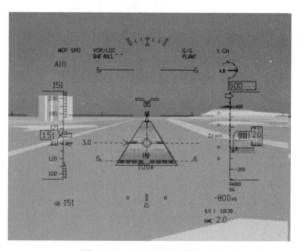

图 7.37　HUD 显示信息图

HUD 提供的飞行导引主要通过飞行模式通告、加速指示符、飞行航迹符、飞行航迹导引和部分保护符号实现导引。

2) 进近横向和纵向偏差导引

根据横向偏差 HUD 给出飞机的横向位置引导，引导机组对准跑道航向道，横向偏差示意如图 7.38 所示。

图 7.38 横向偏差导引示意

根据垂直偏差 HUD 给出飞机的垂直位置引导,引导机组对准下滑道,垂直偏差示意如图 7.39 所示。

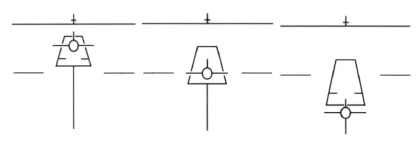

图 7.39 垂直偏差导引示意

3) 飞行航迹导引

根据飞行当前航迹和目标航迹 HUD 给出航迹导引,引导飞机按照目标的航迹飞行,图 7.40 中给出的即为飞机低于下滑道飞行时的导引,在进近终端时也给出拉平(flare)操纵的提示和导引。

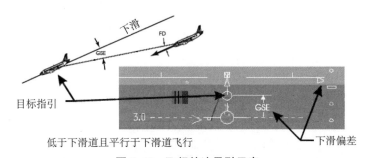

图 7.40 飞行航迹导引示意

4) 加速能量指示符

加速能量指示符指示飞机的总飞行航迹角,此指示符的位置也对应于飞机动能和势能的总能量,飞行航迹角和加速能力指示符的相对位置表示飞机正在加速或者

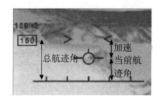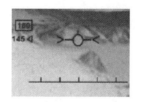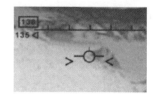

图 7.41　加速能量指示符

减速,加速能量指示符如图 7.41 所示。

　　HUD 的导引和自动着陆功能的导引可以独立计算也可以由自动着陆的导引提供给 HUD 进行显示,不同的飞机根据机载功能和架构可以根据需求选择不同的方案,使用 HUD 导引或者自动着陆导引都应该通过相应的飞行试验和模拟器试验完成符合性验证。

8 系统验证

8.1 概述

本书主要是从主制造商的角度论述在系统研制过程中系统功能或项目的验证过程、目标与方法，重点介绍系统验证试验的工作方法及流程。针对系统开发过程中系统软件、硬件的验证要求，请参考 RTCA DO‑178B 和 RTCA DO‑254 或相关的专著。

8.1.1 系统验证过程与目标

系统验证的目的是表明每一层级的实施都满足了其规定的需求。系统验证不是简单的测试，因为测试通常不能证明系统有没有错误。系统验证通常是评审、分析和测试等方法的组合，包括依照验证计划进行的检查、评审、分析、试验和使用经验。

验证过程包括：

（1）确定预期的功能已经正确实现。

（2）确定需求得以满足。

（3）对于所实现的系统，确保安全性分析仍然是有效的。

系统实现的每个层级中验证过程的模型概要如图 8.1 所示。

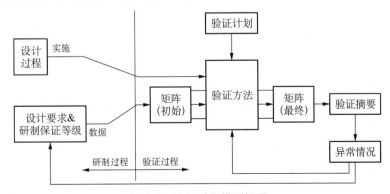

图 8.1　验证过程模型概要

验证过程包括三个部分：

1）验证计划

定义验证过程和使用的准则，并表明实施过程是如何满足其需求的。在计划阶段应开展以下工作：

（1）确定与开展验证工作有关的角色和职责，并对设计和验证工作之间的独立性进行阐述。

（2）确定系统或项目构型，包括对任何具体的试验设备、设施和任何需要进行验证的硬件或软件的特性的定义。

（3）定义具体的验证方法，以表明对基于研制保证等级的每个需求的符合性。

（4）定义准则，以评估由每个已应用的验证方法而产生的证据（如成功准则）。

（5）确定通过硬件或软件验证工作而得到的系统验证置信度。

（6）确定主要的验证工作，以及相关工作之间的顺序。

（7）确定验证资料。

2）验证方法

以下4种基本方法可用于系统或项目的验证：

（1）检查或评审。检查或评审包括对过程文件、图纸、硬件或软件的检查，以验证需求是否得到满足。与之相关的适航符合性验证方法有 MOC0、MOC1 和 MOC7。

（2）分析。分析通过对系统或项目进行详细的检查（如功能性、性能、安全性）来提供符合性的证据，评估系统或项目在正常和非正常状态下如何按照预期的需求运行。与之相关的适航符合性验证方法有 MOC2 和 MOC3。

（3）试验与演示。试验通过运行系统或项目以验证需求得以满足的方式，为正确性提供可复验的证据。与之相关的适航符合性验证方法有 MOC4、MOC5、MOC6、MOC8 和 MOC9。

（4）使用/服役经验。相似性和服役经验验证的置信度可能来源于对设计和安装的评定，以及其他飞机上相同系统的或相似系统的合格服役经验的证明。与之相关的适航符合性验证方法有 MOC1。

3）资料

包括在验证过程中所产生结果的证据。验证结果资料应包含以下内容：

（1）所使用试验规范的版本。

（2）所试验系统或项目的版本。

（3）所使用工具和设备的参考标准或版本，以及使用的校准数据。

（4）每个试验的结果，包括通过/失败说明。

（5）预期结果与实际结果之间的差异。

（6）试验过程成功或失败的声明，包括与验证计划之间的关系。

验证矩阵是一种追溯性文件，用以追溯验证过程的状态，其详细程度是基于所验证系统或项目的研制保证等级。验证矩阵的内容至少包括：

(1) 需求。

(2) 相关的功能。

(3) 使用的验证方法。

(4) 验证程序与参考的结果。

(5) 验证结论(如通过/失败,验证的覆盖度总结)。

在系统的适航验证过程中,一种可接受的验证方法和资料与验证保证等级之间的关系如表 8.1 所示。

表 8.1　验证方法和资料

方法和资料	研制保证等级			
	A 和 B	C	D	E
验证矩阵	R	R	A	N
验证计划	R	R	A	N
验证程序	R	R	A	N
验证总结	R	R	A	N
SSA	R	R	A	N
检查、评审、分析和试验	R	R	A	N
试验、非预期的功能	R	A	A	N
服役经验	A	A	A	A

注：R—推荐作为合格审定的要求；A—可协商作为合格审定的要求；N—不需作为合格审定的要求。

8.1.2　系统验证试验工作方法及流程

试验是通过运行系统或项目以验证需求是否得到满足的一种方式,为正确性提供可复验的证据。系统验证试验包括实验室试验、地面试验、飞行试验、模拟器试验以及有关的设备鉴定试验等。这些试验可以用来验证系统实施过程对需求的满足,也可用来向审查组表明系统对适用条款的符合性。

1) 实验室试验

系统实验室试验可分为系统供应商实验室试验和主制造商实验室试验。

供应商的系统实验室试验一般是对系统功能或需求进行独立的试验,相关交联系统或飞机环境多采用仿真手段实现。

主制造商的系统实验室试验一般为系统集成试验,相交联的系统或飞机环境多采用真件以满足主制造商对系统级/飞机级需求集成验证和适航符合性验证(MOC4)的要求。典型的自动飞行系统与飞行管理系统的实验室试验一般是在航电综合实验室与铁鸟试验台环境中实施。另外,自动飞行系统的支持 CATⅢa 或 CATⅢb 运行的自动着陆功能,在飞行试验前必须经过实验室仿真试验。

　　在系统设计过程中,随着系统设计逐渐深入、与之交联的系统及设备逐渐完备,可以在实验室逐渐开展系统原理性试验、系统需求确认试验、系统集成试验、系统验证试验、适航符合性验证试验等。

　　应该创造条件尽早开展系统实验室试验,确保在系统设计实施开始的早期就可以进行需求的确认。这项工作的目的之一是检查所实现的系统是否满足需求,另一目的是检查需求是否适用于系统的运行环境。这样可以在研制的早期识别细微的错误和遗漏,并且减少随之带来的重新设计和系统性能的下降。对于像自动飞行系统、飞行管理系统这样典型的高度复杂和综合的系统,确认需求通常是贯穿研制周期的一个持续的阶段性过程。在系统实验室试验的各个阶段,会不断增强对于系统需求正确性和完整性的置信度。当系统实现作为需求确认过程的一部分时,试验可以同时达到验证和确认的目的。

　　根据实验室的试验环境,实验室一般可以对系统较低级别的需求逐条进行确认和验证。

　　对于自动飞行系统,实验室试验还可以进行系统性能的初步调整和验证以确保新研型号飞机的首飞安全,如偏航阻尼器、马赫数配平功能工作极性确认和性能参数的初步调整。

　　2) 地面试验

　　地面试验可以在真实的飞机环境中验证系统的需求。相对于实验室试验,为表明所实现的系统和项目执行了其预期的功能或确保实现的系统不会执行影响安全性的非预期功能,地面试验的结果具有更高的置信度。同时由于机上试验环境的限制,地面试验一般用以实施系统较高级别的需求或功能验证试验。

　　与实验室试验一样,在研的飞机型号在初步具备了地面试验条件后,应尽早开展系统的地面试验。这是因为,自动飞行系统和飞行管理系统都高度综合了机上多个机电系统,早期的地面试验不但可以确认和验证系统自身的需求,同时还可以确认和验证飞机级综合的需求,及时识别在飞机级综合/制造过程中发生的错误和遗漏。新研飞机首飞前,必须在地面试验中确认自动驾驶仪的断开功能、偏航阻尼器和自动配平的极性正确性,以保障首飞安全。

　　当机上的软硬件构型满足了适航验证试验要求时,经试验构型评估并得到审查代表的批准后,可以进行相关系统的适航审定机上地面试验(MOC5)。

　　3) 飞行试验

　　飞行试验是在飞机真实的运行环境(或者更严酷的典型运行环境)中验证飞机的需求或功能,是验证飞机功能、性能和适航符合性的核心。对于适航条款中有明确要求的、其他验证方法不能验证或证据不充分的系统需求或功能,必须在飞行试验中进行验证。相关适航条款(CCAR 25.1329)或适用的标准(AC 25.1329 - 1B、AC 20 - 138C、AC 25 - 15)等对自动飞行系统、飞行管理系统都有明确且具体的飞行试验和演示要求。

商用飞机的飞行试验一般分制造商研制试飞(development flight test，DFT)和适航当局的合格审定试飞(certification flight test)(MOC6)。对于新研型号的飞机，在合格审定试飞之前，申请人按照审查组批准的型号合格审定试飞大纲开展的试飞，用于表明飞机对于民航规章的符合性。

以自动飞行系统为例，飞行试验是自动飞行系统验证试验的重心，也是适航符合性验证工作的重心。自动飞行系统的飞行试验主要由功能检查飞行试验、调整参数飞行试验、性能飞行试验和故障演示或安全飞行试验4个部分组成，在系统研制过程中，这4个阶段的工作有不同的工作内容和工作重点。

(1) 功能检查飞行试验。

在飞机和系统典型的飞行剖面上对自动飞行系统的主要功能进行确认和验证。在系统研制早期，主要保障飞机飞行安全和后续飞行试验的正常进行。在系统研制的后期或适航验证阶段，用以演示系统功能对需求的符合性。

(2) 调整参数飞行试验。

在不同的重量、重心条件下，该试验是在飞机或系统整个飞行包线范围内选择不同的飞行状态或机动条件，评估系统各工作模式的动态特性，或采用阶跃指令输入的方法测试系统的动态特性。试验需要在自动驾驶仪伺服机构工作扭矩范围内或传动比公差范围内调整参数，选择较佳的增益参数组合。试验一般在平稳大气条件下进行，以消除对性能判断不必要的干扰。

(3) 性能飞行试验。

在完成调参飞行试验后，该试验是在不同的重量、重心条件下，在飞机或系统整个飞行包线范围内选择不同的飞行状态或机动条件，在平稳大气条件下验证或演示系统各工作模式的动态特性。对于商用飞机，一般在飞机确定构型条件下评估自动飞行系统的性能指标，试验过程中一般不加干扰指令。如有特别的验证需求，可以在构型变化条件下或增加三角波、阶跃指令来演示系统的性能。

(4) 故障演示或安全飞行试验。

在此阶段实测自动驾驶仪的人工超控力、演示故障模拟试飞。

在故障演示飞行试验中，应确立不同故障条件下故障识别时间和故障插入的条件，以确保试验的有效性。

由于飞行试验在飞行安全、资源消耗方面的特殊性，飞行试验前应做好充分的准备工作，保证试飞架次的有效性。除遵循试飞承制的管理规定外，自动飞行系统和飞行管理系统在飞行试验中还应关注以下方面：

(1) 试验构型。应检查并保证飞机、系统试验构型的正确性和可追溯性。对于自动飞行系统最终的调参试验和适航审定试飞，需要在相关联的系统或项目冻结后才能进行，如飞机气动外形、飞行控制系统控制律和发动机性能等。

（2）飞行试验设备的安装和调试。自动飞行系统由于系统参数调整、故障插入等要求，需要专门的飞行试验设备实施飞行试验，试验前应对飞行试验设备进行安装调试。

（3）飞行机组的沟通。自动飞行系统和飞行管理系统需要飞行员在飞行试验中按照试飞工程师的要求，执行飞行机动、评估系统性能并在识别故障后恢复飞机，因此有效的沟通可提高飞行试验效率。一般每次试飞前需举行试飞交底会，试飞完成后举行讲评会。

（4）试飞架次和时间安排。自动飞行系统和飞行管理系统的各试飞科目往往在飞行高度层、飞行距离等方面有内在的联系，合理安排试飞科目节约试飞资源。

（5）试飞数据的采集和分析。自动飞行系统和飞行管理系统的性能一方面需要飞行员进行定性的评估，另一方面需要通过试飞数据定量地提供符合性证据。飞行试验前应确保可以得到满足性能分析和适航要求的试飞数据。

（6）试飞风险评估。应对所有的试飞科目进行试飞风险评估，并给出风险的应对措施。

（7）系统风险监控。为有效防范试飞风险，飞行试验中应监控与飞行安全相关的系统性能数据，如自动驾驶仪伺服指令，或在系统设计层面确保关键的伺服指令得到保护。飞行员对试飞安全有最终的决定权，可以在需要时有绝对的方法快速断开自动驾驶仪。

4）模拟器试验

为控制飞机飞行试验风险、降低飞行试验成本（时间和经费），对于一些试验风险不可控、试验条件难以捕获或模拟、试验资源占用过大的飞行试验项目，可以使用模拟器作为替代的试验方法进行验证试验。经适航当局批准的模拟器试验项目可以作为模拟器适航审定试验（MOC8）。

模拟器分为工程模拟器和飞行模拟器。与实验室试验类似，工程模拟器也是在飞机型号研制过程中建设并逐渐完善，在工程模拟器完善过程中，分阶段进行模拟器试验。在飞机及系统的研制过程中，通过在工程模拟器上进行自动飞行系统、飞行管理系统的性能参数优化及改进设计，可以节省飞机研制成本、缩短研制周期、确保系统设计质量。

在模拟器试验中，利用逼真的飞行环境，可以设置极端的飞行场景和操作、模拟各种飞机及系统故障组合，得到比较真实的飞机动态响应、系统性能品质和模式逻辑，这样有利于对自动飞行系统、飞行管理系统进行多次迭代优化，易于识别潜在的模式逻辑错误、遗漏和非期望的功能。

自动飞行系统的飞行指引仪风切变规避导引模式、自动驾驶仪/飞行指引仪TCAS TA模式，一般采用模拟器试验（MOC8）作为适航审定验证试验，而不是采用飞行试验验证的方法。

5) 设备鉴定试验

经局方认可的设备鉴定试验结论可以作为系统、设备的适航符合性证据（MOC9）。一般情况下，设备鉴定试验是指按相关系统或设备按适航标准要求进行的环境试验，也可以是适航当局要求的其他鉴定项目试验。

按照 RTCA DO‑160G 进行系统或设备的环境试验。自动飞行系统、飞行管理系统的设备鉴定试验中，DO‑160G 的下列章节所要求的试验项目必须实施：第 4 节温度和高度、第 5 节温度变化、第 6 节温热、第 7 节工作冲击和坠撞安全、第 8 节振动、第 15 节磁效应、第 16 节电源输入、第 17 节电压尖峰、第 18 节音频传导敏感性、第 19 节感应信号敏感性、第 20 节射频敏感性—辐射和传导、第 21 节射频能量发射、第 22 节闪电感应瞬态敏性、第 24 节结冰、第 25 节静电放电。

DO‑160G 的下列章节所要求的试验项目可根据主制造商对自动飞行系统、飞行管理系统安装、使用环境来确定是否需要实施：第 9 节防爆、第 10 节防水性、第 11 节流体敏感性、第 12 节砂尖、第 13 节防雾、第 14 节盐雾、第 23 节闪电直接效应、第 26 节防火、可燃性。

由于设备鉴定试验一般由设备供应商完成，以下各系统介绍系统验证工作时，仅重点介绍实验室试验、地面试验、飞行试验和模拟器试验。

8.1.3　系统验证试验管理

以适航符合性验证试验为例，说明系统验证试验的管理流程。系统研制过程的验证试验，其试验管理流程应该与之类似，只是将相应的审查方（局方）变更为主制造商的相关质量、项目或适航管理部门。

1) 试验任务书和试验大纲的编制

试验负责部门负责编制试验任务书，试验承试单位应按试验任务书和试验合同的相关要求编写试验大纲。

2) 试验大纲的批准

试验大纲经审查方评估批准。

3) 制造符合性检查计划

审查方确认制造符合性检查计划。

4) 试验产品的制造符合性预检查

试验件承制单位对交付的试验产品进行制造符合性预检查。

5) 试验前制造符合性预检查

试验前的准备工作完成后，主制造商项目管理部门组织适航职能部门和试验负责部门等根据试验大纲对试验前准备状态进行检查，并组织整改检查中发现的问题。

试验前制造符合性检查预检查通过后,由申请方授权的人员签署制造符合性声明。

6) 试验前制造符合性检查

审查方制造检查代表接收到试验前"制造符合性声明"后进行制造符合性检查,主制造商适航职能部门协助制造检查代表进行现场检查。

7) 目击试验

适航职能部门协调审查方工程审查代表或工程审查代表委托/授权人员现场目击试验。

8) 试验报告的编制、审查

试验负责部门根据试验承试单位提供的试验数据完成试验结果分析,给出试验的适航符合性结论并编制试验报告,试验报告由适航职能部门内审后提交审查方审查。

9) 试验资料归档

适航职能部门在试验完成、所有文件获审查方批准后归档所有资料。

如果试验件构型、试验程序和试验结论与试验要求发生偏离,应根据主制造商的管理要求和适航审定要求进行影响评估。如果不影响试验结果有效性,试验负责部门应编制相应的分析报告并征得审查方认可;如果部分影响试验结果的有效性,试验负责部门必须单独编制补充试验大纲对受影响的部分试验结果进行重新验证;如果试验结果全部无效,试验负责部门必须修订试验大纲并重新进行试验。

图 8.2 给出了符合性验证试验工作的简要流程。

8.2　自动飞行系统

8.2.1　自动飞行系统验证概述

8.2.1.1　支线飞机自动飞行系统验证概述

自动飞行系统作为一个重要的机载系统需要经过符合性验证才能证明其作为机载系统对适航的符合性,验证用来证明系统设计满足了预定的需求。系统验证基本上会按照《民用飞机与系统研制指南》中的验证指导进行。自动飞行系统作为机载系统的验证过程会使用评审、分析、试验和使用经验来验证系统满足了经过确认的需求。

验证过程需要基于跟审定方确认的审定计划进行验证活动,自动飞行系统的符合性验证需要通过多种方法,其中主要包括评审、安全性分析、机上地面试验、飞行试验和模拟器试验等。

自动飞行系统人机交互需求通过评审、分析和评估验证其符合性;控制逻辑和

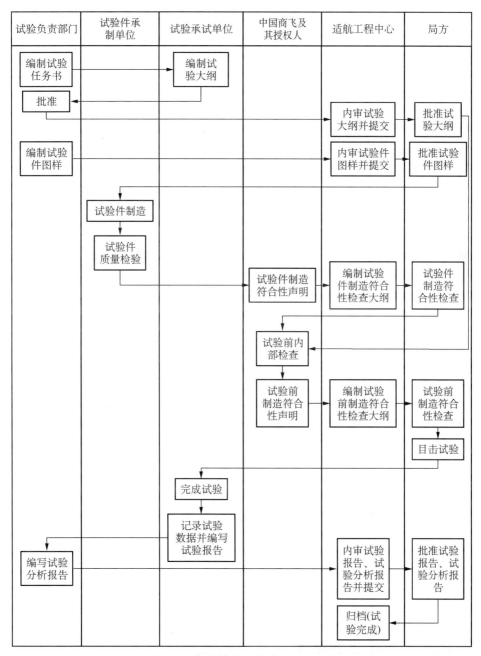

图 8.2　符合性验证试验工作流程图

性能通过地面试验和飞行试验验证;设备安装和符合性通过机上检查验证或者使用/服役经验来表明其符合性;安全性验证通过安全性分析来验证其符合性,其中用到了故障树分析、共模分析、故障失效模式分析、失效危害性分析等多种分析方法,同时采用自顶向下和自底向上的分析思路,使得安全性分析形成闭环,验证其满足安全性需求。有些风险较大的飞行试验不能通过飞行试验完成,需要在模拟器上进行,例如风切变规避导引模式的验证就需要在模拟器上多组飞行员的参与完成,验证其导引的符合性。

其中需要飞行员参与的飞行试验作为重要的符合性方法来验证自动飞行系统的适航符合性,可以验证自动飞行系统的控制性能、控制逻辑、人机交互操纵的飞行评估以及与其他交联系统的接口等。通过飞行试验评估自动飞行系统的功能和性能,同时也可以评估人机接口和失效条件下系统功能和性能的可接受性,其中故障状态的验证飞行试验是重要的评估试验,通过在系统中注入故障来评估控制系统对飞机控制的响应。

随着电传飞控系统以及数字化和集成化航电系统的发展,同时由于自动飞行系统和飞行管理系统的紧密交联,自动飞行系统的功能的执行都是通过软件实现的,而且自动飞行系统由于交联关系复杂,软件的代码量也十分庞大,故自动飞行系统软件符合性也需要按照安全性分级对相应的软件等级进行分类,并参照 DO - 178B的软件开发流程开发软件。同时自动飞行系统涉及的硬件也会按照硬件研发流程进行控制或者通过使用经验进行符合性验证。自动飞行系统验证关系如图 8.3所示。

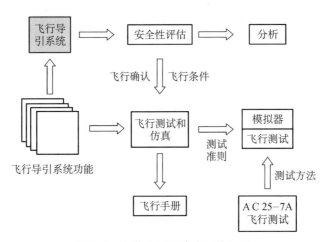

图 8.3　自动飞行系统验证关系图

8.2.1.2　支线飞机自动飞行系统验证基准

中国国内现代商用支线飞机的局方验证审定基础为中国民用航空规章(CCAR) 25 部,而自动飞行系统主要涉及的适航要求在 25 部的 D 分部和 F 分部。同时支线飞机也应该遵循 CCAR - 91 部和 121 部的运行和飞行规则。同时系统还要遵循某些适用的问题纪要(issue paper),参考相关的咨询通报(AC)及工业界标准等的要求。自动飞行系统适用的咨询通报为（AC 25.1309－1A）《系统设计和分析》、（AC 25.1329－1C）《自动驾驶仪系统的批准》和（AC 25－7C）《运输类飞机飞行试验指南》。

自动飞行系统的适航要求概要及相应的符合性验证方法如表3.3所示。

机载系统需要按照既定的符合性飞行审定计划通过符合性地面试验、合格审定飞行试验演示及相关的安全性验证分析表明和验证自动飞行系统能完成预期的功能并达到预期的性能。

8.2.2　飞机导引系统安全性评估

自动飞行系统的两个关键因素是生成导引指令的飞行导引系统及运行指令的自动驾驶仪。飞机导引系统功能包含飞行导引模式控制律及模式逻辑两部分。飞机控制律用于控制滚转及俯仰值以达到理想的飞行姿态，模式逻辑则根据飞行情况来选择合适的飞行导引模式，而这些控制最终是通过软件的运行实现的，飞行导引系统和自动驾驶仪的安全性至关重要。

需要对飞行导引系统模式逻辑潜在的风险进行功能风险评估（FHA），并对在错误使用飞行导引系统导致的危险情况下，对该系统进行的通用属性进行故障树分析（FTA）。可以通过列出的通用属性，得出与安全规范要求相关的属性明细表。为检查该过程的完整性，可以进行故障模式影响及危害性分析（FMEA），把具体的故障扩展到系统层面，并验证是否所有的危险情况都被考虑在内。最后使用模型检查的方法来核查模型的安全属性。

研究表明新系统的可行性及成本效益的挑战之一是开发一个可以真实反映实际产品复杂性且可行的系统模型。支线客机因其飞行导引系统的安全特性及内在复杂性在航空领域中最具代表性。飞行导引系统包括多个单独的子模式，其中最主要的模式可以分为横向导引模式和纵向导引模式。自动飞行系统按次序包括飞行导引系统，飞机指引仪及自动驾驶仪。

飞行导引系统提供的功能包括生成用于控制飞机的侧滚及俯仰值。飞行导引系统可分解成独立和连续两个组成部分，依次称为模式逻辑和飞行控制律。飞行控制律将根据飞机的实际状况（位置、速度、姿态和高度）和理想情况下的飞机状况作比较，并生成导引命令来减小两者的差异。一旦系统被激活，模式逻辑会根据飞行任务选择合适的飞机控制律。飞行导引系统负责4个功能区域：选择并显示飞行导引模式、计算飞行导引命令、控制飞机指引仪和控制自动驾驶仪。

模式逻辑负责飞机导引系统的第一个功能：选择指示飞机的导引模式。尽管每架飞机有不同的导引模式，一个典型的支线飞机导引系统一般会有6个横向及纵向模式（见表8.2）。第二个功能：计算飞机导引指令，由飞机控制律运行。第三和第四个功能，飞机控制指引仪和自动驾驶仪整合了软件和硬件（显示器和相关作动伺服)两方面的功能,不仅仅是软件功能的分析。飞机导引系统的功能要求将作为这次安全分析起始点进行分析。

表 8.2　典型飞机导引系统的横向及纵向模式

横向模式	纵向模式	横向模式	纵向模式
滚转保持	俯仰保持	横向导航模式	飞行高度层改变
进近	高度保持		复飞
复飞	高度选择		垂直速度
航向保持	进近		

8.2.2.1　事故模型

尽管对事故本质彻底的理解是不必要的,但对事故本质的深度理解有助于把解决方法应用到更广的背景中。构成我们分析基础的是图 8.4 所示的对事故本质的假设。该事故模型中的定义与 IEEE 标准基本吻合。

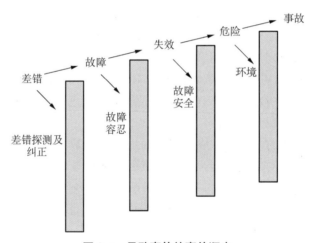

图 8.4　导致事故的事件顺序

如图 8.4 所示,错误是在规范要求、设计及开发过程中的差错,可能是导致事故的根源,这些错误可能在设计或开发过程中的任何阶段出现。理想情况下,所有的错误将在系统投入运行前被探测并改正。现实情况中,有少数的错误未被检测出(或在运用某些纠正错误的方法时,可能产生了新的错误)。同时我们也应深刻意识到,若用于开发系统的规范及要求是错误的话,一个按严格标准设计、生产并测试的系统也可能会存在逻辑错误。不过错误来源是什么,一些错误可能会扩展到下一个阶段,并在系统运行中被放大并造成故障(fault)。故障容忍技术可用于控制故障,但一些故障也可能扩展到下一阶段并造成系统失效(failure,功能失效)。该阶段的故障安全技术可能会再次中止该故障的进程,然而一些故障依然可能无法被控制且造成系统危险(hazard,可能会造成事故的状态)。最后一个决定事故发生的因素是周围环境(当地地形、其他飞机、大气状况)。当一次危险状况配合"良好"的环境状况可能不会造成事故而仅成为一次事件。若环境状况是"恶劣"时,可能该状况最终会造成事故。因此,一次差错可能演变成故障,故障可能会造成失效,失效则可能造成系统危险,危险状况则可能最终导致事故。

因此,飞行导引系统安全分析集中在明确导致事故的危险状况、失效、故障及差错。其安全性分析过程将会结合标准分析方法[例如故障树分析(fault tree analysis,FTA);故障模式影响及危害性分析(failure modes and effect analysis,FMEA)]及新型但有效的形式化方法(formal method)分析技术。

8.2.2.2 定义安全属性

安全分析过程首先要定义安全属性,安全属性由双向分析方法得到。双向分析的起始点是危险事件列表。接着自上而下的分析方法被用于追踪会造成危险的相关错误。接着独立的自下而上的分析方法会将各个错误追溯至相应的危险事件,以完成整个分析过程。

8.2.2.3 定义危险

飞行导引系统安全性是系统层面的问题,且在航空安全标准 ARP 4761 中具体指明在飞机层面及系统层面都需要进行安全分析。飞机层面的危险相对较少,例如失去飞行控制,若我们检查失去飞行控制的原因,我们会发现导致该危险的失效均发生在某些系统中(如液压管路失效,控制盘卡阻,飞机控制舵面)。尽管如上述所说,我们的目标是明确飞机导引系统的模式逻辑的危险,但这些危险事件将会由功能失效引发且这些危险需要通过功能危险评估(functional hazard assessment,FHA)来明确。

先从飞机导引系统的功能要求开始,通过检测当飞机导引系统无法提供某些功能而造成的结果来明确与飞机导引系统相关的危险。然后根据 MIL STD 882 来定义每一项危险项目的级别。飞行导引系统被定为 C 级系统是由于其包含 C 级危险项。C 级危险项目的功能危险评估(FHA)如表 8.3 所示。这些危险事件会作为下一阶段安全分析的基准点。

表 8.3　功能危险评估明确的 4 项危险

功能失效 (危险)	关键飞行 阶段	飞机响应	备　注
导引错误	进近	飞行员检查主要数据时发现飞机逐渐偏离参照物。手动切断系统并手动驾驶	对 AP 而言,导引损坏与导引错误没有区别

（续表）

功能失效 （危险）	关键飞行 阶段	飞机响应	备　注
模式指示错误	进近	飞行员检查主要数据时发现飞机逐渐偏离参照物。手动切断系统并手动驾驶	假设导引值是正确的
飞机导引转移状态指示错误	所有阶段	飞行员检查主要数据时发现一侧"驾驶员飞行侧"指示错误。手动切断系统并手动驾驶	假设在飞侧和不飞侧选择不同的导航源
自动驾驶仪接通指示错误	进近	飞行员检查主要数据时发现当AP接通时控制驾驶盘受阻。手动切断系统并手动驾驶	假设AP断开装置保持运行

8.2.2.4　自上向下的分析

故障树分析（FTA）是一种自上而下的分析技术，可用于定义会造成系统危险的促成因素（错误、故障及失效）。FTA反馈技术通过产生系统层面的危险来尝试寻找造成该危险的原因。尽管FTA名称中仅提及"故障"，但我们需要强调这种技术是一种通用的、可视的，用于把更高层面的事件（危险）追溯至导致其发生的因素的分析方法。这些促成因素除了故障，也包括错误及失效。

在一个实际的飞机程序中，FTA可从系统层面的危险开始分析，如控制损坏，以及包括所有会造成该危险的其他系统。对我们而言，FTA可以从功能危险评估（FHA）中定义的危险开始。例如图8.5所示与"导引错误"危险相关的FTA。注意由于安全是系统层面的属性，所以FTA必须包括飞机导引系统的输入信息，如飞机控制律以及飞机导引系统的输出信息，如自动驾驶仪（AP）及飞机指

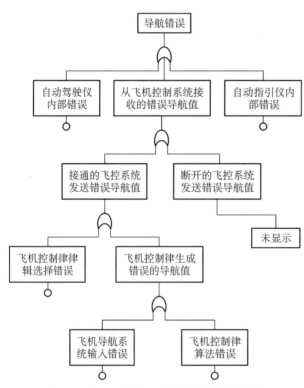

图8.5　危险-导引不正确的故障树分析示意

引仪(FD)。针对表8.4所示的每一项危险进行 FTA 分析,可以得出多项可能造成该危险状况的因素,在这些可能因素中有若干项与飞机导引系统模式逻辑相关,如表8.4所示。

表8.4　故障树分析明确的错误项

非模式逻辑错误	模式逻辑错误
飞行导引系统(FGS)- FCP 通信通道失效	飞行导引系统(FGS)- FCP 通信错误
飞行导引系统(FGS)- PFD 通信通道失效	飞行导引系统(FGS)- PFD 通信错误
模式同步通信通道失效	飞机控制律逻辑选择错误
FCP 内部错误	"通断侧"逻辑错误
PFD 内部错误	自动驾驶仪接通逻辑错误
自动驾驶仪(AP)内部错误	模式选择逻辑错误
飞行导引仪(FD)内部错误	模式同步逻辑错误
飞行导引系统(FGS)输入错误	状态转换逻辑错误
飞机控制律算法错误	

8.2.2.5　自下而上的分析

作为核查自上而下的故障树分析的结果正确性,需要进行自下而上的失效模式影响及危害性分析,失效模式影响及危害性分析反馈技术从可能的差错开始分析,并向上追溯其对系统安全的影响(例如其是否导致潜在危险)。和故障树分析一样,失效模式影响及危害性分析同样也不局限于对"失效"的分析。失效模式影响及危害性分析是检查错误(故障及失效)对危险事件影响的通用分析方法。

失效模式影响及危害性分析的表格输出包括失效模式(错误)、影响(危险)、危害和分析(解释说明)。失效模式影响及危害性分析将表8.5定义的错误作为开始点。4 个 C 级模式逻辑危险的 FMECA 如表8.5所示。失效模式影响及危害性分析可以判断故障树分析(FTA)的结果。这也是双向分析的一个优势,即从两个方向追查事故过程并增强最终结果可信度。

表8.5　针对 C 级模式逻辑危险的失效模式,影响及危害性分析(FMECA)

失效模式	影响	分析
飞机导引系统-飞机控制板(FCP)通信逻辑错误	模式指示不正确	机组人员无法决定飞机导引模式及状况,导致手动断开系统并手动飞行
飞机导引系统-主飞行显示器通信逻辑错误		

（续表）

失效模式	影响	分　析
"接通/断开"逻辑错误		
模式选择逻辑错误		
模式同步逻辑错误		
飞机控制律选择逻辑错误	导引不正确	当机组人员检查主要飞行数据时发现飞机逐渐偏离参考物,导致手动断开系统并手动飞行
"接通/断开"逻辑错误		
"接通/断开"逻辑错误	飞机导引转换状态指示不正确	"飞行员飞行"侧指示不正确,当机组人员检查主要飞行数据时发现飞机可能逐渐偏离参考物
转换状态逻辑错误		
"接通/断开"逻辑错误	自动驾驶仪(AP)接通显示不正确	若接通,可以通过驾驶盘的输入阻力注意到。若断开,在机组人员在检查主要飞行数据会察觉飞机逐渐偏离参考物,导致手动断开系统并手动飞行

　　通过详细的功能危险评估(FHA)、故障树分析(FTA)以及失效模式影响及危害性分析(FMEA)等安全性分析方法,双向进行分析验证自动飞行系统的安全性级别满足安全性需求。

8.2.3　自动飞行系统地面试验

　　自动飞行系统的地面试验可以在地面验证部分自动飞行系统的功能及对应的条款,如果在地面可以验证的功能就可以降低飞行验证试验的工作量,缩短研制周期并降低研发成本。

　　自动飞行系统的地面试验需要根据系统特点安排可以在地面验证的功能,可以在地面验证的功能和条款就尽量在地面验证。

　　通常以下功能可以通过地面试验验证:

　　1) AFCS 模式响应试验

　　验证 AFCS 在各个模式下,飞行指引仪(FD)的指令和通告的正确性。

　　2) AP 接通/断开试验

　　验证自动驾驶仪在各种状态下能够人工或自动地断开以及相应的告警;验证自动俯仰配平的功能是否正常。

　　3) 偏航阻尼器试验

　　验证偏航阻尼器在各种状态下能够人工或自动地断开。

通常机上地面试验可以表明 CCAR 25.672a，25.672c，25.1301d，25.1309a 条款的符合性。

8.2.4　自动飞行系统飞行试验验证

8.2.4.1　飞行验证内容

自动飞行系统的飞行性能和故障演示需要飞行试验和模拟器试验进行验证，其中由于风切变规避导引的验证条件很难在飞行中捕获，而且风险极大，不适合在真实飞机上通过飞行试验完成，故通过模拟器设置特殊的风切变条件对其功能和性能进行验证。

支线飞机的自动飞行系统飞行试验项目通常会包括以下几个方面：自动驾驶仪和自动油门的基本接通断开操作、内环控制性能、外环飞行导引模式控制、故障演示和仪表着陆 CAT Ⅱ进近演示飞行。如果支线飞机提供 CAT Ⅲ进近着陆功能，则需要通过模拟器验证其功能的适航符合性。

1）基本功能评估

自动飞行系统基本功能符合性评估包括自动驾驶仪断开、自动油门断开和人为因素评估的测试。使用允许的不同方法断开自动驾驶仪和自动油门，并评估人机交互界面的人为因素指标。

2）内环控制性能验证

自动飞行系统内控制环路验证包括横向偏航阻尼器在协调转弯和荷兰滚情况下的响应特性，滚转轴内环阶跃响应、俯仰轴内环路阶跃响应。

3）外环飞行导引模式验证

外环导引系统验证是对飞行导引各种模式的转换逻辑和控制性能进行验证，比如航向选择和保持模式、高度保持模式、VNAV 模式、垂直速度模式、飞行高度层改变和高度选择(altitude select，ALTS)模式的评估及飞行指引仪功能的评估。

4）自动油门功能测试

自动飞行系统自动油门功能测试飞行试验包括在不同的飞行状态下评估自动油门对空速的控制性能是否满足设计提出的需求，同时对自动油门的配平和同步功能也进行飞行验证。

5）故障性能评估

自动飞行系统故障性能验证包括通过飞行确定平均故障觉察时间，并基于此在不同的飞行阶段和飞行模式下给系统注入故障，验证系统在故障情况下的控制响应，故障性能飞行试验需要验证在各个状态下滚转轴和俯仰轴故障性能很好地满足适航条例，最后也会通过故障飞行试验的数据分析得到自动驾驶仪的最小使用高度。

6）CAT Ⅱ仪表着陆飞行验证

仪表着陆系统的验证属于多系统综合验证项目，但由于在进近过程中，一般飞行员都会使用自动飞行来实施进近,故通过自动飞行系统的飞行试验验证自动飞行系统支持CATⅡ进近运行的能力,此部分内容将在CATⅡ进近功能章节详细叙述。

以上飞行试验验证的项目主要从以下几个方面对自动飞行系统的功能及性能进行验证:

(1) 自动控制的稳定性及受到干扰后的重新跟踪能力。

(2) 导引参数的可控性及受到干扰后的重新跟踪能力。

(3) 激活模式对飞行航迹的捕获性能。

(4) 多种综合模式的一致性。

(5) 模式转换的可接受性及整个驾驶舱综合功能。

8.2.4.2　自动飞行系统飞行试验验证需要考虑的条件

在飞行验证过程中需要对每个或者每组试验建立试验准则过程中考虑所需输入的可变性、确定试验目的和原理、试验验证的所有需求、期望的结果和实际结果允许的误差,而验证的严酷度通常由飞机或者系统的功能研制保证等级来决定。

自动飞行系统的飞行试验需要考虑正常条件即在飞机运行包线内和常规的大气环境下的性能,同时需要考虑飞机在临界运行包线及特殊大气环境下的性能,比如在湍流或者风切变条件下的性能验证,但对于风切变,由于验证的难度和高风险性,通常在模拟器上进行验证试验。

对于某些特殊条件,也需要考虑进行验证,比如结冰条件、低速飞行条件、告诉飞行条件、复飞阶段的各种运行情况和陡峭进近飞行等。

1) 飞行试验中对重量重心的要求

自动飞行控制系统的飞行性能与飞机的构型直接相关,即飞机的重量重心、发动机工作状态、襟/缝翼卡位飞行控制性能有直接影响,所以不同的构型,特别是重量重心的条件,需要在飞行试验中进行验证。

咨询通报(AC 25 - 7A)《运输类飞机合格审定飞行试验指南》对重心的限制条件有相关要求。

考虑到在实际飞行过程中很难精确控制飞机的重量重心,所以对有重心要求的试验科目可以适当放宽对重心的要求进行验证,而这种放宽在以下两种条件下都是可以接受的:①飞行试验数据在要求的重心两侧都有分布;②从飞行试验重心到重心限制的重心修正。

可以考虑在能达到重心极限位置的试飞机上进行局方演示飞行试验,而且可理解为,因为测试飞机重心是随着燃油消耗在变化的,所以在重心极限外有测试点就可以,不一定要稳定在一个重心值上进行飞行试验。

关于CATⅡ对重量重心的要求,一般来说FAA一直要求大部分进近试验(大约20个)在前重心条件下进行,此要求的目的在于,当飞机处于大重量前重心状态,对下滑道和航向偏差的修正来说相对比较困难,后重心则可能容易一些。EASA也会要求在不同的条件下进行 CAT Ⅱ 进近飞行试验。

在研发飞行过程中对于比较严酷的重量重心位置,如果进行自动飞行控制系统内环控制,需要用水配重进行保持。如果没有水配重系统,试飞过程中随着燃油消耗,重量重心会发生变化,这种变化对于自动飞行控制系统内环控制性能评估会有受影响。根据 AC 25 - 7A 要求,重心变化应控制在 7% 范围内。对于没有水配重系统的飞机,如果在该架机上试飞内环控制性能,需要安装传感器将重心变化记录下来,以确定试飞过程是否严格控制在该重心 7% 的容差范围内进行(注意:7% 是一种统计意义上分布,不是在 7% 的边界处),从而确保内环控制参数能够满足整个重量重心包线的性能要求。如果没有传感器进行水配重测量,那么需要通过仿真分析的方法来确定内环控制参数在该重量重心下没有影响。但这种方法很难实施,因为要建立准确的飞机模型是很困难的。对于自动飞行控制系统外环飞行测试功能,通常对于重心要求不是很严格。

2) 飞行试验速度包线的要求

自动飞行系统同样需要在飞机飞行的速度包线边界进行飞行验证,对于马赫数配平功能、高速保护和低速保护等对速度敏感的功能需要进行包线边界飞行验证。比如在马赫数配平区域演示马赫数配平的性能,马赫数配平的工作区间为 0.796~0.89,故在马赫数配平试飞科目中,需要在整个配平包线内进行飞行试验,需要飞行马赫数达到 0.89。

超速告警功能是正常飞行过程(如航线运营),当飞机飞行速度超过设定的速度告警阈值,系统应在可接受的延迟范围内给出一个告警信息。对超速告警功能的验证属于系统设计应考虑的范畴。验证过程,通常选取几个典型的飞行状态(如不同的高度、速度),采取平直飞行,逐步增加速度的方法进行验证,无需采用特别的机动(如俯冲)进行验证。通常这些极限条件试飞仅是对飞机其他性能的验证试飞,而不是对飞机系统超速告警功能的验证试飞。自动飞行系统的超速保护功能试飞也会参考超速告警功能的试飞方法。

自动飞行系统是高度集成的综合系统,在验证前需要很多支持系统的构型冻结,如果其他交联系统发生变化,则会导致自动飞行的验证项目重新验证;支持自动飞行系统的飞机级操稳性能、飞行管理系统、主飞行控制系统、发动机推力系统及导航所有相关设备构型冻结后才能开展自动飞行系统的验证。

8.2.4.3 自动飞行系统 CAT Ⅱ 机载系统验证试飞方法

1) 验证飞行试验操作方法

自动飞行系统,作为 ILS CAT Ⅱ 进近实施的重要系统,将通过飞行试验表明其符合 CAAC 和 FAA 的相关适航要求。

此验证飞行试验是用来验证自动飞行系统可以支持 CAT Ⅱ 进近,至于整机是否具备 CAT Ⅱ 进近需要进行进一步验证和考虑,仅仅靠自动飞行专业完成 CAT Ⅱ

验证不足以说明飞机就具备 CAT Ⅱ 进近能力。自动驾驶仪只是实现 CAT Ⅱ 进近的一个方式,飞机也可以通过其他方法实现 CAT Ⅱ 进近,比如通过平显设备等;自动飞行系统可以支持 CAT Ⅱ 进近并不代表整机具有 CAT Ⅱ 进近能力,还需要其他相关系统支持 CAT Ⅱ 进近,CAT Ⅱ 进近功能的实现是一个飞机级的需求,涉及多个系统(包括总体性能、导航性能及指示告警等),不能由单独一个专业判断整机是否具有 CAT Ⅱ 进近能力。

在自动飞行验证试飞中,采用以下试飞步骤:

(1) 飞机在试验条件下、外指点标以外,开始 CAT Ⅱ ILS 进近程序。

(2) 检查主飞行显示器上显示了正确的模式通告。

(3) 按照每一步的正常操作程序,控制飞机的构型变化。

(4) 在 1 200 ft 离地高度,确保飞机处于正确的着陆构型。

(5) 对于自动油门断开的试验点,按照速度控制的需要,微调飞机的推力。

(6) 继续进近到至少 80 ft 离地高度。

(7) 断开自动驾驶仪,由驾驶员自行决定是目视着陆还是复飞。

(8) 在跟踪 LOC 和 GS 信标信号期间,要注意非正常的气动抖动(air roughness)、速度控制和驾驶员的工作负荷。

(9) 在 700 ft AGL 和决断高度处,注意风向、风速(塔台报告或 FMS 给出)。

(10) 在决断高度处,注意跑道位置和 AP 断开时的配平条件。

一次 CAT Ⅱ 进近成功的判据如下:

(1) 在 95% 的概率下:从外指点标(OM)到 300 ft,飞机的航径应在 LOC 中线的 $\pm 35 \mu A$ 以内;从 300 ft 到 100 ft 或 DH,飞机的航径应在 LOC 中线的 $\pm 25 \mu A$ 以内。

(2) 在 95% 的概率下:从 700 ft 到 DH,飞机的航径应在 GS 中线的 $\pm 35 \mu A$ 或 ± 12 ft(取其大者)以内。

(3) 整个进近过程中,基准空速的控制精度在 ± 5 kn 以内。

2) CAT Ⅱ 进近试飞对机场设施的要求

基于 AC 120‐29A 的建议,机载系统如果要满足 CAT Ⅱ 运营要求,就需要进行评估。评估包括对系统进近性能需求评估和安全性评估,可以通过飞行试验或者模拟器仿真试验进行。机载系统的评估通过飞行试验进行,飞行试验有如下要求:

(1) 在不同风力条件下的性能评估,其中包括 20 kn 逆风,15 kn 侧风,10 kn 顺风;不是所有的进近对风都有要求,必须保证至少有一个进近满足顺风条件,至少有一个进近满足侧风条件,至少有一个进近满足逆风条件。

(2) 使用至少三套具有 CAT Ⅱ 进近能力的跑道设备进行飞行试验,共完成至少 30 个进近飞行试验;如果一条跑道两端都有 CAT Ⅱ 进近设备,而且可以从跑道的两端进近,则对此项飞行试验可以认为是两条跑道。

（3）单发失效情况下的进近性能需要被评估。

（4）进近过程中故障条件下的复飞性能需要评估。

（5）在一套紧急设备上执行进近的数量不能超过总数的50%。

（6）一半进近从左边进近,一半进近从右边进近。

（7）自动油门接通和断开状态的进近需要交替进行。

（8）最低使用高度(minimum use heights,MUH)应该给出。

（9）LOC/GS天线应该是最终构型,包括安装。

（10）地面机场导航设备应该在半年内被校准过。

（11）飞机完成了侧风20 kn的试飞。

（12）测试应该在气象雷达打开和关闭的状态下都进行。

在执行CATⅡ飞行试验时,对有风速条件的机场进行气象预报,如果气象条件合适就飞到指定机场进行CATⅡ进近验证试飞试验;原则上具有风速条件的进近只需要执行一个进近,但一般会考虑进行4个进近;按经验来看,CATⅡ进近试验建议在冷空气或者冬天进行,这样各种风速的气象条件比较容易得到。

8.2.4.4 CATⅡ进近飞行数据分析

自动飞行系统CATⅡ进近飞行试验需要对飞行后的数据进行处理,以确认飞行是否有效,并同时确认是否满足相关判据并计算成功率。

1）关于速度基准的数据处理

进近过程中应该对空速进行控制,空速应该保持在5 kn的误差内,每次进近的空速都应该进行分析,判断自动油门对基准空速的控制性能。

在进近过程中自动油门对基准速度的控制稳定精确,并保在±5 kn内,由此也可以确认飞机在进近过程中速度没有发生颠簸震荡。

2）关于风力条件的数据处理

进近飞行试验过程中的风力数据(见图8.6)来自于塔台或者飞行管理的数据,将风向沿机头方向和机身方向正交分解,然后得到顺风、逆风和侧风的数据。

在飞行过程中记录每次进近中的风速和风向,将其正交分解得到CATⅡ进近过程中最大的逆风、侧风和顺风值,以作为CATⅡ运行时对风力条件进行限制的,最后需要将风力条件的限制写入AFM手册中。

3）LOC和GS偏差信号的数据方法

根据导航数据采集的LOC和GS信标数据,转换成调制的电流值,对进近1 000 ft下的数据进行分析。图8.7和图8.8分别为ARJ21-700飞机CATⅡ研发飞行试验的航向偏差和下滑道偏差的分布。

在分析航向和下滑道的偏差时,只需要记录无线电高度从700 ft到100 ft之间的数据就可以了。从图8.7和图8.8中可以看出在所有的进近过程中自动飞行控

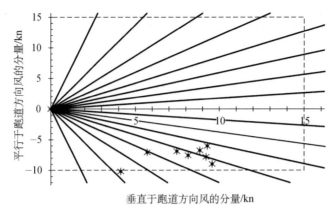

图 8.6 风力条件的数据处理

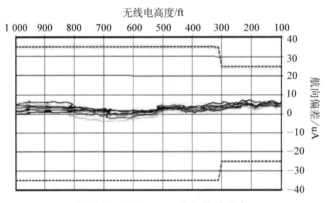

图 8.7 CATⅡ进近航向偏差分布

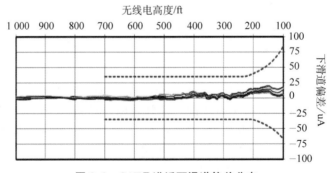

图 8.8 CATⅡ进近下滑道偏差分布

制系统可以控制飞机在航向信标中心线左右偏差±10 uA,同时控制飞机在下滑道信标中心线左右偏差±25 uA,完全在标准之内,而且在跟踪过程中没有振荡。

4) 进近成功率的数据处理方法

使用自动飞行系统进行CATⅡ进近,其控制性能是否满足CATⅡ进近能力的要求需要通过飞行试验及飞行数据的分析来确认。

通过执行大量的 CAT Ⅱ 进近试飞来表明自动飞行控制系统的性能满足要求是不现实的也是不经济的,所以通过设定一个置信水平值就可以对有限的 CAT Ⅱ 进近数量的试飞结果进行分析,从而确定其性能的符合性,90% 置信水平值是此飞行试验中可以接受的一个值。

(1) 成功率的连续计算方法。

使用连续方法计算成功率就需要至少 30 个 CAT Ⅱ 进近作为一个充足的样本。在飞行试验中需要使用记录设备记录每次进近过程中离地 300 ft 到 100 ft 期间最大的下滑道偏差和航向偏差。

在每次 CAT Ⅱ 进近过程中最大的下滑道偏差或航向偏差都会不同,把这两个参量作为统计变量。在工程上假设 CAT Ⅱ 进近的下滑道偏差或航向偏差遵循位置参数为零的正太分布,故在某次特定的进近区间内最大的偏差服从瑞利分布,可以表达为

$$P(x) = \frac{x}{\lambda_0^2} e^{-\frac{1}{2}\left(\frac{x}{\lambda_0}\right)^2} \tag{8.1}$$

式中:x 表示最大下滑道或航向偏差,λ_0 表示瑞利分布函数的尺度参数,则最大偏差低于特定初始值的概率 $P(x_0)$ 为

$$P(x_0) = \int_0^{x_0} P(x)\mathrm{d}x = 1 - e^{-\frac{1}{2}\left(\frac{x_0}{\lambda_0}\right)^2} \tag{8.2}$$

式中:x_0 为激活偏差告警的阈值,则进近成功率 $P(\alpha)$ 计算表示为

$$P(\alpha) = 100\left(1 - e^{-\frac{1}{2}\left(\frac{x_0}{\lambda_0}\right)^2}\right) \tag{8.3}$$

如果进近成功率高于 95%,则自动飞行控制性能满足了要求的置信水平。

(2) 通过或失效方法。

此种方法适用于飞机上没有安装数据采集设备时进行审定符合性验证飞行试验的情况。此方法要求至少 46 个 CAT Ⅱ 进近飞行需要被执行作为一个样本,而在 46 个进近中不能有失效的进近发生。每次进近需要使用标准的 CAT Ⅱ 进近程序,而且在进近过程中需要记录由于仪表着陆系统跟踪性能或者机载系统故障而引起的不合适进近。CAT Ⅱ 进近是否成功通过与图 8.9 所示

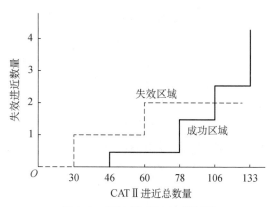

图 8.9 通过/失效方法判据图

的标准比较进行判断。

采用这种方法在给定的时间周期内，相对于期望的失效数量，实际的失效数量是不确定的，所以总样本的数量偏小，结果就不可信。我们假设失效是相对于时间随机分布的，那么当基于泊松分布给定期望的失效数量后预期发生失效的概率可以算出，相关的置信水平可以表示为

$$P = \int_0^N \frac{n^F}{F!} e^{-n} dn \tag{8.4}$$

式中：F 表示 CAT II 进近试飞的总数，N 表示出现失效进近的次数，n 为期望失效的次数。

基于以上计算，可以得到以 90% 为基准的置信水平如果在进近飞行中有 1 次失效进近，那么就需要进行至少 78 次进近飞行才能表明其安全性。

在 CAT II 审定飞行试验中，考虑到试飞的经济性和可操作性，工程上通常采用连续计算方法确定其成功率是否满足要求。

8.2.5　模拟器试验验证

在自动飞行系统验证过程中有些项目是无法通过飞行试验方法进行验证的，但通过仿真分析又不能充分证明其功能和性能符合性，这些功能的验证就要借助于模拟器进行。模拟器试验主要用于对操纵特性和驾驶舱评估，一般根据相关试验大纲，由飞行员在经过验证的飞行模拟器上进行试验测试，并给出主观和客观的试验结果，从而对飞机的操纵特性、驾驶舱设计、人机界面设计、人机工程设计等进行评估。

通常商用飞机模拟器试验包括最小飞行机组模拟器试验、发动机不可控高推力模拟器试验、最小重量模拟器试验、反应型风切变模拟器试验、飞控系统故障及操纵品质评定飞行模拟器试验，最具典型代表的就是第 6 章提到的风切变规避导引功能的适航验证。

8.2.5.1　风切变规避导引功能符合性

（AR93001R2）《民用飞机运行的仪表和设备要求》对机载低空风切变系统有如下说明：在 2005 年 12 月 31 日以后制造的客座数大于 9 的喷气式飞机应安装一个经批准的机载风切变警告和飞行导引系统或一个经批准的机载探测和避让系统，或者一个经批准的这些系统的组合系统。

该要求说明安装风切变规避导引已是现代商用飞机的必然趋势。因此有必要研究风切变规避导引的适航验证条款、设计验证程序，表明系统的符合性。

风切变规避导引系统适用的适航条款、咨询通报和技术标准有：

（1）（FAR25.1309）《设备、系统及安装》概括了机载设备或系统在功能及安装方面应满足的要求。

本条是对机载系统功能的准则，由对应功能的相应咨询通报给出相对具体的要求。

（2）（AC 25 - 12）《批准运输类飞机机载风切变警告系统的适航准则》提供运输类飞机机载风切变警告系统适航批准的指导原则。

本咨询通报提供了运输类飞机机载风切变警告系统适航批准的指导原则，并不具备强制性，可作为一种可行的方案。

切变警告和脱离导引系统采用模拟器进行评价，该模拟器能用"驾驶员人在回路"的固定式模拟或运动式模拟来表述飞机/发动机组合的动态响应。

对风场模型要求应当按为了提供风切变现象的已知类型所选定的相当数量的风场类型进行，可能是"分析得出"的各类风场类型或由外场试验得到的"真实世界"的数据组。此外，所有风场类型均应增加湍流分量，一种合适的方法是采用报告NO. FAA - RD - 73 - 206 提出的湍流模型。对在起飞阶段和进近阶段遭受风切变之后的飞行员操作要求给出了相应的要求。

（3）（AC 120 - 41）《机载风切变报警和飞行指引系统的使用批准准则》阐述了可接受的模拟试验准则、风场模型数据和评定候选系统的最低性能参数。

本咨询通报给出了获得机载风切变报警和飞行指引系统使用批准的可接受方法，但不是唯一的方法。该咨询通报阐述了可接受的模拟试验准则、风场模型数据和评定候选系统的最低性能参数。

系统鉴定中使用的模拟器应由 FAA 的国家模拟器评定组为此进行特别批准，可以模拟全部飞行任务、驾驶员"人在回路"（带视景系统）、仪表设备、记录系统和所遇到的风切变状态的响应动态模拟功能，且必须满足或超过一级设备所要求的全部基本性能。

（4）（TSO - C117a）《运输类飞机机载风切变告警和规避导引系统技术标准说明》明确了风切变告警和规避导引设计的最低技术标准。

此标准规定了运输类机载风切变告警和规避导引系统的最低性能标准，该文档定义遭遇风切变现象时风切变告警和规避导引系统的性能、功能和特征。该标准给出了风切变规避导引系统应确保在 50 ft AGL 到 1 000 ft AGL 高度区间内工作的要求和风切变规避导引在不同情景下需要考虑的特殊情况算法。

机载风切变规避导引的功能是基于以上规章和咨询通报的方法和标准通过模拟器试验完成验证的，其中包括试验要求、制定试验程序和试验结果评估。

8.2.5.2 风切变验证试验过程

风切变告警和规避导引系统模拟器试验使用"人在回路"（pilot in loop）飞行模拟器仿真、Cooper - Harper 效能评估方法的适航验证方法，通过性能仿真和飞行员主观评价两种途径对系统进行验证。

1）验证试验的条件

AC 120 - 41 定义了MOC8 风切变模拟器试验中可用的 10 种解析风场，TSO - C117A 定义了 MOC8 风切变模拟器试验中可用的 6 种离散风场，模拟器应包含风切变专用模块,以提供试验所需 AC 120 - 41 和 TSO - C117A 风场环境,以及提供了相应湍流模型,提供了合适的飞行环境和飞机构型配置方式,以满足了客机反应性风切变模拟器试验的要求。

图 8.10　全功能飞行模拟器

全功能飞行模拟器的技术指标 Interim C,模拟器如图 8.10 所示。在试验开始前,需要进行局方制造符合性检查。与反应型风切变告警和规避导引验证试验相关的系统包括航电系统、飞控系统、动力系统、起落架系统和电源系统,因此相关系统的软硬件构型达到设计构型和支持验证试验;如果模拟器采用仿真件,则要求仿真件能够如实模拟真实飞机上相关设备的逻辑及功能,设备的输入、输出响应与真实飞机保持一致。

风切变风场设置模块和试验数据记录输出模块,具备如下所述功能。

(1) 故障注入/撤销:试验中可以根据需要随时注入或撤销故障。

(2) 试验控制:能够控制试验开始、暂停和结束。

(3) 参数设置:每次模拟飞行的飞行状态参数(高度、速度、重量、重心、风场参数等)应能够通过外部设置,每项试验的重要参数应能够通过外部设置。

(4) 数据查看和导出:根据需要以数据和图的形式查看参数,试验数据可导出。

(5) 告警:每个故障的告警以及告警方式(EICAS 告警/音响告警)应该与真实飞机一致。告警延时应该与真实飞机一致。所有标明是"未通告"的故障模式应屏蔽相关 EICAS 告警信息。

使用 Cooper-Harper 效能评估方法就需要多组飞行机组完成试验。参加评定的驾驶员应由航空承运人在航线服务中所雇用的具有相应等级的现役驾驶员代表组成,评定中应利用足够数量的机组,以确保结果能代表典型航线驾驶员的水平,而不会因所选的机组不对而造成偏差。

AC 25 - 12 给出了风切变规避导引系统适航验证的指导方法和验证内容,包括软件工作等级、失效概率分析、设计合理性、系统综合等内容,试验过程如图 8.11 所示,同时规定了飞行员的操作便易性。

试验考虑以下几种场景。

(1) 起飞和爬升:进行机载风切变报

图 8.11　飞行员进行风切变飞行试验

警和飞行指引系统的起飞阶段试验时,系统在严重风切变条件下应向驾驶员提供足够的信息,以允许飞机在初始和后继的爬升阶段中利用最大的可用能力飞行而不会发生偶然的失控、失速或以过大的可用能量接地。

(2) 进场和着陆:进行机载风切变报警和飞行指引系统的着陆阶段试验时,在严重风切变状态下,系统应在飞机有足够的剩余性能,可以成功地完成复飞情况下为驾驶员警报严重风切变的存在;在复飞期间,系统应向飞行机组提供充分的信息,以允许飞机以避免触地的可获得最大性能的能力飞行,并以预防气动失速的飞行姿态爬升而退出风切变状态。

同时,AC 120-41 在附录中也给出了用于试验的风场类型。

以适航条款、咨询通报为指导,结合技术标准,对各模块进行验证,给出验证条件和可接受标准如下所述。

(1) 逻辑验证:任意给定的风切变告警发生后,验证飞机指示状态正常,包括自动驾驶仪断开通告显示、AMI 显示指示、规避导引模式指示。

(2) 功能验证:指定飞行阶段,任意正常构型下的飞机遭遇风切变时,规避导引功能改出风切变或发挥了最大性能;规避效果至少优于固定俯仰角方法。

2) 对试验结果的评估

对每次风切变试验都要进行分析评估,需要评估在不同的风场环境下,按照规避导引操纵飞机改出风切变的能力,飞机姿态参数的响应情况。

8.2.6　自动着陆功能的验证

自动着陆功能是需要经过相应的模拟器验证和飞行试验验证的,包括着陆触地性能的验证和飞机的整体性能验证两部分。

8.2.6.1　模拟器着陆触地性能验证

着陆触地通常使用蒙特卡罗统计方法进行验证,在模拟器上完成:

(1) 要在模拟器上完成 3 000~5 000 个自动着陆,将着陆结果进行分析。

(2) 不同的重量、重心、襟翼、风力条件、湍流、高度、不同跑道情况,传感器失效等。

(3) 需要按照 AC 120-28D 满足着陆区域的要求。

8.2.6.2　真机着陆阶段性能飞行试验验证

同样自动着陆也需要完成一些飞行试验,得到真实飞行的数据:

(1) 需要在飞机上进行少量的自动着陆飞行,得到数据确认模拟器的飞机模型准确度。

(2) 基于模拟器失效的测试结果考虑自动驾驶仪和传感器失效(超过监控阈值)。

(3) 考虑发动机及发电机失效情况。

(4) 高高度自动着陆的情况。

CAT Ⅱ运行可以通过使用飞行指引手动操纵飞机进近和落地,然而大部分CAT Ⅱ运行使用自动驾驶仪或者自动着陆系统完成进近和着陆,或者也可以由自动系统和飞行导引组合实施CAT Ⅱ运行。如果提供自动着陆功能,则应该将自动着陆功能作为主要的控制手段,基于飞行导引的手动着陆作为备份操纵。

8.3 飞行管理系统

FMS的适航验证主要由MOC5和MOC6组成,部分机型可能包含MOC8,其中MOC6是适航验证的重点。RNP大部分功能的实现主体为FMS,两者的验证内容有部分重叠,因此RNP的适航验证内容在本节体现。在研制过程中,如果条件允许,可以统筹考虑FMS与RNP的验证内容,缩短研制进程。

8.3.1 飞行管理系统适航审定基础

适航审查中可根据适航条款的具体要求选取MOC0～MOC9中多种组合的方式来满足条款的要求。表8.6给出了验证飞行管理系统适航条款所使用的符合性方法,值得注意的是,飞行管理系统设计符合性报告(MOC1)作为最终综述类适航符合性文件,在系统适航验证试验全部完成后对涉及的全部条款逐个进行符合性说明,因此每个所涉条款的符合性方法都应包含MOC1。

表 8.6　符合性方法表

CCAR-25部	符合性方法(MOC0～MOC9)									
	0	1	2	3	4	5	6	7	8	9
611		1						7		
869(a)		1						7		
1301(a)		1								9
1301(b)		1						7		
1301(c)		1						7		
1301(d)		1				5	6			
1309(a)		1				5	6			
1309(b)		1		3						
1309(c)		1		3			6			
1309(d)		1		3						
1309(g)		1								9
1316(b)		1								9
1351(b3)		1	2							
1353(a)		1				5	6			9
1357(a)		1								
1357(c)		1								

（续表）

CCAR - 25 部	符合性方法（MOC0～MOC9）									
	0	1	2	3	4	5	6	7	8	9
1357(d)		1					6			
1357(e)		1								
1431(a)		1								9
1431(c)		1				5	6			9
1529		1								
1581(a)		1								
1581(b)		1								
1585(a)		1								
SE010		1		3						

飞行管理系统综合验证计划主要包括：

（1）系统供应商负责的实验室综合/验证测试。

（2）OEM 负责的实验室综合/验证测试。

（3）OEM 负责的机上地面测试（MOC5）。

（4）OEM 负责的试飞（研发试飞和申请人表明符合性试飞）。

（5）CAAC/FAA 负责的适航验证试飞（局方审定试飞 MOC6）。

（6）OEM 负责的模拟器试验（MOC8，按需）。

实验室综合/验证测试的目的是表明飞行管理系统与飞机上的其他系统接口正确，其功能符合设计需求。这种试验主要是为了减少机上地面试验与试飞的风险和成本，不属于适航验证试验项目。飞行管理系统适航审定试飞的目的是验证飞行管理系统运行正常，和机上其他系统没有互相干扰。飞行管理系统模拟器试验可以部分替代飞行试验，但要求是具备本机型全功能的飞行模拟器对飞行模拟器本身，目前国内使用模拟器进行 MOC8 试验的例子不多。

因此，飞行管理系统的适航取证工作重点主要集中在依照适航审定指南［即咨询通告（AC）］的相关要求完成 MOC5 和 MOC6 这两大验证试验。其中通过 MOC5 验证的条款为 1301d、1309a、1316、1431c，通过 MOC6 验证的条款为 1301d、1309a、1309c、1431c。

8.3.2 飞行管理系统地面试验

飞行管理系统 MOC5 机上地面试验是飞行管理系统适航验证活动的一部分。根据飞行管理系统合格审定计划，确定飞行管理系统机上地面试验所验证的适航条款内容。通常情况下，飞行管理系统的 MOC5 主要验证 CCAR - 25 部的 1301(d) 和 1309(a) 条款。个别导航子系统会因 CP 中适航条款的不同，使得 MOC5 验证条款增加数条专门条款。如大气数据系统的 MOC5 验证条款一般包含：1301(d)、1309(a)、1323(a)、1325(c2)、1325(d)、1326(a)、1326(b)，其中最后 4 条是针对大气数据系统的相关条款，且在 MOC5 试验中可以进行验证。因此，飞行管理系统 MOC5 试验须按照 CP 符合性方法表中 MOC5 所涉及条款的验证方法进行制订。

飞行管理系统地面试验(MOC5)的目的是检查 FMS 的安装、交联符合设计要求，以及验证 FMS 在地面能够验证或者必须在地面验证的功能。例如，系统上电初始化、断路器故障模式、CDU 页面输入、飞行计划编辑/存储、传感器控制等。

飞行管理系统 MOC5 试验任务书是整个飞行管理系统进行 MOC5 试验的顶层文件，其将导航各子系统的 MOC5 试验构型和试验内容进行汇总。

任务书首先介绍了飞行管理系统包含的子系统名称、功能概述；列出 MOC5 试验验证的全部适航条款，对于个别子系统的专门条款应特殊说明；说明 MOC5 参试单位有哪些；列出导航各子系统 MOC5 试验项目、项目概述和试验设备，如果某子系统分构型进行 MOC5 试验，则应区分构型介绍。

MOC5 软件阶段性审查是 TC 机载软件审查组在 MOC5 试验开展前，针对机载软件，其虽不是 MOC5 适航活动的重点，但也是其不可或缺的组成部分。MOC5 软件阶段性审查结果直接影响了后续 MOC6 环节软件成熟度审查的进行，因此需要给予充分认识。

对于尚未取得 TSO 批准的飞行管理系统机载软件而言，软件阶段性审查主要是基于机载软件构型描述文档和机载软件阶段评估报告进行的，软件审查代表通过这两份报告审查飞行管理系统软件的成熟度。机载软件构型描述文档主要包含飞行管理系统软件构型信息，也就是系统硬件件号、软件件号/标识符、版本号及软件设计保障等级，还应包含符合 DO-178B 要求的软件各开发阶段的设计文件编号和名称。

机载软件阶段评估报告用于向软件审查代表介绍系统软件的研制进度和审核过程，其主要描述系统软件符合性评审 SOI♯1 至 SOI♯4(或 MOC5 试验时的最新评审阶段)期间的评审结果，并说明评审中发现的各类型不符合项的个数和关闭情况，还应包括现场审核过程中发现的不符合项，列举子系统已完成的研发和适航试验，最后给出软件符合性评估结论。

MOC5 试验进行前需由制造审查代表进行制造符合性审查，MOC5 试验件构型评估报告是制造符合性审查的依据文件。被试飞行管理系统设备应带有相应供应商标签和/或适航标签。制造符合性检查结果应表明试验机飞行管理系统相关的装机依据图纸、EO、FRR 单和代料单均已得到了局方的批准，并已在飞机上落实。

MOC5 试验大纲是 MOC5 试验进行的依据性文件和结果判定标准，描述了飞行管理系统 MOC5 符合性条款和试验所需的试验设备、试验项目和专用方法。

MOC5 试验大纲首先给出了 MOC5 试验所验证的适航条款,列出了 MOC5 试验中用到的测试设备,还包括飞行管理系统包含的设备和相关系统的设备清单。试验大纲接着列出了系统原理图、线路图和安装图的图号,并说明本试验大纲所参考的相关咨询通告;然后写出了在进行 MOC5 试验前,应先行完成的导线综合试验和相关系统的功能试验;在试验前准备章节,描述了 MOC5 试验前的准备内容,包括试验用机的电源接通和测试工装的准备。试验程序是试验大纲的主体内容,一项操作对应一种响应和指示,试验进行时按此响应和指示作为该操作是否完成或成功的判据。

典型的飞行管理系统地面试验项目可以包括:

(1) 闭合断路器,FMS 加电初始化。

(2) 断开相关系统断路器,检验 FMS 故障显示。

(3) 状态页面和默认参数页面。

(4) 数据库查询和自定义航路点。

(5) 位置初始化。

(6) 主飞行计划的编制。

(7) 第二飞行计划的编制。

(8) 飞行计划的存储、删除和载入。

(9) 调谐功能。

(10) 显示功能操作。

(11) 飞机性能管理。

(12) 温度补偿。

(13) 查看飞行进程页面。

(14) 直飞功能设置。

(15) 导航传感器控制。

(16) CDU 信息显示。

地面试验的完成标志着 FMS 的安装、交联和初步功能满足设计要求,可以开展后续的飞行试验以进行详细的功能和性能验证。

局方审查代表在 MOC5 试验开始前应决定是否亲自目击试验,或指派工程委任代表代为目击试验。MOC5 试验依照大纲中测试操作程序进行,并以程序中的响应和指示作为结果的判据。审查代表在试验过程中填写试验记录表中的试验记录和通过性结论,试验中发现的问题写在问题记录单上。

MOC5 试验报告应简述试验的时间地点、参试人员、完成情况,详细列出试验完成检查的系统功能,并将试验结果(一般包括试验现象、试验数据和试验照片等)列在试验报告中;试验报告还包括试验问题记录和答复意见;最后报告中对 MOC5 试验结果进行分析,给出最终的符合性结论。

8.3.3 飞行管理系统飞行试验

飞行管理系统飞行试验主要依据 AC 20 - 138D 和 AC 25 - 15 中的相关要求，目的是验证 FMS 在空中的各项功能和性能情况，涉及 RNAV 或 RNP 的性能指标则与整机的飞行性能有关。如果飞行管理系统分为选装构型和基本构型两种，其试飞工作可以分开独立进行。因此综合来说，飞行管理系统试飞科目多、难度大、周期长、数据处理复杂，整个试飞过程包括系统研发试飞、申请人表明符合性试飞、局方审定试飞(可以与申请人表明符合性试飞并行)。试飞科目可根据 CP 中确定的 MOC6 验证条款、系统构型/功能情况和相关咨询通告 AC 进行综合考虑后编写。对于不同的系统构型，应考虑按照较复杂或较严苛的系统功能情况来指定试飞科目，而那些无法结合试飞的系统构型应考虑单独指定试飞科目。飞行管理系统典型试飞科目及其试验目的如表 8.7 所示。

表 8.7　飞行管理系统典型试飞科目

序号	科目名称	参考 AC 条款	试验目的	特殊要求
1	等待模式操作	AC 25 - 15 的 5.n(3)(ii)	验证 HOLD 等待的 3 种模式：直接、平行和泪滴	
2	直飞操作	AC 25 - 15 的 5.n(3)(ii) 和 AC 20 - 138D 的 21 - 2 (g)、21 - 2.1(d)	验证水平直飞和垂直直飞功能和 FTE 精度	
3	飞行计划操作	AC 25 - 15 的 5.n(3)(ii) 和 AC 20 - 138D 的 21 - 2 (f)、21 - 2.1(b)	验证飞行计划的编辑、修改、CF 航段、选择进近方式，以及不连续点自动排序功能	CF 航段需在导航数据库中民航机场进行
4	垂直导航	AC 25 - 15 的 5.n(3)(ii) 和 AC 20 - 138D 的 22 - 3.1(a)、22 - 3.1(b)、22 - 3.1 (d)、22 - 3.1 (e)、22 - 3.2	验证接通 VNAV 时的垂直导航精度，最小速度飞行	
5	FMS 导航到 ILS 导航的转换	AC 25 - 15 的 5.n(3)(ii) 和 AC 20 - 138D 的 21 - 2 (i)	验证执行仪表着陆时，FMS 到 ILS 的自动转换	需在导航数据库中民航机场进行
6	导航信号的连续性	AC 25 - 15 的 5.n(3)(ii) 和 AC 20 - 138D 的 21 - 2 (e)、22 - 3.2(e)	验证在转弯以及其他机动飞行时，FMS 输出的位置信号是连续的	
7	平行偏置航线飞行	AC 25 - 15 的 5.n(3)(ii)	验证平行偏置功能	

（续表）

序号	科目名称	参考 AC 条款	试验目的	特殊要求
8	导航数据显示	AC 25 - 15 的 5. n(3)(iv) 和 AC 20 - 138D 的 21 - 2 (f)、21 - 2.1(c)、21 - 2(h)	验证 FMS 输出的导航数据显示正常，并正确解读了 ADC 输出的气压高度	
9	性能管理	AC 25 - 15 的 5. n(3)(ix)	验证 ETA 和 RTA 满足精度要求	需加载性能数据库
10	与自动油门交联的进近操作	AC 25 - 15 的 5. n(3)(x)	验证接通 AT 的进近过程中，实际空速能准确跟随 FMS 发出的参考空速	需在导航数据库中民航机场进行
11	设置起飞推力	AC 25 - 15 的 5. n(3)(xi)	验证起飞前设置灵活推力起飞和推理模式自动切换功能	
12	燃油计算	AC 25 - 15 的 5. n(3)(xii)	验证燃油预计计算的准确度可接受	需加载性能数据库
13	FMS 人机功效试飞	参考 AC 20 - 138D 的 22 - 3.1(i)、22 - 3.1(j)	验证 CDU 控制面板的字母数字键、功能键可达性好。在昼间飞行以及夜间飞行过程中，与 FMS 有关的控制、显示和通告可视性好，不会出现影响飞行员注意力的眩光和反射。整个飞行过程中 FMS 对机组的工作负荷可接受	夜航试飞需放开夜航限制
14	横向导航精度	AC 25 - 15 的 5. e(1) (ii)、5. n(3)(iii) 和 AC 20 -138D 的 21 - 2(b)、21 - 2(c)、21 - 2(g)	验证接通 LNAV 时的 FTE 和 NSE 满足要求	需加装差分 GPS
15	告警提示	AC 25 - 15 的 5. n(3) (vii) 和 AC 20 - 138D 的 21 - 2(c)、21 - 2(j)、21 - 2 (i)、22 - 3.1(c)、22 - 3.1 (f)、22 - 3.2(d)	验证在电源转换期间 FMS 输出导航数据连续有效；在 FMS 导航性能降级或丧失的情况下，飞行员在主视野内可以观察到明确的告警	
16	飞行管理电磁兼容性试飞	AC 20 - 130A 的 9c1(iv) (G) 和 AC 20 - 138D 的 21 - 2(a)、22 - 3.1(g)	验证飞行管理系统相关显示正常，与机上其他系统之间无相互干扰	
17	与飞行导引系统的接口检查	AC 20 - 138D 的 21 - 2.1 (a)	验证 FMS 与 FGS 接口交联正常，显示灵敏度转换正常	需在导航数据库中民航机场

飞行管理系统综合处理航电导航系统、自动飞行系统、发动机、燃油系统、通信系统等信息,对飞机进行定位、制导和性能优化,具有功能多、参数多、交联广、综合性强等特点,但这给试飞技术分析带来了一定难度,主要表现为以下几个方面:

(1) 试飞大纲满足最新 AC 20 - 138D 的要求,全面支持 RNAV,为今后的 RNP 验证打下基础,国内外尚无经验可供借鉴。

(2) 试飞数据分析复杂,涉及多种总线数据和差分 GPS 数据的计算分析,对后期计算方法提出了很高要求。

(3) TC 前完成性能管理功能试飞,波音公司、空客公司一般是在 TC 后完成性能管理试飞,再加上性能数据库的反复修改和计算,进一步缩小了性能管理试飞的时间裕度。

飞行管理系统试飞要求一般是由工程设计人员根据相关资讯通告和技术规章制订出的试飞科目和试飞技术要求。试飞机构根据此试飞要求,结合飞机的实际操作性能和功能情况,编写出飞行管理系统试飞大纲,并将其内容作为飞机型号合格审定验证试飞大纲的一个章节提交给局方审查组进行审查和批准。

局方审查代表根据设计系统保障等级、系统功能完成度/复杂程度、试飞科目的难易程度等因素,可选择下列两种 MOC6 审定试飞流程的其中一种:

(1) 并行试飞,即审定试飞与表明符合性试飞同时进行,形式上以审定试飞为主。

(2) 顺序试飞,即先完成申请人表明符合性试飞,审查其试飞结果并批准其试飞报告后,进行局方审定试飞。

表明符合性试飞和 MOC6 审定试飞前均要求制订专门的系统试飞构型评估报告,并在试飞开始通过制造审查代表进行的制造符合性审查,系统试飞构型评估报告是制造符合性审查的依据文件。制造符合性检查结果应表明试验机飞行管理系统相关的装机依据图纸、工程指令(engineering order, EO)、故障拒收报告(failure rejection report, FRR)和代料单均已得到局方的批准,并已在飞机上落实。

中国民航局适航审查组审查代表对所提交的试飞大纲、试飞构型评估报告和试飞软件构型描述、试飞软件成熟度评估报告进行审核和批准,并向上飞公司发出软硬件制造符合性检查单进行制造符合性检查请求。制造符合性检查结果通过后,整个试飞过程可以正式开展,试飞过程是在现场指挥部根据试飞构型和局方文件审批情况制订出的试飞计划的安排下有序进行的。在试飞任务执行前,试飞机构须发出相应试飞架次的试飞任务单,任务单允许包含一至多个试飞科目,也可以与其他系统试飞科目相结合,具体内容根据当时的飞行计划实际情况和空域安排决定。试飞任务单发出后,由试飞员执行试飞任务。试飞机构技术人员/试飞工程师需在下达试飞任务现场与试飞员沟通试飞技术细节、操作流程和注意事项,确保试飞任务顺利进行。试飞结束后,试飞机构技术人员/试飞工程师须听取试飞员讲评,并及时回答问题,对于不能现场解答的问题,需记录下来,采用问题答复单的形式进行书面答复。试飞机构根据试飞抽引数据、监控视频和试飞员评述内容按照试飞大纲的判据要求编写试飞报告。设计人员依据试飞机构所编写的试飞报告出具试飞分析报告并提交局方。

审定试飞结果分析报告,主要包含以下内容:

(1)试验机构型及试飞概况,简述试飞用机的系统构型、试飞时间地点、参试人员、完成情况。

(2)测试设备及改装,说明试飞用机的测试改装情况,试飞期间所采用的测试设备及其精度。

(3)试飞内容及方法,列举试飞科目内容及试飞方法。

(4)试验结果数据处理,详细说明试飞过程、试验现象(包括试验照片/视频)、试验数据图表/曲线等,对试飞数据进行计算分析的过程和方法/公式),结合试飞大纲判据给出该科目的符合性结论。

(5)试飞员评述,可按试飞科目或任务单顺序引述试飞员的评述内容,对于负面评述应作出解释说明和必要的数据分析。

(6)试验结论,给出试飞任务清单,其中列举每项试飞科目对应的日期、试飞员、任务单号和试飞结论,并最终给出整个审定试飞对适合条款的符合性结论。

局方适航审查代表审阅试飞分析报告,查看试飞员评述内容,询问问题关闭情况后,批准试飞分析报告。至此,飞行管理系统适航审定试飞工作流程结束。

由于飞行管理系统试飞中有 3 项试飞科目[横向导航精度、FMS 导航到 ILS 导航的转换与飞行导引系统(FGS)的接口检查]需要使用导航数据库(NDB)中的机场飞行程序,因此必须在导航数据中存在的民航国际机场空域进行该科目的外场试飞。导航数据库内包含了中国的 86 个民航国际机场的飞行程序、位置坐标、导航台频率代码等相关信息,故外场试飞目的地只能在这 86 个民航国际机场内择优选择。

飞行管理系统试飞设备主要包括机载差分 GPS 接收机、高精度测高仪、机载总线数据采集/记录器、机载驾驶舱视频采集/记录器、地面监控车及信号接收装置,必要时试飞飞行员可携带手持式 GPS 接收机登机用于辅助定位。机载差分 GPS 接收机提供飞机真实基准位置,FMS 计算的飞机位置与其偏差值可作为导航系统误差(NSE)的计算基础。高精度测高仪提供飞机真实基准高度。FMS 输出的总线数据由机载总线数据采集器记录,经后期处理后可作为部分试飞结果的判定依据。最终的试飞报告由试飞员评述、驾驶舱拍摄的试飞照片/视频和试飞数据组成,并得出是否满足试飞大纲判据的结论。

以下就某型民用支线客机 FMS 试飞实例进行介绍:

水平导航(或 RNAV)试飞过程中,飞机沿预设飞行计划从 A 点经 B 点飞至 C 点,由机载 DGPS 接收机记录的飞机真实经纬度位置数据,得到如图 8.12 所示的飞

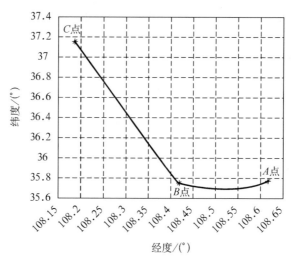

图 8.12　飞行航迹

行轨迹图,可将其与计划航路比对,得出直观定性的航迹吻合度评判。

　　从机载总线数据采集器中抽引得到的偏航距 XTK 数据可作为实时 FTE 的判断依据,将数据拟合为 FTE 曲线后添加当前飞行阶段的 FTE 指标判据,如图 8.13 所示,可以作为 FTE 试飞结果。95％飞行时间水平 FTE 可以用正态分布统计法从实时水平 FTE 中计算出最终的 FTE 统计值。

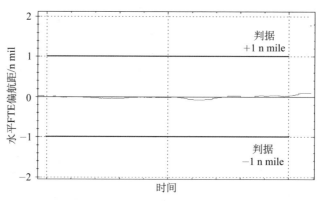

图 8.13　偏航距(FTE)

　　将差分全球定位系统(differential global positioning system,DGPS)的基准经纬度与 FMS 的经纬度数据计算差值并取绝对值后,可以得到实时 NSE 数据,将之拟合为 NSE 曲线如图 8.14 所示。

　　垂直导航(VNAV)试飞中,飞机沿预设计划进行爬升—巡航—下降飞行过程,可将高精度测高仪采集的基准气压高度拟合为爬升段飞行轨迹剖面(见图 8.15)和下降段飞行轨迹剖面(见图 8.16(a)),可添加计划剖面与之比对,得出直观定性结

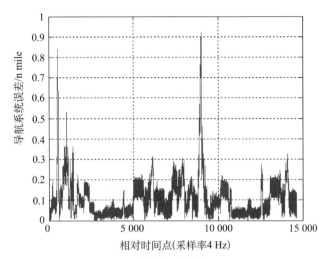

图 8.14 导航系统误差(NSE)

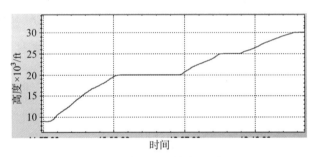

图 8.15 爬升段飞行轨迹(垂直剖面)

论。可将抽引的 FMS 垂直偏差作为实时垂直 FTE 数据,拟合为垂直 FTE 曲线,并添加垂直 FTE 精度判据线(见图 8.16(b)),99.7% 飞行时间垂直 FTE 可以用正态分布统计法从实时垂直 FTE 中计算出最终的 FTE 统计值。

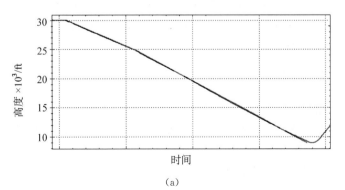

(a)

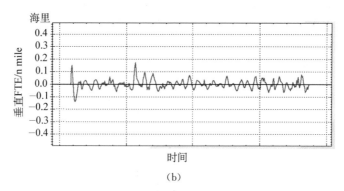

（b）

图 8.16　下降段飞行轨迹（垂直剖面）和垂直 FTE

8.3.4　RNP 合格审定

RNP 的运行批准主要分为两大类：RNP APCH 和 RNP AR，两者按照各自的精度要求又可以细分，如 RNP APCH 0.3 和 RNP AR 0.1 等。RNP AR 由于涉及的验证手段较为复杂，所需试飞条件更为苛刻，一般还需模拟器试验（MOC8）辅助验证，且国内尚无支线客机进行 RNP AR 验证的先例，本文仅对 RNP APCH 的适航验证过程进行介绍。

民用支线飞机一般来说主要满足如下 RNP 要求，包括：

（1）RNP 4（洋区/偏远地区）。

（2）RNP 2（航路）。

（3）RNP 1（终端）。

（4）RNP APCH（进近）。

在取 TC 或取 RNP 的 STC 时，飞机制造商或 STC 持有者应该尽早制定 RNP 合格审定计划（或项目的专项合格审定计划），在其中详细阐述 RNP 的使用，对设计保证等级如何支持系统安全性分析作出详细解释，对系统架构作出详细解释，包括采用什么样的方法来减轻由于使用 RNP 导致的严重和失效条件造成的影响；因关系到用于 RNP 的计算的指令，要对 FD、自动驾驶仪、其他传感器和相关的航空电子软硬件之间的接口作出解释。RNP 合格审定计划至少要包含以下内容：

1) RNP 系统描述

（1）系统架构和组成。

（2）系统 RNP 能力。

（3）系统功能。

2) 系统组成设备清单，包括型号、获得的 TSO 资格、设计保证等级

（1）符合性方法。

（2）试验验证计划，包含进度。

（3）合格审定提交数据清单。

8.3.4.1　RNP 系统符合性方法

RNP 的符合性验证方法的详细指南可以参见 AC 20‑138D 和 AC 90‑105(对应中文版 AC‑91‑FS‑2010‑01R1),在这些 AC 中详细地列出了对 RNP 系统的性能和功能要求,以及运行方面的考虑。RNP 系统是 RNAV 系统的一种延伸,因此在考虑 RNP 系统的合格审定时,还要考虑 RNAV 系统共性的要求。

一般而言,AC 20‑138D 第 6 章～第 15 章的符合性,可以通过传感器、设备级的试验验证等证明其符合性。飞机制造商在 RNP 系统综合安装后,合格审定所需关注的主要在 AC 20‑138D 第 8 章和第 9 章,第 16 章～第 22 章,以及附录 2 中有关安装方面的考虑。可以通过试验证明 RNP 系统功能、精度的符合性,试验方式包括实验室测试台试验、装机后的地面试验以及飞行试验。从复杂性和成本方面来说,尽量采用实验室测试台和地面试验,以减少对时间和费用的占用。飞行试验主要是考察在空中各种模式下 RNP 系统是否能正常工作,以及当使用一些手段或者某些功能时,检查系统是否能检查出异常并向机组提供警告信息。对于符合性的方法有以下考虑:

1) RNP 系统功能的符合性

(1) 可以先通过地面试验证明 RNP 系统功能的符合性。试验对于 AC 20‑138D 第 8 章、第 9 章以及附录 2 中的功能要求,其符合性证明主要是针对 RNP 系统各组成部分集成后的试验验证。可以参照 DO‑283A 的 2.4 节提供的试验方法,针对相应的 RNP RNAV 类型提出的功能要求和设计测试程序,进行测试台和装机地面试验和验证。

(2) 在飞行试验中进一步验证与 FGS 的接口等功能。通过拔出 RNP 设备的断路器验证自动驾驶仪对 RNP 故障的响应是可接受的。飞机制造商或者安装者要对每个可能的 RNP 和自动驾驶仪模式进行这个测试。

2) RNP 系统精度的符合性

(1) 可以先通过设备供应商的文件证明 RNP 系统中各传感器和设备的精度。然后通过飞行试验,按 AC 20‑138D 的 21‑2.b 和 21‑2.c 的要求对区域导航系统的精度进行评估。需要验证每个操作模式下多传感器设备的导航精度。除了整体导航性能外,导航精度的具体测试需求也依赖于多传感器设备综合传感器的具体情况,以及传感器精度性能数据是否前面已经获得。每个导航传感器的精度应该单独评估,以及与其他传感器组合后评估。

(2) 通过飞行试验评估各种操作模式下,不同航段(直线段、曲线段)的 FTE 值。

3) RNP 系统容差完好性和连续性评估

DO‑236B 的第 4 章描述了容差的完好性和连续性的符合性要求,评估时需要考虑的因素。DO‑283A 的附录 B 对 DO‑236B 的附录 B 进行了补充,提供了按照 DO‑236B 的第 4 章所描述的方法进行容差完好性、连续性和符合性评估的示例。这也是制造商分析和证明其航空器最低 RNP 能力的一种符合性方法。利用飞行试验提供的导航精度数据以及 FTE 数据可以计算航空器的最低 RNP 能力。本项目的研究内容"1.6 基于性能的导航技术研究"开展了这方面的研究,可以参见相关研究报告。

4）RNP 系统设计保证

通过 RNP 系统设备供应商提供的 TSOA 资料,以及按照 RTCA/DO‐178B、RTCA/DO‐254、RTCA/DO‐297、RTCA/DO‐160E/F 提供的研制过程中的证明数据,说明系统设计保证的符合性。

因此,如果将 RNP 作为一个整体与 FMS 分开单独进行适航审定,那么其设计的 CCAR‐25 部条款及其符合性方法如表 8.8 所示。

表 8.8　RNP 符合性方法表

CCAR‐25 部	符合性方法（MOC）									
	0	1	2	3	4	5	6	7	8	9
1301(a)		1								9
1301(b)		1								
1301(c)		1								
1301(d)		1					6			
1309(a)		1					6			
1309(b)		1		3						
1309(c)		1					6			
1309(d)		1		3						
1309(g)		1								
1322		1					6			
1529		1								
1581(a)		1								
1581(b)		1								
1585(a)		1								

以上列出的规章条款,适用于指定的 RNP 特性,比如功能、完整性和性能等。除了在试验部分列出的飞行试验和飞行试验报告,表 8.9 列出了各规章条款的符合性方法的说明和支持信息。

表 8.9　符合性方法说明和支持信息

CCAR‐25 部	符合性方法说明和支持信息
1301(a)	系统供应商将进行验证试验以表明符合最低使用性能要求和环境认证试验,需要 TSO 批准,表明系统设计良好且设计正确的达到了期望的用途

（续表）

CCAR-25部	符合性方法说明和支持信息
1301(b)	根据各自的 TSO 批准和标记,供应商会根据部件的身份和使用限制,为部件打上标记。工程委任代表将评审和批准安装图以符合本条例
1301(c)	工程委任代表将评审和批准安装图以符合本条例,安装符合每个系统部件的限制条件
1301(d)	通过符合性说明和试飞共同验证系统的功能性能。将提交试飞报告以证明符合性,参见试飞分析报告
1309(a)	通过符合性说明和试飞共同验证系统的功能性能。将提交试飞报告以证明符合性,参见试飞分析报告
1309(b)	RNP 的功能危险性评估确定了 RNP 没有"灾难"或"危险"的失效状态类别,最严重的失效状态类别为"较大的"。RNP 涉及的航电系统多是双余度的。表明符合 1309(b) 的最好方法是安全性评估,RNP 安全性分析报告将提交给适航当局。安全性分析包括可靠性预计、失效模式和影响分析、功能危险性评估和故障树分析
1309(c)	飞机的试飞将验证功能性能,将提交试飞报告作为符合性的证据,参见试飞分析报告
1309(d)	RNP 的功能危险性评估确定了 RNP 没有"灾难"或"危险"的失效状态类别,最严重的失效状态类别为"较大的"。RNP 涉及的航电系统多是双余度的。表明符合 1309(d) 的最好方法是安全性评估,RNP 安全性分析报告将提交给适航当局。安全性分析包括可靠性预计、失效模式和影响分析、功能危险性评估和故障树分析
1309(g)	系统供应商环境认证试验验证每一部件将在可预知的环境条件下执行连续的、安全服务
1322	通过符合性说明和试飞共同验证系统的功能性能。将提交试飞报告以证明符合性,参见试飞分析报告
1529	将准备持续适航指南以符合本条款
1581(a)(b)(c)	将提交飞机飞行手册作为符合性的证据,可引述飞机飞行手册

民用支线飞机 RNP 的验证计划,主要包括:

（1）OEM 地面试验（MOC5）。

（2）OEM 研发试飞。

（3）OEM 申请人表明符合性试飞。

（4）局方合格审定试飞（MOC6）。

8.3.4.2　地面试验

RNP 系统的综合验证需要通过地面试验和飞行试验来证明功能、性能的符合性。地面试验又可以分成实验室测试台地面试验和装机后地面试验。因此飞机制造商要根据不同的需求,建立系统综合试验环境。

地面试验验证的工作包括:

（1）编写地面试验验证计划，包括验证要求、验证内容、验证提交数据、试验进度安排。

（2）编写验证环境需求。

（3）开发验证环境。

（4）编写验证测试程序。

（5）地面测试。

（6）分析试验数据和形成验证报告。

（7）对试验和验证活动作出评估。

（8）提交验证数据。

实验室地面试验采用和真实机载设备相同的传感器或者相应的仿真设备构建地面模拟器，在模拟的运营环境和飞机操作需求下对 RNP 的设计功能和性能进行试验验证，表明其满足预期的设计要求。

在地面试验中，还需建立起符合性能要求的飞行仿真系统以及与之相匹配的自动驾驶、自动油门系统、飞行引导系统等对 RNP 命令进行响应，并通过激励器或者测试台为 RNP 系统中的导航传感器（仿真器）提供激励数据。

8.3.4.3　飞行计划和导航数据库

RNP 系统地面和飞行试验需要使用多个包含 RNP 程序的飞行计划，以创造不同的运行测试条件。RNP 飞行计划与通常的飞行计划的区别在于需要调用导航数据库中预存的 RNP 飞行程序，RNP 飞行过程必须严格遵循 RNP 程序，不可以对 RNP 程序进行随意更改，以保证 RNP 程序的正确识别和 RNP 参数的连续性。

中国对外公布的航行资料汇编（AIP）中仅包含几十个中国境内国际机场的导航数据和飞行程序，其他中国境内非国际机场则包含在国内航行资料汇编（NAIP）中并不对外公布，因此默认版本的导航数据库中仅包含 AIP 数据，可以选择其中 AIP 包含的机场和 RNP 程序进行地面和飞行试验。如果因客观原因计划在非国际机场进行飞行试验，在监管局方允许的情况下，可考虑将所用的试验机场和 RNP 飞行程序数据通过某种定制方式加入到默认版本导航数据库中。具有定制导航数据库的能力和资质的数据提供方一般有：杰普逊、汉莎、中国民航科学技术研究院等。如果导航数据库是由 FMS 系统供应商最终打包完成的，那么在导航数据库定制完成后，还需将上述数据由提供方发给系统供应商打包然后交付用户使用。

在测试程序需要有特殊坐标航路点的地方，应确定这些航路点的纬度/经度。应根据需要制定飞行计划，以执行测试程序。在不需要特殊航路点坐标的地方，飞行计划可能包括参照当前助航设备、指定交叉点或航路点名称。然后，可以调整这些参考信息，以配合导航数据库中的变动。

根据制造商的设备性能，飞行计划可通过手动输入单个航路点和航段类型或者通过选择预存的航路来生成。某些航段类型可能仅作为 DP/SID、STAR 或进近/

复飞程序的一部分来使用。

作为最低限度,飞行计划应具有下列特征,并且针对以下任何一项至少包含一个示例:

(1) ARINC 424 航段类型:CF、DF、FA、IF(HM、HA、HF,如执行)、RF和 TF。

(2) 在第(1)条所列航段之间所有有效的过渡。

(3) 旁切航路点过渡。

(4) 固定半径航路点过渡。

(5) 定位的航路点,以便分别创建长度超过 10 n mile、100 n mile、1 000 n mile的飞行计划航段。

(6) 飞行计划不连续点。

(7) 定位的航路点,以便创建航迹变化小于和等于 70°(高空)和 120°(低空)的飞行计划。

(8) 定位的航路点,以便根据某些航空器速度和偏移量组合创建不宜飞行的平行偏移航迹。

8.3.4.4　飞行试验

根据民用支线客机 RNP 性能和国内 RNP 实施情况,选择飞行试验所用的RNP 飞行程序,一般为验证终端区 RNP-1 和进近区 RNP APCH 运行能力,所涉及的适航条款为 25.1301(d)、25.1309(a)、25.1309(c) 和 25.1322。

RNP 审定试飞工作步骤如下:

(1) 编写 RNP 审定试飞大纲。

(2) 编写 RNP 飞行试验试验件构型状态评估报告。

(3) RNP 审定试飞大纲和飞行试验试验件构型状态评估报告得到局方批准。

(4) 赴有 RNP 试飞能力的机场进行试飞工作。

(5) 编写 RNP 审定试飞报告。

(6) 编写 RNP 审定试飞分析报告。

(7) RNP 审定试飞报告和审定试飞分析报告得到局方的批准。

典型的 RNP 飞行试验科目如下:

1) RNP 飞行计划操作

在 RNP RAIM 预测满足 RNP 运行条件的情况下执行 2 次完整的 RNP 进场操作,分别为接通 AP 和断开 AP 接通 FD 人工驾驶方式,要求全程抑制 VOR/DME导航模式。

可接受判据:

(1) 能够检索并显示导航数据库中存储的航路点和导航设施数据,使驾驶员能核实所飞的 RNP 航线。

（2）能够把整个 RNP 进场或者 RNP 进近程序从数据库中调入到 FMS 中，使用程序或者航线的名字进行调用。

（3）在不同 RNP 值和驾驶模式的组合下，系统总误差（TSE）、导航系统误差（NSE）及飞行技术误差（FTE）应该满足如表 8.10 所示的精度要求。

表 8.10 RNP 试飞精度要求

RNP 值	AP/FD	TSE/n mile	NSE/n mile	FTE/n mile
0.3	接通/按需	0.3	0.28	0.125
	断开/接通		0.08	0.25
1.0	接通/按需	1.0	0.87	0.5
	断开/接通			

2）FMS 导航模式选择能力

在 RNP RAIM 预测满足 RNP 运行条件的情况下执行 RNP 进场操作，并按顺序抑制 GPS、DME/DME；观察导航模式的自动转换逻辑。

可接受判据：可以自动转换导航模式。

3）RNP 显示和监视能力

在 RNP RAIM 预测满足 RNP 运行条件的情况下执行 1 次完整的 RNP 进场操作。

可接受判据：

（1）能够在主飞行仪表（主导航显示）上，持续地为操作驾驶员（PF）和监视驾驶员（PM）显示 RNP 航径以及航空器相对于该航径的位置信息。

（2）在终端区运行 RNP-1 程序时，PFD 能显示 RNP TERM 字符；在最后进近阶段最终进近定位点（final approach fix，FAF）-复飞点（missed approach point，MAPt）运行 RNP-0.3 程序时，PFD 能显示 RNP APPR 字符；RNP TERM 字符和 RNP APPR 字符在驾驶员的主视野内显示。

（3）CDU 或飞行员易于访问的页面上能准确显示 RNP 值（终端区 RNP-1，最后进近 RNP-0.3）、位置预测不确定度（error of positioning uncertainty，EPU）值、横向偏差（cross track，XTK）；RNP 值、EPU 值、XTK 值在驾驶员的主视野内显示。

（4）CDU 或飞行员易于访问的页面上能准确显示 FMS 调用的导航传感器模式。

（5）PFD 横向偏差在驾驶员的主视野内显示。

（6）PFD 横向偏差必须具有一个适合当前飞行阶段的满偏刻度，横向偏差可以根据 RNP 值自动调整，在 RNP-1 运行时，满偏刻度为 1 n mile；在 RNP-0.3 运行时，满偏刻度为 0.3 n mile。

4) RNP 告警能力

在 RNP RAIM 预测满足 RNP 运行条件的情况下执行 1 次完整的 RNP 进场操作,在终端区分别抑制 GPS、DME/DME 和 IRS;在最终进近阶段抑制 GPS,对 RNP 告警能力进行检查。

可接受判据:

RNP 告警信息可以在驾驶员主视野内显示。

5) RNP 复飞

在 RNP RAIM 预测满足 RNP 运行条件的情况下执行 RNP 复飞操作。

可接受判据:

飞机能稳定跟踪 RNP 复飞程序,TSE、NSE 和 FTE 精度满足 RNP-1 要求(见表 8.10)。

6) 模拟单发失效下 RNP 运行能力。

在 RNP RAIM 预测满足 RNP 运行条件的情况下,使用单发慢车,执行 RNP 进场和复飞操作。

可接受判据:

单发失效情况下,RNP 进场过程中的系统总误差(TSE)、导航系统误差(NSE)及飞行技术误差满足要求(见表 8.10)。

审定试飞数据通过机载采集记录设备进行实时采集记录,通过预处理转化为物理量,运用试飞数据分析软件进行曲线绘制。从试验数据中选取有效的时间段,挑选特定参数列表或绘制时间历程曲线。

试飞数据处理方法是通过采集的差分 GPS 接收机基准位置数据与抽引的试验机 FMS 位置数据,计算两者差值得到 NSE,NSE 均为正值,采用抽引的 XTK 计算得到 FTE,然后可通过公式 $TSE = \sqrt{NSE^2 + FTE^2}$ 计算 TSE。

根据 FAA 的咨询通告 AC 90-105 和 CAAC 的 AC-91-FS-2010-01R1 中内容"有些航空器在转弯中不会显示和计算路径,在转弯过程中可不用使用该标准,但是在切入下一航段时,仍然要求满足该标准"可知,如果某些飞机型号在转弯中不显示和计算转弯路径,那么在转弯过程中可不要求 FTE 符合该标准,但在转弯后捕获航路的过程中仍需考核 FTE 指标。

可根据试飞数据时间历程曲线、飞行员评述、驾驶舱 PFD/CDU 监控记录对飞机终端区 RNP-1 和进近区 RNP APCH 运行能力进行评估。

以下就国内某机场的 RNP 试飞进场和进近航路(见图 8.17)介绍 RNP 试飞过程:

P151(终端区起始点)—ZW509—ZW501(初始进近定位点 IAF)为 RNP 进场程序;该航段应该满足 RNP-1 的运行要求。

ZW501(初始进近定位点 IAF)—ZW505(中间定位点 IF)—ZW506(最后进近定位点 FAF)—ZW507—ZW500(复飞点 MAPt)为进近程序。需要说明的是,进近

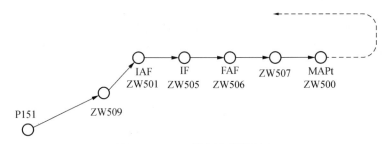

图 8.17 RNP 进场和进近程序

区中 ZW501—ZW505—ZW506 段仍是 RNP‑1 的运行要求;而从 ZW506 开始 RNP 指标变为 0.3,因此 ZW506—ZW500 段应该满足 RNP‑0.3 的运行要求。

MAPt(复飞点)ZW500 后的虚线表示复飞点后的复飞程序,其应该满足 RNP‑1 的运行要求。

由于 RNP APCH 进近中仅有 ZW506—ZW507—ZW500 段满足 RNP‑0.3 的运行要求,因此可以将 P151—ZW509—ZW501—ZW505—ZW506 段数据共同进行处理,作为 RNP‑1 的试验数据,即包含了进场程序和进近程序的前半部分。

8.4 包线保护系统

在第 5 章介绍了 3 个包线保护模块的系统架构分析和详细功能设计,可以看出,飞行安全包线保护模块相对于自动飞行和飞行管理包线保护模块来说,更具有独立性,即它不依赖于某个系统功能,而是为飞机本体安全提供安全保障的。因此,以飞机安全保护模块为例子,对其相关条款符合性及验证方法进行介绍更有实际意义。下面以中国民航总局 CCAR‑25 部 R3 版适航条款作为审定基础,说明失速保护系统需符合的适航条款及验证方法。

失速保护系统需验证的内容包括适航规章条款和 TSO‑C54 标准。

8.4.1 符合性条款及验证方法

审定基础确定之后,系统设计人员在细化相应设计方案的同时,就应考虑对于适航条款的验证措施,即符合性验证方法。符合性条款及符合性验证方法的制定,称作审定计划的制定,审定计划需要尽早与适航当局达成一致,以便顺利开展系统符合性验证工作。

以失速保护系统为例,需确定如表 8.11 所示的符合性条款和符合性验证方法对应关系,表 8.11 中验证方法栏中的数字对应着 10 种符合性方法代码 MOC0～MOC9 中的一种。有些系统,对于某个条款的满足需要采用两种及以上的符合性验证方法,比如失速保护系统在表明 25 部 1301(d)"在安装后功能正常"条款符合性时,不仅需要进行地面试验,还需要通过飞行试验才能表明该条款符合性。

表 8.11　失速保护系统符合性条款及验证方法对应关系

CCAR - 25 部	验证方法（MOC0～MOC9）									
	0	1	2	3	4	5	6	7	8	9
207		1								
581		1								9
611		1						7		
869(a)		1						7		9
1301(a)		1						7		
1301(b)		1						7		
1301(c)		1						7		
1301(d)		1				5	6			
1309(a)		1				5	6			
1309(b)		1		3						
1309(c)		1		3			6			
1309(d)		1		3						
1309(g)		1								9
1316(a)		1			4	5				9
1316(b)		1			4	5				9
1322		1		3				7		
1351(b)(3)		1								
1353(a)		1				5	6			9
1357(a)		1								
1357(c)		1								
1357(d)		1								
1357(e)		1								
1431(a)		1								9
1431(b)		1					6			
1431(c)		1				5	6			
1529		1								
1581(a)		1								
1581(b)		1								
1585(a)		1								

注：MOC0—符合性说明；MOC1—说明性文件；MOC2—分析/计算；MOC3—安全评估；MOC4—实验室试验；MOC5—地面试验；MOC6—飞行试验；MOC7—航空器检查；MOC8—模拟器试验；MOC9—设备合格性。

8.4.2　符合性验证思路

　　针对表 8.12 中的条款，阐述失速保护系统对于各条款的验证思路，如表 8.12 所示。

表 8.12　失速保护系统对于各条款的验证思路

规章	描述	符合性验证思路
D 分部	设计与结构	
25.207	失速警告	SPS 将用设计来表明满足要求。B 分部的人员负责失速警告的分析/计算和试飞
25.581	闪电防护	SPS 设备和外部电缆部件的选择和连接将满足本条款的要求
25.611	可达性	SPS 设备的设计和安装将允许要求的部件检查、维修或者更换
25.869(a)	系统防火	SPS 设备和电气系统部件的设计和选择将满足本条款的要求
F 分部	设备	
25.1301(a)	功能和安装	将验证每一 SPS 部件能满足预定的功能
25.1301(b)		所有的设备将用标牌标明其名称、功能和使用限制
25.1301(c)		所有的 SPS 设备都将按规定的限制进行安装
25.1301(d)		SPS 将进行功能试验,包括地面和飞行试验
25.1309(a)	设备、系统及安装	所有的 SPS 设备的设计将满足在所有可预期的运行条件下能完成预定功能。将通过地面试验和飞行试验来验证
25.1309(b)		SPS 的 SSA 将表明任何可能妨碍安全飞行和着陆的故障条件发生的概率是极不可能的。安全性分析还将表明发生任何降低飞机能力或机组处理不利运行条件能力的其他失效情况的概率很小
25.1309(c)		对于重大的故障,将向飞行机组提供警告。系统将设计成能尽可能减小会导致附加危险的机组失误。特定的故障条件将用飞行试验来评估
25.1309(d)		SPS 的 SSA 将表明任何可能妨碍安全飞行和着陆的故障条件的发生是极不可能的。安全性分析还将表明发生任何降低飞机能力或机组处理不利运行条件能力的其他失效情况的概率很小。 分析将强调故障的可能模式,多故障和未知故障的概率,故障对飞机、乘员及机组警告提示产生的影响
25.1309(g)		临界环境试验包括 EMI 和 HIRF。将作为部件鉴定试验的一部分完成

8.4.3　飞行验证

失速保护系统需要通过飞行试验来验证失速警告、失速识别功能在预期的任何飞行条件下满足其设计要求。失速警告和失速识别功能的飞行验证可以结合也可以分开进行。失速警告飞行验证需要飞行员持续拉杆直至触发抖杆器工作,失速识别功能的飞行验证需要飞行员拉杆至飞机出现明显的失速特征(如飞机突然低头)。下面分别说明失速警告、失速识别功能的飞行验证相关内容。

8.4.3.1　失速警告功能验证

1) 验证条款

25.1301(d)、25.1309(a)

2) 验证目的

演示失速警告的可辨性、适时性和一致性,这些性能要求如下所述。

(1) 可辨性。失速警告指示的清晰可辨程度必须确保驾驶员能可靠辨别即将面临的失速。

(2) 适时性。对于1 kn/s减速率的失速,失速警告必须在V_{sw}速度开始,V_{sw}应比符合25.201(d)规定的失速速度至少高出5 kn或5%(取两者中之大者)。对于直线飞行失速,在慢车功率或推力和重心处于25.103(b)(5)规定位置的条件下,失速警告开始速度必须比基准失速速度高出3 kn或3%(取两者中之大者)以上。

(3) 一致性。失速警告应是可靠的和可重复的。警告必须发生在襟/缝翼和起落架处于直线和转弯(25.207(a))飞行中正常使用的所有位置,并且在整个失速演示过程中失速警告必须一直持续,直至迎角减小至大致触发失速警告的迎角(25.207(c))。

3) 试飞构型

应考虑重量、重心、襟/缝翼、起落架各构型所有组合,确定如表8.13所示的试飞安排表。

表 8.13　失速警告功能验证试飞构型样例表

高度/m	速度	重量	重心	襟/缝翼	起落架	备注
3 000	(1.13~1.3)V_{SR}	大重量	前重心	起飞	收上	带坡度飞行
3 000	(1.13~1.3)V_{SR}	大重量	后重心	起飞	放下	带坡度飞行
3 000	(1.13~1.3)V_{SR}	小重量	前重心	巡航	收上	直线飞行
...	...	...	...	...	...	...

4) 试飞方法

关于失速警告的试飞验证,主要验证飞机在平直飞行、转弯飞行中以1 kn/s速率减速及加速减速飞行状态下的失速警告功能,可以考虑如下的试飞步骤。

(1) 接通失速警告装置,按照规定的构型和动力建立稳定平直飞行状态;操纵升降舵以大约 1 kn/s 的减速率作直线飞行减速,直至失速告警触发,然后飞行员快速推杆改出。

（2）按照规定的构型和动力建立稳定飞行状态,然后建立规定坡度作定常转弯,操纵升降舵以大约 1 kn/s 的定常减速率减速至失速警告触发,然后飞行员快速推杆改出。

（3）按照规定的构型和动力建立稳定飞行状态,在减速率至少为 2 kn/s 和 1.5g 的减速转弯时,驾驶员在识别到失速警告 1 s 后改出。

5）数据处理及判据

数据处理通常采用定性和定量处理方法,可以由飞行员给出定性的判断,确定失速警告（抖杆、音响和视觉）是清晰可辨的。对于每一次失速警告适时性判断,可根据时间历程曲线分析,每一次的试验,失速警告必须是可靠的并且是可重复的,且没有非正常失速告警现象。

8.4.3.2　失速识别功能验证

1）验证条款

25.1301（d）、25.1309（a）

2）验证目的

演示当飞机迎角持续增大到失速识别装置启动后,失速识别装置工作引起的飞机行为特性能给予飞行员清晰可辨的指示,并且之后飞行员不需要特殊的驾驶技巧就能够将飞机改出失速。

3）试飞构型

采用人工失速识别装置主要是弥补某些条件下飞机固有气动特性不能给飞行员以清晰可辨的失速指示,在一些飞行构型下可以不采用人工失速识别装置,而采用飞机自身失速特性给飞行员提供指示,因此验证失速保护系统的失速识别功能时,无需验证重量、重心、襟/缝翼、起落架、减速装置各构型所有的组合,只需要验证需要失速识别功能的飞机构型,并参考失速警告试飞构型样例表列出失速识别功能验证构型如表 8.14 所示。

表 8.14　失速识别功能验证试飞构型样例表

高度/m	速度	重量	重心	襟/缝翼	起落架	减速装置	备注
3 000	$(1.13\sim1.3)V_{SR}$	大重量	前重心	起飞	收上	打开	带坡度飞行
3 000	$(1.13\sim1.3)V_{SR}$	大重量	后重心	起飞	放下	打开	带坡度飞行
3 000	$(1.13\sim1.3)V_{SR}$	小重量	前重心	巡航	收上	关闭	直线飞行
...	...	...	...	...	...	...	...

4）试飞方法

飞机在直线和转弯飞行中失速特性是不一样的,转弯飞行时失速识别装置较平飞状态下启动较早,即当同一构型下,相比平直飞行,转弯飞行时飞机会在较大的速度进入失速,所以要考虑在用于正常运行的所有形态下,按机翼水平和带坡度飞行时,以正常减速率和加速减速两种状态下,验证失速保护系统的失速识别功能,可采用如下试飞步骤:

(1)接通失速识别装置,按照规定的构型和动力建立稳定平直飞行状态;在预定速度配平飞机,操纵升降舵以大约 1 kn/s 的定常减速率减速至失速发生(失速识别装置工作),然后飞行员用升降舵改出。

(2)按照规定的构型和动力建立稳定飞行状态,建立规定坡度作定常转弯,以不大于 1 kn/s 和 2~3 kn/s 的固定速率减速,直到飞机失速(失速识别装置工作),然后改出失速。

5)数据处理及判据

数据处理采用定性和定量处理方法,可以由飞行员给出定性的判断,确定失速识别装置启动后能给出清晰可辨的失速指示;在失速和改出期间,飞机的特性必须是用正常预期的驾驶员反应就容易控制的,驾驶杆力不得反向。根据时间历程曲线,在机翼水平失速和完成改出期间发生的滚转不得超过 20°,如果改出期间横向操纵是有效的,在机翼水平失速时滚转角可以偶尔超过 20°;在转弯失速改出过程中,对于小于并直到 1 kn/s 减速率的情况,在原转弯方向最大滚转角不应超过 60°,在相反方向,最大滚转角不应超过 30°,对于超过 1 kn/s 减速率的情况,在原转弯方向最大滚转角不应超过大约 90°,在相反方向,最大滚转角不应超过 60°;在机翼水平失速和转弯失速条件下,失速识别装置工作均不能导致飞机出现负过载现象。

8.4.4 安全性验证

失速保护系统需符合的条款中 25.1309(b)、25.1309(c) 和 25.1309(d) 是与安全性相关的条款,失速保护安全性验证是验证系统设计满足最初系统安全性评估确定的安全性要求。

安全性是指人工失速警告和失速识别系统发生非指令工作的概率。失速保护系统安全性要求来源于失速保护系统功能危害性分析(FHA)结果,最终得到如表 8.15 所示的失速保护系统安全性要求样例表。

表 8.15 失速保护系统安全性要求样例表

失 效 状 态	飞行阶段	对其他系统的影响	影响等级
不应该告警时发出了失速警告	F1、F4	无	Ⅲ
不应该推杆时发生推杆	ALL	无	Ⅲ
不应该推杆时发生推杆,并超出结构载荷的限制	ALL	无	Ⅰ

注:F1—起飞 F4—着陆 All—全飞行阶段。

在飞行关键阶段,人工失速警告系统无意中工作的概率不应大于 $10^{-5}/fh$。

为了确保失速识别系统无意中工作不致危及安全飞行,并使空勤人员保持对该系统的信赖,应表明:

(1) 任何单个故障都不会导致失速识别系统无意中工作。

(2) 不管哪种原因引起的,系统无意中工作的概率都应是不大可能的(不超过 $10^{-5}/fh$)。

失速识别系统应设计成即使在湍流中飞行也不会导致系统无意中工作。

如果失速识别系统无意中工作导致飞机结构的任一部分超过限制载荷,那么系统无意中工作的概率就不得大于 $10^{-7}/fh$。

如果失速识别系统无意中工作导致飞机结构的任一部分超过极限载荷,那么系统无意中工作的概率必须是极不大可能的(不超过 $10^{-9}/fh$)。

失速识别系统无意中工作时不应造成飞机接地时的严重事故。这一点应通过将失速识别系统的作用仅限于达到失速识别的目的而飞行轨迹没有过大的偏差来实现(例如,通过限制自动推杆器的行程来实现)。换句话说如果失速识别系统无意中工作可能会导致飞机接地时的事故,那么系统无意中工作的概率就必须是极不大可能的。使该系统在接近地面时停止工作(例如,在离地后或者某一雷达高度以下一段固定时间内),通常不是符合这一要求的可接受的手段。

在对失速保护系统安全性进行定量评定时,应假定在爬升、巡航和下降飞行状态,在发现系统无意工作 3 s 后驾驶员才开始采取修正措施。在起飞和最终进场阶段,这一时间延迟可以减少到 1 s。

8.4.4.1　安全性验证方法

在对失速保护系统进行 FHA 分析时,应该根据失效状态的影响等级确定安全性评估方法和过程,确定如表 8.16 所示的失速保护系统安全性符合性验证方法表。

表 8.16　失速保护系统安全性符合性验证方法样例表

失　效　状　态	飞行阶段	对其他系统的影响	影响等级	符合性验证方法
不应该告警时发出了失速警告	ALL	无	Ⅲ	FMEA
不应该推杆时发生推杆	ALL	无	Ⅲ	FMEA
不应该推杆时发生推杆,并超出结构载荷的限制	ALL	无	Ⅰ	FMEA FTA

注:ALL—全飞行阶段。

通过失速保护系统故障模式影响分析(failure mode and effects analysis, FMEA),证明失速保护系统中单个失效以及潜在失效与单个失效的组合均不会导致灾难级失效。通过失速保护系统故障树分析(FTA),证明失速保护系统 FHA 中定义的Ⅰ类和Ⅲ类失效的发生概率均满足相应的定量概率要求。

失速保护系统通常具有冗余设计,对于冗余系统,在进行安全性分析时,需考虑系统内部事件和外部事件都不能影响系统的独立性,为确保独立性的存在或确保独立性缺乏情况是可接受的,需要进行共因分析,如区域特定风险分析、安全性分析和共模分析。

特定风险分析的类别包括鸟撞、转子爆破和轮胎爆破等可能遇到的其他风险,失速保护系统中的迎角传感器一般布置在飞机机头两侧,并且传感器的转动部件露在机体外侧,因此需要鸟撞分析,确保鸟撞不会导致失速保护系统失效状态中灾难级或危险级事件的发生,而影响飞机安全返航。

共模分析是为了验证表8.15中确定的失效状态之间是独立的。对于采用冗余设计的失速保护系统,通常可能采用同一个部件或不同部件中存在同型号的元件,如果这个部件或元件发生故障,将可能导致多个系统或多个失效状态的发生。当采用共模分析,发现某个部件发生故障可能导致灾难级的失效事件发生时,需要将此部件的研制保证等级分配成A级,如失速保护计算机发生故障可能导致机毁人亡的灾难性事件,那必须要求失速保护计算机的软硬件研制保证等级均达到A级要求。

通过失速保护系统区域安全性分析,表明失速保护系统不存在危险源,在对失速保护系统设备进行适当防护后,设备安装区域的其他危险源也不会对失速保护系统的设备产生危害,失速保护系统的设备安装满足安全性要求。

8.4.4.2 特殊气象条件下的功能验证

飞机穿越结冰云层时,机翼表面将会存在积冰现象,破坏飞机机翼的升力特性,导致飞机可能提前发生失速,此时失速保护系统仍需要为飞机提供警告和保护,因此,失速保护系统中的迎角传感器需具有防冰能力。对于失速保护系统防冰功能的验证可以从以下两方面进行验证。

1) 确保失速保护系统符合行业规范

美国联邦管理局发布了关于失速告警仪表的技术标准指令 TSO-C54。该标准是设备厂商必须要遵循满足的指令,该指令规定了失速告警仪表的最低性能标准,其中引用了 SAE 公司发布的 AS 403A 航空标准,AS 403A 中提到了关于系统防冰能力的两个要求:

对于Ⅰ类仪表,其设计应保证飞机在飞过雨水区时能连续正常工作并输出可靠的失速告警信号;对于Ⅱ类仪表,其设计应保证飞机在飞过雨水区和中等结冰条件下时能连续正常工作并输出可靠的失速告警信号。

Ⅱ类失速告警仪的敏感部件应在温度为$-10℃\sim-20℃$和指示风洞空速为 200 mile/h 的冰风洞里试验。当敏感部件暴露表面覆盖了 1/4 in 冰时,清除冰层所需时间不应超过 2 min,且之后应无再结冰现象出现。

AS 403A 标准中包括两类迎角传感器：Ⅰ类仪表是指单工作点类型的传感器；Ⅱ类仪表是指连续工作类型的传感器。

作为飞机制造商，可以要求供应商提供关于 TSO - C54 标准的符合性报告或现场目击设备环境试验。

2) 进行结冰条件下的飞行试验

适航规章明确要求飞机需要在结冰条件下表明失速警告、失速特性条款的符合性，因此失速保护系统的防冰功能验证可以结合进行。

适航规章关于飞机结冰条件有严格的要求：飞机在结冰云层中待机飞行 45 min，或机翼未防护表面结冰厚度达到 2 in，取较长时间为准，但结冰厚度不能大于 3 in。飞机在结冰云层中飞行时，失速保护系统必须能够输出连续可靠的迎角相关的信号。

另外，为进一步验证结冰条件下的失速保护系统的失速警告功能和失速识别功能，当飞机机翼上积累了满足条款要求的冰形后，使飞机飞离结冰云层，然后参考非结冰条件的失速警告、失速识别功能飞行验证方法，再次进行失速保护系统的失速警告功能和失速识别功能验证。由于机翼结冰后的飞机失速特性非常不确定，为确保飞行安全，关于结冰条件下的飞行试验验证内容需要和审查方、试飞员提前达成一致。

9　总结和展望

9.1　总结

　　民用飞机对安全性、可用性、经济性有较高的要求，其研制过程所需的技术复杂度和系统集成度都超出了一般工业产品。当前我国正赶上发展民机事业的黄金时期，无论从国力还是中央领导都给予大飞机事业足够的支持。要想利用这一黄金时期快速发展我们的民机产业，缩小与发达国家的差距，从技术层面上讲，一方面需要好的民机产业基础，另一方面要有充分、详细的技术资料便于技术人员快速、成体系的掌握民机发展的技术特点，少走弯路。然而民机研制在我国又经历了复杂曲折的过程，导致可直接用于现代民机研制的系统性材料不多。虽然经过运十、新舟、运12、ARJ21 及 C919 等型号研制，积累了设计、研制、制造、试验试飞及适航取证等方面的经验，但对于民机研制过程中关键系统的集成经验进行总结缺少书面的积累。特别对于自动飞行、飞行管理及包线保护这些复杂的系统，基于 4754 全生命周期正向研制的介绍材料较少。

　　本书从支线客机的研制角度出发，以支线客机航线运营中与机组交互最多的 3 个子系统——飞行管理、自动飞行、包线保护系统为研究切入点，遵循（SAE ARP 4754A）《民用飞机与系统的研制指南》中的要求，对 3 个重要系统的研制过程应考虑的内容进行了描述。这既包括了适航规章、咨询通报、运营要求的考虑，又涵盖了飞机级功能至系统功能分配，并在系统架构设计中采用了 4761 中定义的安全性分析方法，如 FHA、PSSA、FMEA、SSA、FTA，将飞机级安全性指标分配至各系统或设备，指导系统冗余度设计，以确保整机安全性指标的实现。其中系统设计介绍过程，除了适航条款法规等基本要求外，将运营环境的要求也融入进来，这种运营的环境不仅包括了飞机实际的运营场景，也包括了运营人自身的定制类需求。换句话说，本书的介绍的飞机研制不是传统意义的飞机设计、制造过程，而是站在市场角度、客户角度、商业等综合方面来考虑飞机的设计，这样，系统设计需求定义和捕获会更全面、更细致。通过这种系统性、正向设计思路的介绍，工程设计人员能够掌握现代民机系统研制的全流程要素,避免设计出来的飞机仅满足适航规章最低要求,而不满足实际运营要求,从而缺少市场竞争力。作为本书的另一个侧重点,本书立足于最重要的机载系统——航电系统,从中选取最能代表主机系统集成能力、自主知识产权体现最为明显的分系统进行介绍,让读者即能够深入了解民用飞飞行管理、自动飞行、包线保护等设计过程中应该考虑的适航、运营方面的功能和性能要求,对后续其他型号研制具有一定参考意义。另外,从系统研制过程看,除了准确、完整的需求定义,还需要对需求进行确认工作。而这方面工作是民机系统研制过程的一个重要环节。本书对每一个系统的适航验证工作进行了介绍。

本书介绍的三个系统具有高度集成特点,而这些特点体现在一些具体的关键集成技术方面。借鉴国产 ARJ21 飞机的自动飞行、飞行管理及包线保护系统的研制经验,本书从系统集成角度考虑,对三个系统设计过程中存在密切交联的关键技术,如起飞时飞行导引技术、风切变规避导引、低速度保护带、自动驾驶仪内环控制与 ASE 关系、马赫配平/自动俯仰配平与人工配平和构型配平的关系、RNP、二类进近等进行了深入分析。这些典型的集成技术既有输入,也有输出;既涉及适航的基本法规,也包含飞行员工作负荷的主管评价。本书在第六章节对此进行了专题介绍,提出了综合设计的方案。可以说,通过这些关键技术的介绍,对上述提到的三个重要系统的集成特点有了更深入的认识。最后按 4754 双 V 验证要求,对这些功能进行评估和验证,以确认其功能和性能满足设计需求。

9.2 展望

随着硬件技术、软件开发技术、控制技术、网络通信技术的发展,以往制约系统功能和性能提升的软硬件资源已经不是问题。从提高飞行安全性、减缓飞行机组操作负荷、改善飞行品质、满足新航行运营要求、减少油耗等方面考虑,对飞机提出了更高的要求。特别对于自动飞行系统、飞行管理系统、包线保护系统,在未来支线客机发展过程中,上述提及的几方面内容对其功能和性能的要求改进空间都很大,在后续机型设计过程中,从飞机级需求捕获到系统功能分解、设计实现评估、验证,严格按照 ARP 4754 要求开展设计工作。

参 考 文 献

［1］ O Lone，Richard. 777 revolutionizes Boeing aircraft development process［J］. Aviation Week & Space Technology，1991，134(22)：34.

［2］ 郭燕，邓少康. 波音 737 飞机的发展历程［J］. 航空科学技术，2007(3)：6－10.

［3］ Douglas A Irwin，Nina Pavcnik. Airbus versus Boeing revisited：international competition in the aircraft market［J］. Journal of International Economics，2004，64(2)：223－245.

［4］ A Goldstein. Embraer：from national champion to global player［J］. Cepal Review，2002，77：97－115.

［5］ 计红胜. 大风起兮云飞扬：中国一航新舟 60 飞机发展纪实［J］. 航空档案，2005，(6)：72－74.

［6］ 李少波，冯钊. 数字化环境下民用飞机研制方法和管理的理念和思路［C］. 第三届民用飞机先进制造技术及装备论坛，2011.

［7］ I Moir，A G Seabridge，M Jukes. Military avionics system［M］. John Wiley & Sons，2006.

［8］ Mecham M. Autopilot go-around key to China Air Lines crash［J］. Aviation Week and Space Technology，1994：31－32.

［9］ 顾世敏. 自动飞行系统总体设计的若干考虑［J］. 航空电子技术，1997，(1)：38－40.

［10］ Asaf Degani，Michael Shafto，Alex Kirlik. Mode usage in automated cockpits：some initial observations［C］. Proceeding of International Federation of Automatic Control (IFAO). Boston，MA June 27－29，1995.

［11］ FAA Human Factors Team. The Interfaces between Flight Crews and Modern Flight Deck Systems［R］. US Federal Aviation Authority Report，1996.

［12］ Hutchins E. Integrated Mode Management Interface［R］. NASA Ames Research Center，Mountain View，CA. 1996.

［13］ Commission of inquiry. Air Inter Airbus A－320，F－GGED，Strasbourg-Entzheim airport，January 20，1992 (edited excerpts reprinted in Aviation Week and Space Technology，March 13，1995 — vol. 142，number 9)［R］. French Ministry of Planning，Housing，Transport and Maritime Affairs.

［14］ Ibsen A Z. The politics of airplane production：The emergence of two technological frames in the competition between Boeing and Airbus［J］. Technology in Society，2009，31(4)：342－

349.

[15] Kornecki A J and Hall K (USA). Approaches to Assure Safety in Fly-by-Wire Systems: Airbus vs. Boeing[C]. Lasted Conference on Software Engineering and Applications. 2004.

[16] Falkena Wouter, Borst Clark, Chu Q P, et al. Investigation of Practical Flight Envelope Protection Systems for Small Aircraft[J]. Journal of Guidance, Control, and Dynamics, 2011,34(4): 976 - 988.

[17] Merret J, Hossain K, and Bragg M. Envelope protection and atmospheric disturbances in icing encounters [C]. 40th AIAA Aerospace Sciences Meeting & Exhibit, Aerospace Sciences Meetings, 2002.

[18] Federal Aviation Administration. Airworthiness Approval of Positioning and Navigation Systems: AC 20.138D [S]. Federal Aviation Administration, 2014 - 3 - 28.

[19] Federal Aviation Administration. Approval of Flight Management Systems in Transport Categoing Airplance: AC 25.15 [S]. Federal Aviation Administration, 1989 - 11 - 20.

[20] 唐建华.民机综合航空电子系统今昔谈[J].国际航空,2007(6): 28 - 30.

[21] S - 18 Aircraftand sys Dev and Safcety Assessment Committee. Guidelines for Development of Civil Aircraft and System: ARP 4754A [S]. SAE International, 2010 - 12 - 21.

[22] (德)汉斯-亨利奇.阿尔特菲尔德.商用飞机项目—复杂高端产品的研发管理[M].唐长红,译.北京：航空工业出版社,2013.

[23] NASA Head - quanters. NASA 系统工程手册[M].朱一凡,李群,杨峰,等译.北京：电子工业出版社,2012.

[24] 汪应洛.系统工程理论方法与应用[M].第 2 版.北京：高等教育出版社,2004.

[25] 曹继军,张越梅,赵平.民用飞机适航符合性验证方法探讨安[J].民用飞机设计与研究,2008,(4): 37 - 41.

[26] SAE International. Certification considerations for highly-integrated or complex aircraft systems: ARP 4754 [S]. SAE, Warrendale, PA, 1996.

[27] Taylor & Francis. Toward a human-centered aircraft automation philosophy [J]. The International Journal of Aviation Psychology, 1991.

[28] Jones P M, Chu R W and Mitchell C M. A methodology for human-machine systems research: knowledge engineering, modeling and simulation[J]. IEEE. Transactions on Systems, Man and Cybernetics, SMC - 25(7):1025 - 1038.

[29] Aeronautical Radio Incorporated. Advanced Flight Management Computer System: ARINC 702A - 4 [S]. Aeronautical Radio Incorporated, 15 December 2014.

[30] Federal Aviation Administration. Flight Management Systems (FMS) using Multi-Senor Inputs: TSO - 115c [S]. Federal Aviation Administration, 2012 - 01 - 09.

[31] 钦庆生.飞行管理计算机系统[M].北京：国防工业出版社,1991.

[32] SAE International. Flight Deck Handling Qualities Stds for Trans Aircraft. ARP 5366 Autopilot, Flight Director, and Autothrust Systems: S - 7 [S]. SAE International, 2017 - 01 - 04.

[33] 中国民用航空总局.型号合格审定程序：AP - 21 - AA - 2011 - 03 - R4 [S].中国民用航空总

局,2011 - 3 - 18.

［34］ Federal Aviation Administration. Automatic Flight Guidance and Control System (AFGCS) Equipment：TSO - C198［S］. Federal Aviation Administration,2011 - 06 - 02.

［35］ Radio Technical Commission for Aeronautics. Minimum Operation Performance Standards (MOPS) for Automatic Flight Guidance and Control Systems and Equipment：RTCA/DO - 325 ［S］. RTCA, Inc. December 8，2010.

［36］ Federal Aviation Administration. AC 25. 1329 - 1C Approval of Flight Guidance Systems［S］. Federal Aviation Administration，2014 - 10 - 27.

［37］ Airbus. Flight Operations Support & Line Assistance Customer Services. Getting to grips with CATII/CATIII Operations［Z］. Airbus customer services，October，2001.

［38］ F. Van Grass. Ohio University/FAA Flight Test Demonstration Results of the Local Area Augmentation System(LAAS)［R］. ION GPS - 97，Kansas City，Missouri，11th - 19th，September，1997：1123 - 1129.

［39］ Roskam J. Airplane Flight Dynamics and Automatic Flight Control(Part I & II)［M］. Roskam Publishing Incorp. ,1979.

［40］ International Civil Aviation Organization. Procedures for Air Navigation Services，Aircraft Operations，Flight Procedures，Vol I：Doc 8168［S］. International Civil Aviation Organization，2006.

［41］ Federal Aviation Administration. Criteria for approval of CATEGORY I and CATEGORY II weather minima for approach：AC - 120 - 29A［S］. Federal Aviation Administration，2002 - 8 - 12.

［42］ Federal Aviation Administration. Criteria for Approval of Category III Weather Minima for Takeoff，Landing，and Rollout：AC 120. 28D［S］. Federal Aviation Administration，1999 - 7 - 13.

［43］ Federal Aviation Administration. System Design and Analysis：AC 25. 1309 - 1A［S］. Federal Aviation Administration，1988 - 6 - 21.

［44］ 谢文涛. 综合航空电子系统结构及相关技术(下)［J］. 国际航空,1996(6)：56 - 57.

［45］ Moir I, Seabridge A, Jukes M. Civil avionics systems［M］. John Wiley & Sons, 2013.

［46］ 王国庆,谷青范,王淼,等. 新一代综合化航空电子系统构架技术研究［J］. 航空学报,2014,35 (6)：1473 - 1486.

［47］ Sacle J, Therrat C, Meunier H, et al. Automatic flight protection system for an aircraft：U. S. Patent Application 10/556,789［P］. 2007 - 3 - 1.

［48］ Tribble A C, Lempia D L, Miller S P. Software safety analysis of a flight guidance system［J］. Proceedings 2002, 2. 13C1 - 13C1.

［49］ 孙伟,刘昶. 迎角限制器对高机动性能飞机的动态特性影响［J］. 飞行力学,1991(1)：14 - 27.

［50］ 张克志,张策. 一种减少失速保护虚警率的混合滤波方法［J］. 民用飞机设计与研究,2015(2)：37 - 40.

［51］ 刘博强,方振平. 具有迎角/过载限制器的俯仰增稳系统控制律的研究［J］. 飞行力学,1992,10

(1)：52 - 60.

[52] SAE International. Guidelines and methods for conducting the safety assessment process on civil airborne systems and equipment：SAE ARP. 4761 [S]. SAE International，1996 - 12.

[53] Well K. Aircraft control laws for envelope protection[C]. AIAA Guidance，Navigation，and Control Conference and Exhibit，2006.

[54] Tekles N，Holzapfel F，Xargay E，et al. Flight Envelope Protection for NASA's Transport Class Model[C]. AIAA Guidance，Navigation，and Control Conference. 2014：0269.

[55] Boorman D J，Gunn P D，Mumaw R J. Methods and systems for management of airplane speed profile：U. S. Patent Application 12/621,298[P]. 2011 - 5 - 19.

[56] Patrón R S F，Botez R M，Labour D. Vertical profile optimization for the Flight Management System CMA - 9000 using the golden section search method[C]. IECON 2012 - 38th Annual Conference on IEEE Industrial Electronics Society. IEEE，2012：5482 - 5488.

[57] 郑智明,叶军晖,严林芳.民用飞机 RNP 系统设计与适航验证方法研究[J].航空维修与工程,2014(6)：94 - 97.

[58] Radio Technical Commission for Aeronautic. Minimum Operation Performance Standards (MOPS) for Automatic Flight Guidance and Control Systems and Equipment：RTCA DO - 325 [S]. RTCA，Inc. ，2010 - 12 - 1.

[59] Federal Aviation Administration. Autopilot Approval：AC 25. 1329 - 1A [S]. Federal Aviation Administration，2006 - 7 - 17.

[60] European Aviation Safety Agency. Flight Guidance System：AMC CS 25. 1329 [S]. European Aviation Safety Agency，2006.

[61] SAE international. Guidelines and Methods for Conducting the Safety Assessment Process on Civil Airborne Systems and Equipment：SAE ARP 4761 [S]. SAE International，1996 - 12 - 1.

[62] International Civil Aviation Organization. Review of Noise Abatement Procedure Research & Development an Implementation Results [S]. International Civil Aviation Organization，2007.

[63] Yamashiro H，Stirling R. Reduction of Flight Control System/Structural Mode Interaction [C]. AIAA Atmospheric Flight Mechanics，2007.

[64] Federal Aviation Administration. Airworthingss Criteria for the Approval of Airborne Windshear Waining Systems in Transport Category：AC 25. 12 [S]. Federal Aviation Administration，1987 - 11 - 2.

[65] Federal Aviation Administration. Criteria for Operational Approval of Airborne Wind Shear Alerting and Flight Guidance：AC 120. 41 [S]. Federal Aviation Administration，1983 - 11 - 7.

[66] 徐政伟.XX 机场 PBN 飞行程序研究与设计[D].广汉：中国民航飞行学院,2013.

[67] 李娜,钟育鸣.厦航波音 737 - 700 拉萨机场 RNP AR 验证试飞成功[N].中国民航报,2012 - 6 - 1.

[68] 宋健.特殊机场 RNP AR 程序设计及实例分析研究[D].广汉：中国民用航空飞行学

院,2014.

[69] 王小龙.拉萨高原机场 PBN 运行程序及信息管理程序设计[D].成都：电子科技大学,2010.

[70] International Civil Aviation Organization. Performance-based Navigation （PBN） Manual [S]. International Civil Aviation Organization，2013.

[71] 中国民用航空总局.运输类飞机适航标准：CCAR‐25 R4 [S]. 中国民用航空总局,2011‐11‐7.

[72] Federal Aviation Administration. Electronic Flight Displays：AC‐25‐11B [S]. Federal Aviation Administration，2014‐10‐07.

[73] Graas. F V，Diggle D W，Haag M V D，et al. Grass Ohio University/FAA Flight Test Demonstration Results of the Local Area Augmentation System（LAAS）[J]. Navigation，1998，45(2)：129‐135.

[74] Federal Aviation Administration. Criteria for approval of Category I and Category II weather minima for approach：AC‐120‐29A [S]. Federal Aviation Administration，2002‐8‐12.

[75] Radio Technical Commission for Aeronautics. Software Consideration in Airborne System and Equipment Certification：RTCA DO‐178C [S]. RTCA，Inc.，2012.

[76] 丁立冬.民用飞机机上地面验证试验研究[J].航空标准化与质量,2013(3)：27‐29.

[77] Federal Aviation Administration. Approval Guidance for RNP Operations and Barometric Vertical Navigation in the U. S. National Airspace System and in Oceanic and Remote Continental Airspace：AC 90. 105A [S]. Federal Aviation Administration，2016‐3‐07.

[78] Federal Aviation Administration. Flight Test Guide For Certification Of Transport Category Airplanes：AC‐25‐7C [S]. Federal Aviation Administration，2012‐10‐16.

缩 略 语

A

AC	advisory circular	咨询通报
ADB	airport database	机场数据库
ADC	air data computer	大气数据计算机
ADC	air data computer	大气数据计算机
ADI	attitude display indicator	姿态显示指示器
ADS	air data systems	大气数据系统
ADS-B	automatic dependent surveillance-broadcast	广播式自动相关监视
AFCGS	automatic flight guidance and control system	自动飞行导引和控制系统
AFCS	automatic flight control system	自动飞行控制系统
AFDX	avionics full duplex switched ethernet	航空电子全双工通信以太网交换
AFM	aircraft flight manual	飞机飞行手册
AFS	automatic flight system	自动飞行系统
AGL	above ground level	离地高度
AHRS	attitude heading reference system	姿态航向基准系统
ALTS	altitude select	高度选择
AMI	AOA margin idication	迎角边界指示
ANP	actual navigation performance	实际导航性能
ANP	actual navigation performance	实际导航性能
AP	autopilot	自动驾驶仪
APPR	approach	进近
ARP	aerospace recommended practice	航空建议实施程序
ASA	aircraft safety sssessment	飞机安全性评估

ASE	aeroservoelasticity	气动伺服弹性试验
ATA	Air Transport Association of American	美国航空运输协会
ATC	air traffic control	空中交通管制
ATM	air traffic management	空中交通管理
ATS	automatic throttle system	自动油门系统
AWO	all weather operations	全天候运行

B

| BC | back course | 背航道 |
| BIT | built in test | 机内测试 |

C

CAAC	civil Aviation Administration of China	中国民用航空管理局
CAS	crew alert system	机组警报系统
CCA	common cause analysis	共因分析
CCAR	China Civil Aviation Regulations	中国民航规章
CCD	cursor control device	光标控制装置
CDU	control display unit	控制显示装置
CG	center of gravity	重心
CLB	climb	爬升
CMA	common mode analysis	共模分析
CNS	communication, navigation, surveillance	通信导航监视
CRC	cyclic redundancy check	循环冗余校验
CS	Certification Specification	(欧洲)合格审定规范
CWS	control wheel steering	驾驶盘操纵

D

DA	decision altitude	决断高度
DES	descent	下降
DFT	development flight test	研制试飞
DGPS	differential global positioning system	差分全球定位系统
DME	distance measuring equipment	测距器
DME	distance measuring equipment	测距器(仪)

E

EADI	electronic attitude display indicator	电子姿态显示指示器
EASA	European Aviation Safety Agency	欧洲航空安全局
EFIS	electronic flight instrument system	电子飞行仪表系统
EGPWS	enhanced ground proximity warning system	增强型近地警告系统
EICAS	engine indication and crew alerting system	发动机指示及机组告警系统
EMC	electromagnetic compatibility	电磁兼容性
EO	engineering order	工程指令
EP	envelope protection	包线保护
EPR	engine pressure ratio	发动机压缩比
EPU	error of positioning uncertainty	位置预测不确定度
ETA	estimated time of arrival	预计到达时间
EVS	enhanced vision system	增强视景系统
EXEC	execute	执行

F

FAA	federal aviation administration	美国联邦航空局
FADEC	full authority digital engine control	全权限数字发动机控制器
FAF	final approach fix	最终进近定位点
FANS	future air navigation systems	未来空中导航系统
FAR	Federal Aviation Regulation	联邦航空条例
FBW	fly-by-wire	电传
FCOM	flight crew operations manual	飞行机组操作手册
FCP	flight control panel	飞行控制面板
FCU	flight control unit	飞行控制装置
FD	flight director	飞行指引仪
FGS	flight guidance system	飞行导引系统
FHA	functional hazard assessment	功能危险性评估
FLC	flight level change	飞行高度层改变
FMA	flight mode annunciator	飞行模式通告
FMCS	flight management computer system	飞行管理计算机系统

FMEA	failure mode and effects analysis	故障模式影响分析
FMES	failure modes and effect summary	失效模式与影响综述
FM	flight manual	飞行手册
FMGEC	flight management guidance envelope computer	飞行管理制导包线计算机
FMSA	flight management system application	飞行管理计算机
FMS	flight management system	飞行管理系统
FPA	flight path angle	飞行路径角模式
FRR	failure rejection report	故障拒收报告
FTA	fault tree analysis	故障树分析
FTE	flight technical error	飞行技术误差

G

GA	go-around	复飞
GLS	GNSS landing system	卫星着陆系统
GNSS	global navigation satellite systems	全球导航卫星系统
GPS	global positioning system	全球定位系统
GS	glide slope	下滑道
GVT	ground resonance test	地面共振试验

H

HDD	head down display	下视显示器
HDG	heading	航向
HIRF	high–intensity radiated field	高强度辐射场
HUD	head up display	平视显示器

I

IAS	indicated airspeed	指示空速
ICAO	international civil aviation organization	国际民航组织
IFR	instrument flight rules	仪表飞行规则
ILS	instrument landing system	仪表着陆系统
IMA	integrated modular avionics	集成模块化航电
IMC	instrument meteorological conditions	仪表气象条件
INDEP	independent	独立

IPC	integrated processing cabinet	综合处理机柜
IRS	inertial reference system	惯性基准系统
IRU	inertial reference unit	惯性基准装置

L

LCD	liquid crystal display	彩色液晶显示器
LNAV	lateral navigation	横向导航
LOC	localizer	航向信标
LRM	local replaceable module	外场可更换模块
LRU	local replaceable unit	外场可更换器件
LSK	line select key	行选键

M

MAPt	missed approach point	复飞点
MCDU	mutiple-control display unit	多功能控制显示装置
MDA	minimum descent altitude	最低下降高度
MFD	multi-function display	多功能显示器
	minimum avionics system performance standard	最低航空电子系统性能标准
MLS	microwave landing system	微波着陆系统
MOC	means of compliance	符合性验证方法
MPS	minimum performance standards	最低性能标准
MSL	mean sea level	平均海平面
MUH	minimum use heights	最低使用高度

N

NAIP	national aeronautical information publication	国内航行资料汇编
NAVAID	navigation aid	导航设备
NAV	navigation	导航
NDB	navigation database	导航数据库
ND	navigation display	导航显示器
NSE	navigation system error	导航系统误差
NS	navigation system	导航系统

O

OAT	outside atmosphere temperature	外界大气温度
OEM	original equipment manufacturer	主机厂商

P

PASA	preliminary aircraft safety assessment	初步飞机级安全性评估
PBN	performance based navigation	基于性能的导航
PDB	performance database	性能数据库
PFD	primary flight display	主飞行显示器
PF	pilot flying	主飞驾驶员
PMI	pitch margin indication	俯仰角边界指示
PMS	performance management system	性能管理系统
PSSA	preliminary system safety assessment	初步系统安全性评估

Q

QFE	query field elevation	跑道的气压
QNH	query normal height	修正海平面气压

R

RA	radio altimeter	无线电高度表
RA	resolution advisory	解决方案咨询
RDC	remote data concentrator	远程数据集中器
RNAV	area navigation	区域导航
RNP	required navigation performance	所需导航性能
RTA	required time of arrive	所需到达时间
RTO	rejected takeoff	中断起飞
RVSM	reduced vertical separation minimum	最小垂直间隔

S

SARPs	standards and recommended practices	标准与建议措施
SBAS	satellite-based augmentation system	星基增强系统
SID	standard instrument departure	标准的仪表离场
SPS	stall protection system	失速保护系统

SRS	speed reference system	速度参考系统
SSA	system safety assessment	系统安全性评估
STAR	standard terminal arrival route	标准进场
SYNC	synchronization	同步

T

TACAN	tactical air navigation	战术空中导航设备（俗称塔康）
TAI	thermal anti-ice	热防冰系统
TAWS	terrain awareness warning system	地形感知告警系统
TCAS	traffic collision avoidance system	空中防撞系统
TCDS	type certificate data sheet	型号数据单
TMC	thrust management computer	推力管理计算机
TOAC	time of arriving control	到达时间控制
TOGA	takeoff or go-around	起飞复飞
TO	takeoff	起飞
TSE	total system error	总系统误差
TSOA	technical standard organization approvals	技术标准规定项目批准书
TSO	technical standard order	技术标准规定

V

VDB	Vspeed database	速度数据库
VHF	very high frequency	甚高频
VNAV	vertical navigation	垂直导航
VOR	VHF omnibearing Range	甚高频全向信标（伏尔）
V_{SR}	reference stall speed	参考失速速度
V_S	stall speed	失速速度
V_{SW}	stall warning speed	失速警告速度
V_2	takeoff safety speed	起飞安全速度

索　引

大飞机出版工程

书　目

一期书目（已出版）

《超声速飞机空气动力学和飞行力学》（译著）

《大型客机计算流体力学应用与发展》

《民用飞机总体设计》

《飞机飞行手册》（译著）

《运输类飞机的空气动力设计》（译著）

《雅克-42M 和雅克-242 飞机草图设计》（译著）

《飞机气动弹性力学和载荷导论》（译著）

《飞机推进》（译著）

《飞机燃油系统》（译著）

《全球航空业》（译著）

《航空发展的历程与真相》（译著）

二期书目（已出版）

《大型客机设计制造与使用经济性研究》

《飞机电气和电子系统——原理、维护和使用》（译著）

《民用飞机航空电子系统》

《非线性有限元及其在飞机结构设计中的应用》

《民用飞机复合材料结构设计与验证》

《飞机复合材料结构设计与分析》（译著）

《飞机复合材料结构强度分析》

《复合材料飞机结构强度设计与验证概论》

《复合材料连接》

《飞机结构设计与强度计算》

三期书目（已出版）

《适航理念与原则》

《适航性：航空器合格审定导论》(译著)

《民用飞机系统安全性设计与评估技术概论》

《民用航空器噪声合格审定概论》

《机载软件研制流程最佳实践》

《民用飞机金属结构耐久性与损伤容限设计》

《机载软件适航标准 DO-178B/C 研究》

《运输类飞机合格审定飞行试验指南》(编译)

《民用飞机复合材料结构适航验证概论》

《民用运输类飞机驾驶舱人为因素设计原则》

四期书目（已出版）

《航空燃气涡轮发动机工作原理及性能》

《航空发动机结构强度设计问题》

《航空燃气轮机涡轮气体动力学：流动机理及气动设计》

《先进燃气轮机燃烧室设计研发》

《航空燃气涡轮发动机控制》

《航空涡轮风扇发动机试验技术与方法》

《航空压气机气动热力学理论与应用》

《燃气涡轮发动机性能》(译著)

《航空发动机进排气系统气动热力学》

《燃气涡轮推进系统》(译著)

《燃气涡轮发动机的传热和空气系统》

五期书目（已出版）

《民机飞行控制系统设计的理论与方法》

《民机导航系统》

《民机液压系统》(英文版)

《民机供电系统》

《民机传感器系统》

《飞行仿真技术》

《民机飞控系统适航性设计与验证》

《大型运输机飞行控制系统试验技术》

《飞行控制系统设计和实现中的问题》(译著)

《现代飞机飞行控制系统工程》

六期书目（已出版）

《民用飞机构件先进成形技术》

《民用飞机热表特种工艺技术》

《航空发动机高温合金大型铸件精密成型技术》

《飞机材料与结构检测技术》

《民用飞机构件数控加工技术》

《民用飞机复合材料结构制造技术》

《民用飞机自动化装配系统与装备》

《复合材料连接技术》

《先进复合材料的制造工艺》（译著）

七期书目（已出版）

《支线飞机设计流程与关键技术管理》

《支线飞机验证试飞技术》

《支线飞机电传飞行控制系统研发及验证》

《支线飞机适航符合性设计与验证》

《支线飞机市场研究技术与方法》

《支线飞机设计技术实践与创新》

《支线飞机项目管理》

《支线飞机自动飞行与飞行管理设计与验证》

《支线飞机电磁环境效应设计与验证》

《支线飞机动力装置系统设计与验证》

《支线飞机强度设计与验证》

《支线飞机结构设计与验证》

《支线飞机环控系统研发与验证》

《支线飞机运行支持技术》

《ARJ21-700新支线飞机项目发展历程、探索与创新》

《飞机运行安全与事故调查技术》

《基于可靠性的飞机维修优化》

《民用飞机实时监控与健康管理》

《民用飞机工业设计的理论与实践》